"十三五"国家重点出版物出版规划项目

现代机械工程系列精品教材

# 金属切削机床概论

## 第 3 版

主　编　贾亚洲

副主编　申桂香　贾志新

参　编　张英芝　刘梅艳

机械工业出版社

本书反映机床技术发展的现状和动向，以机床运动分析为主线，重点选择机构典型（车床）、现代自动化（数控机床）、传动关系复杂（齿轮加工机床）和加工精密（磨床）四类有代表性的机床，以点带面，进行金属切削机床的工作原理、传动及结构基础知识的阐述，主要内容包括：机床的运动分析、车床、数控机床、齿轮加工机床、磨床、其他机床等。

本书为普通高校机械制造类及其他相关专业的教材，也可供成人高校、电大、职大以及其他层次学校机械类专业教学使用，还可供机械制造类工厂和科研院所的工程技术人员以及有关部门的技术管理人员参考。

**图书在版编目（CIP）数据**

金属切削机床概论/贾亚洲主编. —3 版. —北京：机械工业出版社，2021.5（2024.7 重印）

"十三五"国家重点出版物出版规划项目　现代机械工程系列精品教材
ISBN 978-7-111-68416-9

Ⅰ.①金… Ⅱ.①贾… Ⅲ.①金属切削-机床-高等学校-教材 Ⅳ.①TG502

中国版本图书馆 CIP 数据核字（2021）第 107856 号

机械工业出版社（北京市百万庄大街 22 号　邮政编码 100037）
策划编辑：蔡开颖　责任编辑：蔡开颖　段晓雅　章承林
责任校对：刘雅娜　封面设计：张　静
责任印制：郜　敏
中煤（北京）印务有限公司印刷
2024 年 7 月第 3 版第 5 次印刷
184mm×260mm·16.25 印张·402 千字
标准书号：ISBN 978-7-111-68416-9
定价：49.80 元

电话服务　　　　　　　　　　网络服务
客服电话：010-88361066　　　机　工　官　网：www.cmpbook.com
　　　　　010-88379833　　　机　工　官　博：weibo.com/cmp1952
　　　　　010-68326294　　　金　书　网：www.golden-book.com
**封底无防伪标均为盗版**　　机工教育服务网：www.cmpedu.com

## 前言

　　本书自 1994 年第 1 版问世 20 多年来，有多所高校选用，得到了广大师生和其他读者的青睐。2010 年本书进行了修订，至今已历经 10 余年。在此期间，国内外机床工业及其相关技术的发展十分迅速，《金属切削机床概论》作为工程教育的专业课教材，需要与时俱进，适应国内外机床产业发展的新形势和新需求，反映机床技术发展的现状和动向。为了使机床教材跟上时代发展的步伐，使其具有先进性和实用性，坚持以习近平新时代中国特色社会主义思想为指导，坚持知识传授与价值引领相结合，对本书进行再次修订。

　　金属切削机床概论课程主要培养学生认识机床、分析机床和选用机床的能力，为机床技术创新和实现制造强国目标奠定基础。金属切削机床的基本理论和技术，是制造业的广大工程技术人员、科研人员和管理人员必备的基础知识，不仅对将要在机床行业工作的学生，而且对要步入制造类企业、科研院所或与其相关的管理部门工作的学子，也是必须要掌握的基本知识和技能。

　　本书这次修订首先对绪论的内容进行更新和充实。在金属切削机床教材中，首次将机床提升到关系国家战略安全的地位。工业发达国家都将机床，特别是高端数控机床列为国家的战略物资，成为当今全球制造业必争的产业高地。世界强国的兴衰史证明，没有发达的机床工业和制造业，就没有国家安全和民族的强盛。我国实施建设制造业强国的国家战略，已跨入世界机床第一方阵，成为机床大国，但大而不强。通过对绪论的修订，学生可以了解我国机床工业的发展概况，近年来取得的巨大成就，以及我国机床技术与工业发达国家之间存在的差距，同时进一步理解学习本课程的重要性，明确学习的目的，激发学习的自觉性，有利于帮助学生塑造正确的世界观、人生观、价值观。

　　这次修订再次突显机床技术发展的最新水平。近几年来，世界机床技术在高精度、复合化、模块化和智能化等方面都有了新发展。我国从 2009 年至 2017 年实施数控机床国家科技重大专项九年里，在机床产业和机床技术领域取得明显成果。学生在学习机床基本理论和基础知识的同时，应洞悉该领域技术发展的现状和动向，明确机床技术的创新和发展方向，厚植家国情怀，关注时代、关注社会，从党和人民的伟大实践中汲取养分、丰富思想，感悟习近平新时代中国特色社会主义思想的真理力量和实践伟力。

　　这次修订保留了第 2 版教材的体系优势，仍然将"机床的运动分析"冠以全书之首。

以运动分析为主线讲解各类机床，通过运动分析了解机床的工作原理、传动及结构，用运动分析的思想掌握认识机床和分析机床的方法。

本书以实用教学为出发点，仍以典型机床为重点，选择机构典型（车床）、现代自动化（数控机床）、传动关系复杂（齿轮加工机床）和加工精密（磨床）四类有代表性的机床，以点带面，适当扩展，突出重点，使学生便于掌握各类机床之间的内在联系，尽可能符合学生对知识的认识规律，使本教材更符合教学需要。

鉴于我国目前的基本国情和制造业现状，普通金属切削机床仍有它的广泛应用领域。尽管数控机床广泛应用和快速发展，但金属切削机床的基本知识和理论，仍然是认识和分析现代机床的基础。因此，本书继续选用一些普通机床作为典型机床，并与时俱进，选用近些年升级改进后广泛应用的新型号机床，例如用改进后的 CA6140A 型卧式车床替换沿用几十年的 CA6140 型卧式车床；用功能更加完善的 YC3180 淬硬型滚齿机替换传统机床教材中选用的 Y3150E 型滚齿机等。

为紧跟普通机床数控化的发展形势，在阐述普通机床的章节中，都补充了一些先进并被广泛使用的典型数控机床，如车床一章选用了 CK3263B 型数控车床和数控双柱立式车床，用数控纵切自动车床替换了普通纵切自动车床。齿轮加工机床一章增选了六轴数控滚齿机。磨床一章增选了数控万能外圆磨床。其他机床一章增选了数控立式升降台铣床和数控组合机床等，从中比较普通机床数控化前后的差异，了解数控化的途径及数控化后的优势。

数控机床一章在阐述数控技术基础知识的同时，重点讲述国内外广泛使用且量大面广的典型机床：镗铣加工中心、数控车床和车削中心；进一步讲述了现代数控机床的新发展——复合加工技术和车铣复合加工中心，指明现代数控机床正在向复合化、高效和高精度、模块化和智能化的方向发展。

这次修订对全书各章的部分文字和插图进行了更新，部分内容进行了补充。用现行的国家标准替换了过时的旧国家标准。每章后面都增加了习题和思考题。

本书文字和插图采用双色印刷，突出重点，页面清新，赏心悦目。

这次修订使书中内容更加充实，不仅可用于普通高校机械类及其他相关专业的教材，也可供成人高校、电大、职大以及其他层次学校机械类专业教学使用，还可供机械制造类企业和科研院所的工程技术人员以及有关部门的技术管理人员参考。

本书包含着我国机床教学的老前辈吉林大学（原吉林工业大学）吴圣庄教授教材建设的成果。在前几版编写过程中，还得到许多机床企业和兄弟院校的热情支持和帮助，沈阳机床集团、大连机床集团、北京第一机床厂、北京第二机床厂有限公司、北京市机电研究院有限责任公司、威海华东数控股份有限公司、四川普什宁江机床有限公司、齐重数控装备股份有限公司、重庆机床（集团）有限责任公司和上海第一机床厂有限公司等企业提供了有关的技术资料，吉林大学博士后贾志成协助编者绘制了本书修订的插图和新图，北华大学张学文教授对本书提出了修订建议，在此表示诚挚的谢意。

参加本书编写的有贾亚洲、申桂香、贾志新、张英芝和刘梅艳，全书由贾亚洲教授任主编，申桂香教授和贾志新教授任副主编。

由于编者水平所限，书中的疏漏和不妥之处在所难免，敬请读者批评指正。

编　者

# 目 录

# 绪　　论

## 一、金属切削机床及其在国民经济和国家战略安全中的地位

金属切削机床（metal cutting machine tools）是用切削的方法将金属毛坯加工成机器零件的机器，它是制造机器的机器，所以又称为"工作母机"或"工具机"（machine tools），习惯上简称为机床。

在现代机械制造工业中，加工机器零件的方法有多种，如铸造、锻造、冲压、焊接、切削加工和特种加工等。切削加工是将金属毛坯加工成具有较高精度的形状、尺寸和较高表面质量零件的主要加工方法。在加工精密零件时，目前主要还是依靠切削加工来达到所需的加工精度和表面质量。因此，金属切削机床是加工机器零件的主要设备，它所担负的工作量，约占机器总制造工作量的40%~60%，机床的技术水平直接影响机械制造工业的产品质量和劳动生产率。

机床的"母机"属性决定了它在国民经济和国家战略安全中的重要地位。机床工业为各种类型的机械制造厂提供先进的制造技术与优质高效的机床设备，机床制造了制造业所用的各种机器。纵观世界制造强国发展史，证明了"工业水平看制造业，制造业水平看机床"。1774年，英国人威尔金森发明了镗床，次年镗出了瓦特蒸汽机的汽缸，瓦特发明蒸汽机是18世纪工业革命的重要标志。此后，英国陆续研制出车床、龙门刨床等多种机床装备，使英国成为当时世界机床第一强国。机床装备的发展加速了英国工业革命的完成，从而使英国成为当时世界头号工业强国，称霸世界达半个世纪之久。

美国吸收英国机床制造的经验，连续研制了精密、高效的自动化机床，机床工业的这些创新极大地提升了美国制造业的能力，从而超过英国跃居世界第一位，成为新的世界工业霸主。当今德国堪称世界机床第一强国，日本也一直雄踞世界机床工业前三名，发达的机床工业使得德国和日本能够成为世界制造强国。工业发达国家所走过的历程说明，通过发展机床工业提升制造业的水平，可以成为工业化强国。

中国制造业的发展也是建立在机床工业不断发展的基础之上的。新中国成立初期，中国确定了18家企业为机床生产的重点骨干企业，这些企业为中国工业的发展做出了卓越的贡献。改革开放后，特别是党的十八大以来，以习近平同志为核心的党中央对新时代发展作出一系列重大判断和战略部署，党的十八届五中全会提出创新、协调、绿色、开放、共享的发展理念，为推进机床工业高质量发展指明了方向，中国机床行业转型升级，获得快速发展，中国制造业规模连续 13 年全球第一。

机床是关系国家战略安全的产业，现代的载人航天、载人深潜、大型飞机、高铁装备、百万千瓦级发电装备、万米深海石油钻探设备等重大技术装备，都需要用机床，特别是高档数控机床这样的工作母机制造出来。国防装备中许多关键零部件的材料、结构、加工工艺等都有一定的特殊性和加工难度，必须采用多轴联动、高速、高精度的数控机床才能满足加工要求。当前国防军工和高技术含量产业的国际竞争日益加剧，发达国家仍对外采取技术封锁与限制。关系到国民经济和国防现代化建设的机床工业具有战略必争的产业特质。发展机床产业是我国加快推进制造强国建设的客观需要，也是确保国家战略安全的紧迫要求。18 世纪中叶开启工业文明以来，世界强国的兴衰史和中华民族的奋斗史一再证明，没有发达的机床工业和强大的制造业，就没有国家安全和民族的强盛。

制造业是综合国力的重要体现，是国民经济和国防等各部门赖以发展的基础，而机床工业则是制造业的基础，是建设制造强国的重中之重。因此，制造业要做强，机床工业必须先行做强。一个国家机床工业的技术水平，在很大程度上标志着这个国家的制造业能力和科学技术水平。显然，金属切削机床在国民经济现代化建设和国家战略安全方面起着重大的作用。中国正从"制造大国"发展成为"制造强国"，党的二十大报告指出，"高质量发展是全面建设社会主义现代化国家的首要任务。""推动制造业高端化、智能化、绿色化发展"。学生应深入学习领会党的二十大精神，立足新发展阶段，贯彻新发展理念，掌握和运用金属切削机床的知识和技术，学以致用，为把我国建设成为制造强国贡献力量。

## 二、机床发展历史和现状

金属切削机床是人类在改造自然的长期生产实践中，不断改进生产工具的基础上产生和发展起来的。最原始的机床是依靠双手的往复运动，在工件上钻孔。最初的加工对象是木料。为加工回转体，出现了依靠人力使工件往复回转的原始车床。在原始加工阶段，人既是机床的原动力，又是机床的操纵者。

当加工对象由木材逐渐过渡到金属时，车圆、钻孔等都要求增大动力，于是就逐渐出现了水力、风力和畜力等驱动的机床。随着生产的发展和需要，15 ~ 16 世纪出现了铣床、磨床。我国明代宋应星所著"天工开物"中就已有对天文仪器进行铣削和磨削加工的记载。到 18 世纪，出现了刨床。

18 世纪末，蒸汽机的出现，提供了新型巨大的能源，使生产技术发生了革命性的变化。在加工过程中逐渐产生了专业性分工，出现了各种类型的机床。19 世纪末，机床已经出现了许多类型，这些机床多采用天轴-传动带集中传动，性能很低。20 世纪以来，齿轮变速箱的出现，使机床的结构和性能发生了根本性变化。随着电气、液压等科学技术的出现以及在机床上的普遍应用，制造业迅速发展。除通用机床外又出现了许多变型品种和各式各样的专用机床。在机床发展的这个阶段，机床的动力已由自然力代替了人力。特别是工业革命以来，通过操纵机床，生产力已不受人体力的限制。

随着电子技术、计算机技术以及信息技术等的发展并应用于机床领域，使机床的发展进入了一个新时代。1952 年，世界上第一台数控机床诞生。人不仅不需提供动力，连操纵都交给机器了。由于计算机数控（computer numerical control，CNC）技术在机床领域迅猛发展，数控机床已经成为机床发展的主流。数控机床无须人工操作，而是靠数控程序完成加工循环，适应灵活多变的产品，使得中、小批生产自动化成为可能。同时，数控机床在防护罩封闭的条件下自动加工，不用怕切屑飞出伤人，也不用怕切削液飞溅在操作者身上。可用大流量切削液喷射冷却，从而实现高速切削，充分发挥刀具的切削性能。快移速度大大提高，不用担心人工操作过度紧张的问题，从而缩短了加工辅助时间。屏幕模拟，即在加工前先输出加工程序，在荧光屏上模拟每一道工序，检查合格后再加工，这样可避免编程错误。只要程序不出错，就不会出现加工错误，免除了人工操作的偶然差错，从而使废品率大大下降。这就是说，数控机床不仅实现了柔性自动化，而且提高了生产率，降低了废品率。它已由中、小批生产进入了大量生产（如汽车制造）领域。当然，改型方便，易于实现产品的更新换代，也是数控机床进入大量生产领域的主要原因。

随着计算机技术的迅速发展，32 位以及 64 位微处理器的出现，开辟了机床数控技术革命性发展的新时代，它显著地提高了数控机床的速度、加工精度以及功能。通过用户接口，用对话方式控制程序，可将要加工的工件和刀具轨迹用三维图像显示出来，以便选定最佳的切削方案。数控技术也由硬件数控发展为软件数控。控制软件实现了模块化、通用化和标准化。用户只要根据需要，选用各种软件模块，编制自己所需的程序，就可很方便地达到目的。自动化、精密化、高效化和多样化成为这一时代机床发展的特征。

数控技术的发展使机床结构发生重大变革。主传动系统采用直流或交流调速电动机，主轴可实现无级调速，同时又简化了传动链。由于不需人工操作，可以充分发挥刀具的切削性能，主轴转速提高了，机床采用电主轴（内装式主轴电动机），主轴最高转速达 200000r/min。机床进给系统用直流或交流伺服电动机带动滚珠丝杠实现进给驱动，简化了进给传动机构。为提高工效，机床采用直线电动机做高速直线传动，快移速度高达 120m/min，切削进给速度最大达到 60m/min。先进加工中心的刀具交换时间普遍在 1s 左右，快的已达 0.5s。

数控机床达到了前所未有的加工精度。普通级数控机床的加工精度已提高到 $5\mu m$，精密级加工中心提高到 $1 \sim 1.5\mu m$，超精密加工精度已进入纳米（$1nm = 0.001\mu m$）级时代。加工精度的提升，几乎每 10 年就提升一个数量级，亚微米、纳米加工不断升级。

随着产品结构和工件复杂程度的提高，追求一次装夹完成工件的大部分或全部加工，已经成为机床技术发展的需求。在数控铣床基础上，装上自动换刀装置（automated tool change，ATC），或者再装上交换工作台，自动更换加工件（automated part change，APC），工件经一次装夹后能自动完成铣、镗、钻、铰等多工序加工，这种自动换刀的数控铣镗床称为加工中心（machining center）。随后在数控车床基础上，主轴增加 C 轴功能，转塔刀架装上自驱动旋转刀具，从而又出现了车削中心（turning center）。20 世纪 90 年代以来，多工序复合加工技术迅猛发展，相继开发出各种类型的复合加工机床。将车削、铣削功能融合在一台机床上，出现车铣（或铣车）复合加工中心；在集中车削和铣削功能基础上，又发展出与齿轮加工功能、磨削功能等复合的加工机床；还有以磨削为主的磨床多轴化，在一台数控磨床上能完成内圆、外圆、端面磨削的复合加工；在欧洲开发了综合螺纹和花键磨削功能的复合加工机床。不同工种加工的复合化，如车削与磨削、研磨的复合；用激光功能把加工后热处理、焊接、切割合并，加工和组装同时实施等也都见报道。

在复合加工技术（combined machining technologies）基础上，机床内装上加工一体化、工件识别、适应控制等功能模块，通过计算机联网，实现远程诊断和远程服务等，使复合加工中心逐渐成为智能化的机床。智能机床能借助各种传感器对自己的状态进行监控，自行分析机床状态、加工过程以及与周边环境有关的信息，然后自行采取应对措施来保证最优化的加工。现代机床已经进化到可发出信息和自行进行思考及调节的阶段。显然，数控机床正在向高效和高精度、复合化、模块化和智能化方向发展。

近些年来又在探索新一代机床——并联运动机床（parallel kinematics machine tool），也称为虚拟轴机床或六腿机床。传统机床结构是串联结构，即按笛卡儿坐标沿三个坐标线方向运动和绕这三个坐标转动依次串联叠加起来，形成所需刀具的相对运动轨迹的机床结构。并联运动机床由上下两个平台和六个并联的、可独立自由伸缩的杆件组成，伸缩杆和平台之间通过球铰链连接，改变伸缩杆的长度，即通过多杆结构在空间同时运动来移动主轴头实现加工动作。与串联结构相比，并联机床刚度高，动态性能好，机床结构简单，它充分利用计算机数控技术，使将近两个世纪以来以笛卡儿坐标直线位移为基础的机床结构和运动学原理发生了根本性的变革，抛弃了固定导轨的导向方式，完全打破了传统机床结构的概念。并联运动机床开始风靡全球，曾有人把并联运动机床的诞生称为21世纪的机床革命。

数控机床、数控系统已经步入大发展的时代，这个发展大潮，方兴未艾。世界上工业发达国家都将数控机床，特别是高档数控机床列为国家的战略物资，成为当今全球制造业必争的产业高地，投入巨大的人力和财力进行关键技术开发研究。

### 三、我国机床工业发展概况

我国的机床工业是在新中国成立后建立起来的。在半殖民地半封建的旧中国，基本上没有机床制造工业。直至新中国成立前夕，全国只有少数几个机械修配厂生产结构简单的少量机床，1949年机床年产量仅1500多台，不到10个品种。

新中国成立后70多年来，机床工业一直受到我国政府的高度关注。2006年国家发布和实施了《国务院关于加快振兴装备制造业的若干意见》，在强调加快振兴我国装备制造业的同时，进一步强调首先要振兴机床工业，将发展大型、精密、高速数控装备作为扶持的重点领域。2009年国务院出台了《国家装备制造业振兴规划》，国家科技重大专项"高档数控机床与基础制造装备"也正式实施。2015年国务院发布了《中国制造2025》，这是在新形势下建设制造业强国的国家战略，将高档数控机床列入了十大领域的发展方向和目标，突显了高档数控机床的重要地位。

目前我国已形成了布局比较合理、比较完整的机床工业体系。机床的产量不断上升，机床产品除满足国内建设的需要以外，还有部分产品远销国外。2002年以来，我国机床市场消费金额跃居世界第一位，连续多年成为世界机床第一消费国。2016年中国机床消费总额约为275亿美元，继续稳居世界榜首。中国还是世界上最大的机床进口国，2016年机床进口总额约为75亿美元，是世界上最大的机床市场，当之无愧地成为拉动世界机床增产的动力。在机床生产方面，2009年以来，中国也跃居世界首位，成为世界上最大的机床生产国，2016年中国机床产业产出总额约为229亿美元，继续稳居世界机床第一生产国的地位。

党的十九大指出，我国经济已由高速增长阶段转向高质量发展阶段。党的十九届五中全会提出，"十四五"时期经济社会发展要以推动高质量发展为主题，这是根据我国发展阶段、发展环境、发展条件变化作出的科学判断。近年来，中国数控机床在设计、制造和实验等方面上了一个大台阶。龙门式加工中心、五轴联动加工中心等制造技术趋于成熟，精密卧式加工中心形成具有自主知识产权的柔性制造系统核心技术。以五轴加工中心为代表的高档数控机床，在飞机典型结构件、航天复杂与精密结构件、飞航导弹发动机零部件等领域实现批量示范应用，为大飞机、新型战机、探月工程等国家重大专项和重点工程提供了关键制造装备。高档数控系统打破国外技术垄断，关键功能部件实现批量配套。2016年底，我国自主提出的用于检测五轴联动机床精度的试件标准已通过国际标委会审定，实现了在高档数控机床检测领域标准"零"的突破。

近年来，随着国防、航空、高铁和汽车等重要装备制造行业需求量的大幅增长，我国机床行业突破国外技术封锁，自主创新成果突出，相继开发出国家战略急需的具有自主知识产权的各种类型的数控机床，生产的机床品种日趋齐全，已经具备了成套装备现代化工厂的能力。目前我国已能生产从小型仪表机床到重型、超重型机床的各种机床，也能生产出各种精密的、高度自动化的和高效率的机床以及复合机床、并联运动机床等世界前沿产品。我国数控机床技术在高速化、复合化、精密化、多轴化等方面取得了显著进步和一系列突破，机床性能也在逐渐提高，有些机床已经接近世界先进水平。中国高端装备制造技术从无到有，由弱到强，对于提升我国机床产业自主创新能力和核心竞争力，具有重大意义。

经过引进、吸收、自主开发及产业化攻关等几个阶段的拼搏，我国的数控系统产业从无到有，出现了一些数控系统骨干企业。目前，国产中档数控系统已经形成较大的产业规模；高档数控系统的关键技术已经突破，并开始推广应用。国产高档数控装置的控制轴数从 2 轴到 32 轴，联动轴数从 2 轴到 9 轴，适应用户从中档到高档的需求。机床的分辨率已经提高到 0.001mm。已研制出六轴五联动的数控系统，九轴五联动的车铣（或铣车）复合加工中心、七轴六联动的螺旋桨加工机床、九轴控制六轴联动的数控砂带磨床等已经用于复杂型面的加工。我国数控技术和机床工业高速发展，举世瞩目。

改革开放 40 多年来，全行业不懈努力、攻坚克难，我国机床工业已跨入世界第一方阵并进入世界前列，成就显著，但与世界先进水平相比，还有较大的差距。目前国产高档数控机床虽然已经进入航空航天、汽车、船舶、核电等重点用户领域，但精密和超精密数控机床、高性能专业化数控机床、复合功能数控机床等，在技术水平和性能方面与国外的差距明显。国外已做到了 15~19 轴联动，分辨率达 0.1~0.01μm，而我国目前只能做到 5~6 轴联动，分辨率为 1μm。国产高档数控机床还不具有竞争优势。

2016 年我国金属切削机床年产量达 78 万台，数字庞大，但机床数控化率还不高，目前生产产值数控化率不到 30%，而发达国家大多在 70% 左右。数控机床中，低档次机床最多，中档的较少，高档更少。可见，我国机床整体水平较低，高档数控机床及配套部件仍然大量进口。国产数控机床的许多功能和性能指标已经接近或赶上了世界先进水平，但其先进性能和功能的维持性较差，故障率较高，精度保持性也较差，与国外同类产品的可靠性差距明显。近些年来，机床行业进行了可靠性技术攻关，国产机床可靠性水平在稳步增长，但与发达国家的机床可靠性差距仍然突出。国产中高档数控机床和数控系统都存在可靠性问题，这是当前影响国产数控装备国际市场竞争力的软肋。机床基础理论和应用技术的研究明显落后，人员技术素质还跟不上现代机床技术飞速发展的需要。

我国虽然是机床大国，但还不是机床强国，目前中国的机床生产技术仍处于第二阵营，在高精度、高技术和可靠性方面与机床工业发达国家还有一定差距。因此，我国机床工业面临着光荣而艰巨的任务，我们要以党的二十大提出的新发展理念为驱动，把发展质量摆在更突出的位置，重视机床行业工程技术人员和科研人员的知识更新，不断扩大技术队伍，提高人员的技术素质，增强技术创新意识，加强机床基础理论和应用技术的研究，以便早日将我国由机床生产大国发展为机床强国。

### 四、金属切削机床的分类和型号编制

金属切削机床的品种和规格繁多，为了便于区别、使用和管理，应对机床加以分类和编

制型号。

（一）机床的分类

机床的传统分类方法，主要是按加工性质和所用的刀具进行分类。根据我国制定的金属切削机床型号编制方法，目前将机床划分为 11 大类：车床、钻床、镗床、磨床、齿轮加工机床、螺纹加工机床、铣床、刨插床、拉床、锯床及其他机床。在每一类机床中，又按工艺范围、布局形式和结构等，分为若干组，每一组又细分为若干系（系列）。

在上述基本分类方法的基础上，还可根据机床其他特征进一步区分。

**1. 通用性程度**

同类型机床按通用性程度（应用范围）可分为以下三种：

（1）通用机床　它可用于加工多种零件的不同工序，加工范围较广，通用性较大，但结构比较复杂。这种机床主要适用于单件小批生产，例如卧式车床、万能外圆磨床、万能升降台铣床等。

（2）专门化机床　它的工艺范围较窄，只能用于加工某一类（或少数几类）零件的某一道（或少数几道）特定工序，如曲轴车床、凸轮轴车床、螺旋桨铣床等。

（3）专用机床　它的工艺范围最窄，一般是为加工某一种零件的某一道特定工序而设计制造的，适用于大批量生产。如汽车、拖拉机制造中广泛使用的各种钻、镗组合机床等。

**2. 质量和尺寸**

同类型机床按质量和尺寸可分为仪表机床、中型机床（一般机床）、大型机床（质量达10t）、重型机床（质量大于30t）和超重型机床（质量大于100t）。

**3. 工作精度**

同类型机床按工作精度又可分为普通精度机床、精密机床和高精度机床，分别为精度、性能等符合有关标准中规定的普通级、精密级和高精度级要求的机床。

**4. 自动化程度**

机床按自动化程度可分为手动、机动、半自动和自动的机床。调整好后无需工人参与便能完成自动工作循环的机床称为自动机床；若装卸工件仍由人工进行，能完成半自动工作循环的机床称为半自动机床。

**5. 主要工作部件的数目**

机床按主要工作部件的数目可分为单轴的、多轴的或单刀的、多刀的机床等。

通常，机床根据加工性质进行分类，再根据其某些特点进一步描述，如多刀半自动车床、高精度外圆磨床等。

随着机床的发展，其分类方法也将不断发展。现代机床正向数控化方向发展，数控机床的功能日趋多样化，工序更加集中。现在一台数控机床集中了越来越多的传统机床的功能。例如，数控车床在卧式车床功能的基础上，集中了转塔车床、仿形车床、自动车床等多种车床的功能；车削中心出现以后，在数控车床功能的基础上，又加入了钻、铣、镗等类型机床的功能。具有自动换刀功能的加工中心，集中了钻、铣、镗等多种类型机床的功能；有的加工中心的主轴既能立式又能卧式，即集中了立式加工中心和卧式加工中心的功能。可见，机床数控化引起了机床传统分类方法的变化，这种变化主要表现在机床品种不是越分越细，而是趋向综合。

（二）机床型号的编制方法

机床的型号是赋予每种机床的一个代号，用以简明地表示机床的类型、通用和结构特性，以及主要技术参数等。我国的机床型号，现在是按 2008 年颁布的国家标准 GB/T 15375—2008《金属切削机床　型号编制方法》编制的。此标准规定了金属切削机床和回转体加工自动线型号的表示方法，机床型号由汉语拼音字母和阿拉伯数字按一定的规律组合而成，它适用于各类通用和专用金属切削机床、自动线，不包括组合机床、特种加工机床。型号由基本部分和辅助部分组成，中间用"/"隔开，读作"之"。基本部分需统一管理，辅助部分纳入型号与否由企业自定。

**1. 通用机床型号**

通用机床型号用下列方式表示：

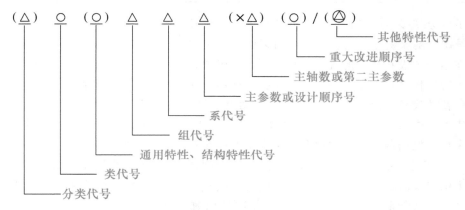

注：1. 有"（ ）"的代号或数字，当无内容时，则不表示；若有内容，则不带括号。

2. 有"○"符号的，为大写的汉语拼音字母。

3. 有"△"符号的，为阿拉伯数字。

4. 有"⊘"符号的，为大写的汉语拼音字母，或阿拉伯数字，或两者兼有之。

（1）机床的分类及类代号　机床的类别代号用大写的汉语拼音字母表示，按其相对应的汉字字义读音。例如，"车床"的汉语拼音是"Chechuang"，所以用"C"表示，读作"车"；铣床的类别代号是"X"，读作"铣"等。当需要时，每类又可分为若干分类；分类代号用阿拉伯数字表示，在类代号之前，它居于型号的首位，但第一分类代号前的"1"不予表示，例如，磨床类分为 M、2M、3M 三个分类。机床的分类和代号见表 0-1。

表 0-1　机床的分类和代号

| 类别 | 车床 | 钻床 | 镗床 | 磨 | | 床 | 齿轮加工机床 | 螺纹加工机床 | 铣床 | 刨插床 | 拉床 | 锯床 | 其他机床 |
|---|---|---|---|---|---|---|---|---|---|---|---|---|---|
| 代号 | C | Z | T | M | 2M | 3M | Y | S | X | B | L | G | Q |
| 读音 | 车 | 钻 | 镗 | 磨 | 二磨 | 三磨 | 牙 | 丝 | 铣 | 刨 | 拉 | 割 | 其 |

（2）机床的特性代号　它表示机床所具有的特殊性能，包括通用特性和结构特性，这两种特性代号用大写的汉语拼音字母表示，位于类别代号之后。通用特性代号有统一的固定含义，它在各类机床的型号中，表示的意义相同。当某类型机床除有普通型外，还具有表 0-2 所列的某种通用特性时，则在类别代号之后加上相应的特性代号。例如"CK"表示

数控车床。当在一个型号中同时使用 2~3 个通用特性代号时，一般按重要程度排列顺序，用 2~3 个代号同时表示，如 "MBG" 表示半自动高精度磨床。如某类型机床仅有某种通用特性，而无普通型的，则通用特性不必表示。如 C1107 型单轴纵切自动车床，由于这类自动车床没有 "非自动" 型，所以不必用字母 "Z" 表示通用特性。

表 0-2 通用特性代号

| 通用特性 | 高精度 | 精密 | 自动 | 半自动 | 数控 | 加工中心（自动换刀） | 仿形 | 轻型 | 加重型 | 柔性加工单元 | 数显 | 高速 |
|---|---|---|---|---|---|---|---|---|---|---|---|---|
| 代号 | G | M | Z | B | K | H | F | Q | C | R | X | S |
| 读音 | 高 | 密 | 自 | 半 | 控 | 换 | 仿 | 轻 | 重 | 柔 | 显 | 速 |

为了区分主参数相同而结构不同的机床，在型号中用结构特性代号表示。根据各类机床的具体情况，对某些结构特性代号，可以赋予一定含义。但结构特性代号与通用特性代号不同，它在型号中没有统一的含义，只在同类机床中具有区分机床结构、性能的作用。当型号中有通用特性代号时，结构特性代号应排在通用特性代号之后。结构特性代号为汉语拼音字母，通用特性代号已用的字母和 "I""O" 两个字母不能使用，以免混淆。例如，CA6140 型卧式车床型号中的 "A"，可理解为这种型号车床在结构上区别于 C6140 型车床。结构特性的代号字母是根据各类机床的情况分别规定的，在不同型号中的意义可不一样。

（3）机床组、系的划分原则及其代号 每类机床按其结构性能或使用范围划分为若干组，用 1 位阿拉伯数字（0~9）表示，位于类代号或通用特性代号、结构特性代号之后。每组机床又划分若干系（系列），同样用 1 位阿拉伯数字（0~9）表示，位于组代号之后。组的划分原则是：在同一类机床中，主要布局或使用范围基本相同的机床，即为同一组。系的划分原则是：在同一组机床中，主参数相同，并按一定公比排列，工件和刀具本身的和相对的运动特点基本相同，且基本结构及布局形式相同的机床，即划为同一系。机床的类、组划分详见表 0-3，常用机床的组别和系别代号见本书附录 A。

（4）机床主参数、设计顺序号 机床主参数代表机床规格的大小，用折算值（主参数乘以折算系数）表示，位于系代号之后。

某些通用机床，当无法用一个主参数表示时，则在型号中用设计顺序号表示。设计顺序号由 1 起始。当设计顺序号小于 10 时，由 01 开始编号。

（5）主轴数和第二主参数 对于多轴机床，如多轴车床、多轴钻床等，其主轴数应以实际数值列入型号，置于主参数之后，用 "×" 分开，读作 "乘"。单轴可省略，不予表示。第二主参数一般是指最大工件长度、最大跨距、工作台面长度等。第二主参数也用折算值表示。

常用机床的主参数和第二主参数见本书附录 A。

（6）机床的重大改进顺序号 当机床的性能及结构布局有重大改进，并按新产品重新设计、试制和鉴定时，在原机床型号的尾部，加重大改进顺序号，以区别于原机床型号。序号按 A、B、C 等字母的顺序选用。重大改进设计不同于完全的新设计，它是在原有机床的基础上进行改进设计的。

（7）其他特性代号 其他特性代号主要用以反映各类机床的特性。如：对于数控机床，可反映不同的控制系统、联动轴数、自动交换主轴头、自动交换工作台等；对于柔性加工单元，可用以反映自动交换主轴箱；对于一机多能机床，可用来补充表示某些功能；对于一般机床，可反映同一型号机床的变型等。同一型号机床的变型代号，一般应放在其他特性代号的前面。其他特性代号用汉语拼音字母（"I""O"两个字母除外）表示，其中，L 表示联动轴数，F 表示复合。

表 0-3　金属切削机床类、组划分表

| 类　别 | | 组　别 | | | | | | | | | |
|---|---|---|---|---|---|---|---|---|---|---|---|
| | | 0 | 1 | 2 | 3 | 4 | 5 | 6 | 7 | 8 | 9 |
| 车床 C | | 仪表小型车床 | 单轴自动车床 | 多轴自动、半自动车床 | 回转、转塔车床 | 曲轴及凸轮轴车床 | 立式车床 | 落地及卧式车床 | 仿形及多刀车床 | 轮、轴、辊、锭及铲齿车床 | 其他车床 |
| 钻床 Z | | | 坐标镗钻床 | 深孔钻床 | 摇臂钻床 | 台式钻床 | 立式钻床 | 卧式钻床 | 铣钻床 | 中心孔钻床 | 其他钻床 |
| 镗床 T | | | | 深孔镗床 | | 坐标镗床 | 立式镗床 | 卧式铣镗床 | 精镗床 | 汽车拖拉机修理用镗床 | 其他镗床 |
| 磨床 | M | 仪表磨床 | 外圆磨床 | 内圆磨床 | 砂轮机 | 坐标磨床 | 导轨磨床 | 刀具刃磨床 | 平面及端面磨床 | 曲轴、凸轮轴、花键轴及轧辊磨床 | 工具磨床 |
| | 2M | | 超精机 | 内圆珩磨机 | 外圆及其他珩磨机 | 抛光机 | 砂带抛光及磨削机床 | 刀具刃磨床及研磨机床 | 可转位刀片磨削机床 | 研磨机 | 其他磨床 |
| | 3M | | 球轴承套圈沟磨床 | 滚子轴承套圈滚道磨床 | 轴承套圈超精机 | | 叶片磨削机床 | 滚子加工机床 | 钢球加工机床 | 气门、活塞及活塞环磨削机床 | 汽车、拖拉机修磨机床 |
| 齿轮加工机床 Y | | 仪表齿轮加工机 | | 锥齿轮加工机 | 滚齿及铣齿机 | 剃齿及珩齿机 | 插齿机 | 花键轴铣床 | 齿轮磨齿机 | 其他齿轮加工机 | 齿轮倒角及检查机 |
| 螺纹加工机床 S | | | | | 套丝机 | 攻丝机 | | 螺纹铣床 | 螺纹磨床 | 螺纹车床 | |
| 铣床 X | | 仪表铣床 | 悬臂及滑枕铣床 | 龙门铣床 | 平面铣床 | 仿形铣床 | 立式升降台铣床 | 卧式升降台铣床 | 床身铣床 | 工具铣床 | 其他铣床 |
| 刨插床 B | | | 悬臂刨床 | 龙门刨床 | | 插床 | 牛头刨床 | | | 边缘及模具刨床 | 其他刨床 |

9

（续）

| 类　别 | 组　别 | | | | | | | | | |
|---|---|---|---|---|---|---|---|---|---|---|
| | 0 | 1 | 2 | 3 | 4 | 5 | 6 | 7 | 8 | 9 |
| 拉床 L | | | 侧拉床 | 卧式外拉床 | 连续拉床 | 立式内拉床 | 卧式内拉床 | 立式外拉床 | 键槽、轴瓦及螺纹拉床 | 其他拉床 |
| 锯床 G | | | 砂轮片锯床 | | 卧式带锯床 | 立式带锯床 | 圆锯床 | 弓锯床 | 锉锯床 | |
| 其他机床 Q | 其他仪表机床 | 管子加工机床 | 木螺钉加工机 | | 刻线机 | 切断机 | 多功能机床 | | | |

综合上述通用机床型号的编制方法，举例如下。

例 0-1　试写出 CA6140A 型卧式车床型号的各部分含义。

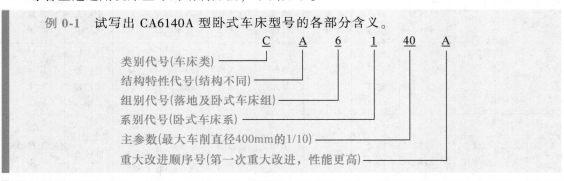

类别代号(车床类)
结构特性代号(结构不同)
组别代号(落地及卧式车床组)
系别代号(卧式车床系)
主参数(最大车削直径400mm的1/10)
重大改进顺序号(第一次重大改进，性能更高)

例 0-2　试写出 MKG1340 型高精度数控外圆磨床型号的各部分含义。

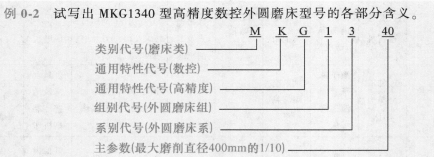

类别代号(磨床类)
通用特性代号(数控)
通用特性代号(高精度)
组别代号(外圆磨床组)
系别代号(外圆磨床系)
主参数(最大磨削直径400mm的1/10)

按照上述对机床型号编制方法的介绍，可以对下列通用机床型号解读：

机床型号 THM5650　　精密立式加工中心，工作台最大宽度为 500mm。

机床型号 TH6340/5L　卧式加工中心，5 轴联动，工作台最大宽度为 400mm。

机床型号 CKM1112　　数控精密单轴纵切自动车床，最大棒料直径为 12mm。

**2. 专用机床型号**

专用机床型号一般由设计单位代号和设计顺序号组成，其表示方法为

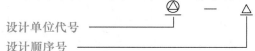

设计单位代号
设计顺序号

设计单位代号包括机床生产厂代号和机床研究单位代号，位于型号之首。

专用机床的设计顺序号，按该单位的设计顺序号排列，从 001 起始位于设计单位代号之后，并用"—"隔开，读作"至"。

例如，某单位设计制造的第 100 种专用机床，其型号为：×××—100。

某厂设计制造的第一种专用机床，其型号为：×××—001。

**3. 机床自动线的型号**

机床自动线的型号由设计单位代号、机床自动线代号和设计顺序号组成，由通用机床或专用机床组成的机床自动线代号为"ZX"（读作"自线"），机床自动线的型号表示方法为

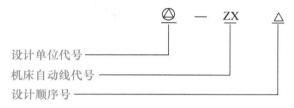

例如，某单位为某厂设计的以通用机床或专用机床组成的第一条机床自动线的型号为：×××—ZX001。

显然，目前使用的机床型号编制办法有些过细。由前述可知，机床数控化以后，其功能日趋多样化，一台数控车床同时具有多种组别和系别的车床功能，这就是说，很难把它归属于哪个组别、哪个系别的机床了。

现代机床的发展趋势是机床功能部件化了，每个功能部件是独立存在的，机床生产厂根据市场需求设计与制造各种功能部件。以数控车床为例，典型的功能部件可以是尾座、多种类型的转塔刀架和下刀架以及主轴分度机构等，这些都可由机床用户选择订货。机床产品已经走向市场的今天，不再是机床厂生产什么样的机床，用户就买什么样的机床，而是用户需要什么，机床厂就制造什么。然而，目前的机床型号编制方法仍然是"我造什么你买什么"，不适应机床市场发展的新形势。目前我国有些机床企业，也没有按照国家推荐的标准进行机床型号的编制，而是依据企业自己的规定，编制机床型号。随着机床工业的发展，机床型号的编制方法有待进一步修订和补充。

## 习题和思考题

0-1 什么是金属切削机床？机床工业在国民经济中的地位如何？

0-2 机床按加工性质和所用刀具可分为哪些种类？

0-3 机床的型号包含哪些内容？

0-4 机床按通用性程度可以分为哪几类？应用范围有何不同？

0-5 请说明下列机床型号的各部分含义：

CM6132，CK3263B，CKM1112，Z3040，T4163B，THM5650，XK5040，MG1432A

0-6 为什么说当前金属切削机床分类和型号编制方法有待进一步修订和补充？

# 第 一 章

# 机床的运动分析

机床的运动分析就是研究在金属切削机床上的各种运动及其相互联系。根据在机床上加工的各种表面和使用的刀具类型，分析得到这些表面的方法和所需的运动。在此基础上，进一步分析为了实现这些运动，机床必须具备的传动联系，实现这些传动的机构，以及机床运动的调整方法。这个机床运动分析过程是认识和分析机床的基本方法，人们称之为"表面—运动—传动—机构—调整"的认识机床方法。

通过运动分析可以看出：尽管机床品种繁多，结构各异，但不过是几种基本运动类型的组合与转化。机床运动分析的目的在于：利用非常简便的方法来分析、比较各种机床的传动系统，以掌握机床的运动规律，从而达到合理地使用机床和正确地设计机床传动系统的目的。

本章重点讲述机床的运动分析的基本内容，其中有关实现传动的具体机构和调整，将在以后各章中结合具体机床介绍。

## 第一节 工件加工表面及其形成方法

### 一、被加工工件的表面形状

在切削加工过程中，装在机床上的刀具和工件按一定的规律做相对运动，通过刀具的切削刃对工件毛坯的切削作用，把毛坯上多余的金属切掉，从而得到所要求的表面形状。图 1-1 所示为机器零件上常用的各种表面。

可以看出，工件表面是由几个表面元素组成的。这些表面元素是：平面、圆柱面、圆锥面、球面、圆环面、螺旋面和成形面等，这些简单的表面如图 1-2 所示。

### 二、工件表面的形成方法

任何表面都可以看作是一条线（称为母线）沿着另一条线（称为导线）运动的轨迹。母线和导线统称为形成表面的发生线。

为得到平面（图 1-2a），必须使直线 1（母线）沿着直线 2（导线）移动。直线 1 和 2

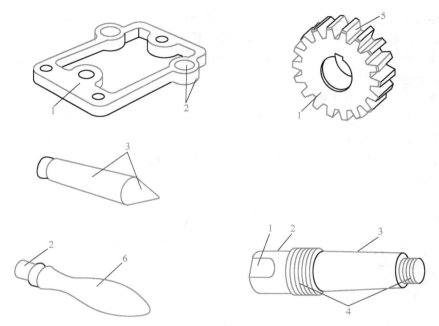

图 1-1 机器零件上常用的各种表面

1—平面 2—圆柱面 3—圆锥面 4—螺旋面 5—直线成形面 6—回转体成形面

就是形成平面的两条发生线。为得到直线成形面（图 1-2b），必须使直线 1（母线）沿着曲线 2（导线）移动，直线 1 和曲线 2 就是形成直线成形面的两条发生线。同样，为形成圆柱面（图 1-2c），必须使直线 1（母线）沿圆 2（导线）运动，直线 1 和圆 2 就是它的两条发生线，等等。

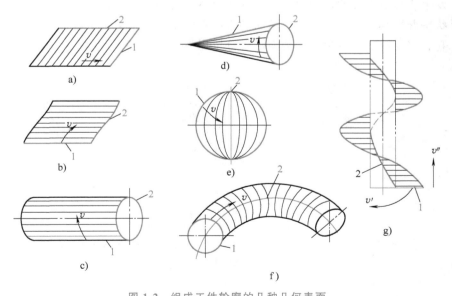

图 1-2 组成工件轮廓的几种几何表面

a）平面 b）直线成形面 c）圆柱面 d）圆锥面 e）球面 f）圆环面 g）螺旋面

但是还需要注意，有些表面的两条发生线完全相同，只因母线的原始位置不同，也可形成不同的表面。在图 1-3 中，母线 1 皆为直线，导线 2 皆为圆，轴线皆为 $O—O$。所需要的运动也相同。但由于母线相对于旋转轴线 $O—O$ 的原始位置不同，所产生的表面也就不同，如圆柱面、圆锥面或双曲面等。

形成平面、直线成形面和圆柱面的两条发生线——母线和导线可以互换，而不改变形成表面的性质。如在图 1-2a 中，平面也可以看成是直线 2 沿直线 1 移动形成的。在图 1-2b 中，直线成形面可以看成是曲线 2 沿直线 1 运动形成的。在图 1-2c 中，圆柱面也可以看成是圆 2 沿直线 1 运动而形成的，等等。这种母线与导线可以互换的表面称为可逆表面。

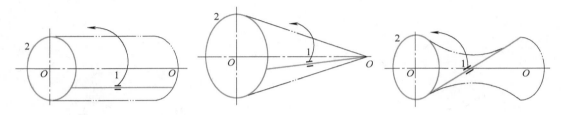

图 1-3　母线原始位置变化时形成的表面

1—母线　2—导线

除了可逆表面以外，还有不可逆表面。形成不可逆表面的母线和导线是不可互换的。圆锥面、球面、圆环面和螺旋面等都属于不可逆表面。

### 三、发生线的形成方法

#### （一）切削刃的形状与发生线的关系

由于发生线是由刀具的切削刃和工件的相对运动得到的，所以，工件表面成形与刀具切削刃的形状有着极其密切的关系。所谓切削刃的形状是指切削刃与工件成形表面相接触部分的形状。它和需要成形的发生线的关系可划分为以下三种（图 1-4）：

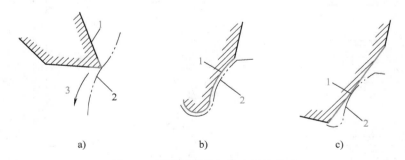

a)　　　　　　　b)　　　　　　　c)

图 1-4　切削刃形状与发生线的关系

a）切削刃的形状为切削点　b）切削线与发生线吻合　c）切削线与发生线不吻合

1—刀具　2—发生线　3—运动轨迹

**1. 切削刃的形状为切削点**

在切削过程中，切削刃与被形成表面接触的长度实际上很小，可以看成点接触

（图 1-4a）。刀具 1 做轨迹运动 3 得到发生线 2。

**2. 切削线与发生线吻合**

切削刃的形状是一条切削线 1，它与要成形的发生线 2 的形状完全吻合（图 1-4b）。因此，在切削加工时，切削刃与被成形的表面为线接触，刀具无需任何运动就可以得到所需的发生线形状，如成形车刀、盘形齿轮铣刀等。

**3. 切削线与发生线不吻合**

切削刃的形状仍然是一条切削线 1，但它与需要成形的发生线 2 的形状不吻合（图 1-4c）。切削加工时，刀具切削刃与被成形的表面相切，可看成点接触，切削刃相对工件滚动（即展成运动），所需成形的发生线 2 是刀具切削线 1 的包络线（图 1-5）。因此，刀具与工件间需要有共轭的展成运动，如齿条刀、插齿刀、滚刀等。

图 1-5　由切削刃包络
成形的渐开线齿形

**（二）形成发生线的方法及所需运动**

由于使用的刀具切削刃形状和采取的加工方法不同，形成发生线的方法可归纳为四种。以形成如图 1-6 所示的发生线 2（图中为一段圆弧）为例，说明如下。

**1. 成形法**（forming method，图 1-6a）

成形法是利用成形刀具对工件进行加工的方法。切削刃为切削线 1，它的形状和长短与需要形成的发生线 2 完全重合，因此形成发生线 2 不需要运动。

**2. 展成法**（generating method，图 1-6b）

展成法是利用工件和刀具做展成切削运动进行加工的方法。刀具切削刃为切削线 1，如图 1-6b 所示形状为圆，也可是直线（如齿条刀）或曲线（如齿轮滚刀），它与需要形成的发生线 2 的形状不吻合。切削线 1 与发生线 2 彼此做无滑动的纯滚动，发生线 2 就是切削线 1 在切削过程中连续位置的包络线。曲线 3 是切削刃上某点 $A$ 的运动轨迹。在形成发生线 2 的过程中，仅由切削刃 1 沿着由它生成的发生线 2 滚动，或者切削刃 1（刀具）和发生线 2（工件）共同完成复合的纯滚动，这种运动称为展成运动。因此用展成法形成发生线需要一个成形运动（展成运动）。

**3. 轨迹法**（tracing method，图 1-6c）

轨迹法是利用刀具做一定规律的轨迹运动对工件进行加工的方法。切削刃为切削点 1，它按一定规律做直线或曲线（图 1-6c 为圆弧）运动，从而形成所需的发生线 2。因此采用轨迹法形成发生线需要一个成形运动。

**4. 相切法**（tangent method，图 1-6d）

相切法是利用刀具边旋转边做轨迹运动对工件进行加工的方法。切削刃为旋转刀具（铣刀或砂轮）上的切削点 1，刀具做旋转运动，刀具中心按一定规律做直线或曲线（图 1-6d 为圆弧）运动，切削点 1 的运动轨迹如图中的曲线 3。切削点的运动轨迹与工件相切，形成了发生线 2。图 1-6d 中点 4 就是刀具上的切削点 1 的运动轨迹与工件的各个切点。由于刀具上有多个切削点，发生线 2 是刀具上所有的切削点在切削过程中共同形成的。为了用相切法得到发生线，需要两个成形运动，即刀具的旋转运动和刀具中心按一定规律的运动。

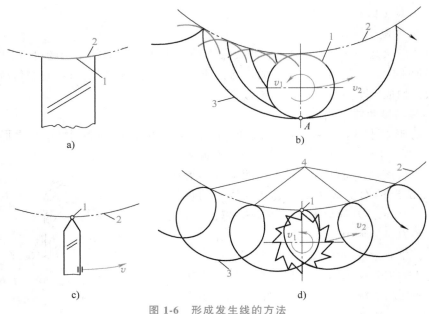

图 1-6 形成发生线的方法

a) 成形法 b) 展成法 c) 轨迹法 d) 相切法

# 第二节 机床的运动

在机床上，为了要获得所需的工件表面形状，必须使刀具和工件按上述四种方法之一完成一定的运动，这种运动称为表面成形运动。此外，机床还有多种辅助运动。

## 一、表面成形运动（surface formative motion）

表面成形运动（简称成形运动）是保证得到工件要求的表面形状的运动。图 1-7 所示为用车刀车削外圆柱面，形成母线和导线的方法都属于轨迹法。工件的旋转运动 $B_1$ 产生母线（圆），刀具的纵向直线运动 $A_2$ 产生导线（直线）。运动 $B_1$ 和 $A_2$ 就是两个表面成形运动，下标表示成形运动次序。又如刨削，滑枕带着刨刀（牛头刨床和插床）或工作台带着工件（龙门刨床）做往复直线运动，产生母线；工作台带着工件（牛头刨床和插床）或刀架带着刀具（龙门刨床）做间歇直线运动，产生导线。这两个直线运动产生发生线（皆直线），因而都是成形运动。

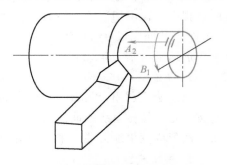

图 1-7 车削外圆柱面时的成形运动

### 1. 成形运动的种类

以上所说的成形运动都是旋转运动或直线运动。这两种运动最简单，也最容易得到，因而称简单成形运动。在机床上，它以主轴的旋转和刀架或工作台的直线运动的形式出现。通常用符号 $A$ 表示直线运动，用符号 $B$ 表示旋转运动。

但是成形运动也有不是简单运动的。图 1-8a 所示为用螺纹车刀切削螺纹，螺纹车刀是成形刀具，其形状相当于螺纹沟槽的截面，因此形成螺旋面只需一个运动：车刀相对于工件做空间螺旋运动。在机床上，最容易得到并最容易保证精度的是旋转运动（如主轴的旋转）和直线运动（如刀架的移动）。因此，往往把这个螺旋运动分解成等速的旋转运动和等速的直线运动。图 1-8b 中以 $B_{11}$ 和 $A_{12}$ 代表，下标的第一位数表示第一个运动（也只有一个运动），后一位数表示第一个运动中的第一、第二两部分。这样的运动称为复合的表面成形运动或简称复合成形运动。为了得到一定导程的螺旋线，运动的两个部分 $B_{11}$ 和 $A_{12}$ 必须严格保持相对运动关系，即工件每转一周，刀具的移动量应为一个导程。用齿条刀加工齿轮，产生渐开线靠展成法，需要一个复合的展成运动（图 1-9）。如上所述，这个复合运动也可分解为工件的旋转运动 $B_{11}$ 和刀具的直线运动 $A_{12}$。$B_{11}$ 和 $A_{12}$ 是一个运动（展成运动）的两个部分，必须保持严格的运动关系，即工件每转过一个齿（$B_{11}$），齿条刀应移动一个齿距 $\pi m$（$m$ 为模数）。

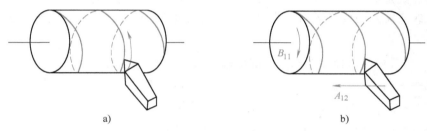

图 1-8　加工螺纹时的运动

a）用螺纹车刀切削螺纹　b）螺旋运动分解

复合成形运动也可以分解为三个甚至更多个部分。图 1-10 所示为车削圆锥螺纹时的表面成形运动。刀具相对于工件的运动轨迹为圆锥螺旋线。可分解为三部分：工件的旋转运动 $B_{11}$、刀具纵向直线移动 $A_{12}$ 和刀具横向直线移动 $A_{13}$。为了保证一定的导程，$B_{11}$ 和 $A_{12}$ 之间

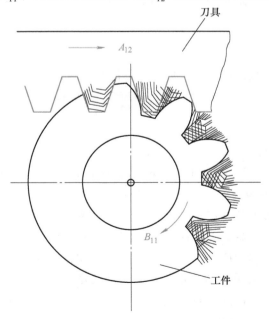

图 1-9　齿条刀加工齿轮时的展成运动

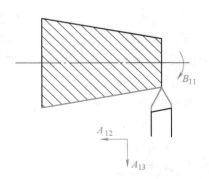

图 1-10　车削圆锥螺纹时的表面成形运动

必须保持严格的相对运动关系；为了保证一定的锥度，$A_{12}$ 和 $A_{13}$ 之间也必须保持严格的相对运动关系。

有的工件表面形状很复杂，例如螺旋桨的表面。为了加工它，需要十分复杂的表面成形运动。随着现代数控技术的发展，多轴联动数控机床的出现，可分解为更多部分的复合成形运动已在机床上实现。每个部分就是机床的一个坐标轴。

复合成形运动虽然可以分解成几个部分，每个部分是一个旋转运动或直线运动，与简单运动相像。但这些部分之间保持着严格的相对运动关系，是相互依存的，而不是独立的。所以复合成形运动是一个运动，而不是两个或两个以上的简单运动。

简单运动之间是相互独立的，没有严格的相对运动关系。

**2. 零件表面成形所需的成形运动**

母线和导线是形成零件表面的两条发生线，因此形成表面所需的成形运动，就是形成其母线及导线所需的成形运动的总和。为了加工出所需的零件表面，机床就必须具备这些成形运动。

例 1-1　分析用普通车刀车削外圆的运动（图 1-7）。

母线——圆，由轨迹法形成，需要一个成形运动 $B_1$。

导线——直线，由轨迹法形成，需要一个成形运动 $A_2$。

形成外圆柱表面共需两个简单的成形运动（$B_1$ 和 $A_2$）

例 1-2　分析用螺纹车刀车削圆锥螺纹的运动（图 1-10）。

母线——车刀的切削刃形状与螺纹轴向剖面轮廓的形状一致，故母线由成形法形成，不需要成形运动。

导线——圆锥螺旋线，由轨迹法形成，需要一个成形运动。这是一个复合运动，把它分解为工件的旋转运动 $B_{11}$、刀具纵向直线移动 $A_{12}$ 和刀具横向直线移动 $A_{13}$。这三个运动之间必须保持严格的相对运动关系。

例 1-3　分析用成形铣刀加工沟槽的运动（图 1-11a）。

母线——曲线，成形铣刀的切削刃轮廓形状，由成形法形成，不需要成形运动。

导线——直线，由相切法形成，需要两个独立的成形运动，即成形铣刀的旋转运动 $B_{11}$ 和工件的直线移动 $A_{12}$。

例 1-4　分析用齿轮滚刀加工斜齿圆柱齿轮齿面的运动（图 1-11b）。

母线——渐开线，由展成法形成，需要一个成形运动，这是个复合运动，可分解为滚刀旋转 $B_{11}$ 和工件旋转 $B_{12}$ 两个部分，$B_{11}$ 和 $B_{12}$ 之间必须保持严格的相对运动关系。

导线——螺旋线，由相切法形成，需要两个独立的成形运动，即齿轮滚刀的旋转运动和滚刀相对工件的螺旋运动。其中滚刀的旋转运动与复合展成运动的一部分 $B_{11}$ 重合；滚刀相对工件的螺旋运动是个复合运动，它分解为两部分，即滚刀沿着工件轴向的移动 $A_{21}$ 和工件的附加转动 $B_{22}$，这两个运动之间也必须保持严格的相对运动关系。所以，加工斜齿圆柱齿轮的齿面时，形成表面所需的成形运动的总数只有两个：一个是复合的成形运动 $B_{11}$ 和 $B_{12}$，另一个是复合的成形运动 $A_{21}$ 和 $B_{22}$。

## 二、辅助运动（auxiliary motion）

机床上除表面成形运动外，还需要辅助运动，以实现机床的各种辅助动作。辅助动作的种类很多，主要包括以下几方面。

**1. 各种空行程运动**

空行程运动是指进给前后的快速运动和各种调位运动。例如，装卸工件时为避免碰伤操作者，刀具与工件应相对退离。在进给开始之前快速引进，使刀具与工件接近；进给结束后，应快退。例如，车床的刀架或铣床的工作台在进给前后的快进或快退运动。调位运动是调整机床的过程中把机床的有关部件移到要求的位置。例如，摇臂钻床上为使钻头对准被加工孔的中心，主轴箱与工作台间的相对调位运动；龙门刨床、龙门铣床的横梁，为适应工件不同厚度的升降运动等。

**2. 切入运动**

切入运动用于保证被加工表面获得所需要的尺寸。

**3. 分度运动**

当加工若干个完全相同的均匀分布的表面时，为使表面成形运动得以周期地连续进行的运动称为分度运动。如车削多线螺纹，在车完一条螺纹后，工件相对于刀具要回转 $1/K$ 转（$K$ 是螺纹线数）才能车削另一条螺纹表面，这个工件相对于刀具的旋转运动就是分度运动。多工位机床的多工位工作台或多工位刀架也需分度运动。这时，分度运动是由工作台或刀架完成的。

**4. 操纵及控制运动**

操纵及控制运动包括起动、停止、变速、换向、部件与工件的夹紧和松开、转位以及自动换刀、自动测量、自动补偿等。

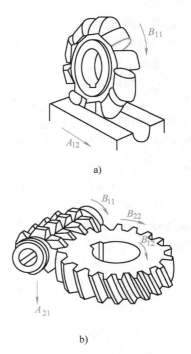

图 1-11　形成所需表面的成形运动
a）用成形铣刀加工沟槽
b）用齿轮滚刀加工斜齿圆柱齿轮齿面

## 三、主运动和进给运动

成形运动按其在切削加工中所起的作用，又可分为两类：主运动和进给运动。

**1. 主运动（primary motion）**

主运动是产生切削的运动，它促使刀具和工件之间产生相对运动，从而使刀具前面接近工件，直接切除工件上的切削层，使之转变为切屑，从而形成工件新表面。例如，车床上主轴带工件的旋转，钻床、镗床、铣床、磨床上主轴带刀具或砂轮的旋转，牛头刨床和插床的滑枕带动刨刀、龙门刨床工作台带动工件的往复直线运动等都是主运动。

主运动可能是简单的成形运动，也可能是复合的成形运动。上面所述的各种机床的主运动都是简单运动。图 1-8b 所示的车削螺纹，主运动就是复合运动，它在切除切屑的同时，形成所需的螺旋表面。

**2. 进给运动（feed motion）**

进给运动是维持切削得以继续的运动，它使刀具与工件之间产生附加的相对运动，加上主运动，即可依次地或连续不断地切除切屑，并得出具有所需几何特性的已加工表面。进给运动可以是步进的，也可以是连续进行的。

进给运动可能是简单运动，也可能是复合运动。例如在车床上车削圆柱表面时，溜板带动车刀的连续纵向移动，在牛头刨床上加工平面时，刨刀每往复一次，刨床工作台带动工件横向移动一个进给量，这些都是进给运动，它们是简单的成形运动。再如，用成形铣刀铣削螺纹时（图 1-12），进给运动是铣刀相对于工件的螺旋运动，是复合运动（$B_{21}$ 和 $A_{22}$），主运动是铣刀旋转（$B_1$），是一个简单运动。

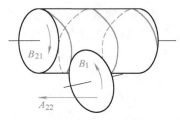

图 1-12　铣削螺纹时的运动

在表面成形运动中，必须有而且只能有一个主运动。如果只有一个表面成形运动，则这个运动就是主运动，如用成形车刀车削圆柱体。进给运动则可能有一个或多于一个。

## 第三节　机床的传动联系和传动原理图

### 一、机床的传动联系

为了实现加工过程中所需的各种运动，机床必须具备以下三个基本部分：

（1）执行件　执行机床运动的部件，如主轴、刀架和工作台等，其任务是带动工件或刀具完成一定形式的运动（旋转或直线运动）和保持准确的运动轨迹。

（2）动力源　提供运动和动力的装置，是执行件的运动来源。普通机床通常都采用三相异步电动机作为动力源，现代数控机床的动力源采用直流或交流调速电动机和伺服电动机。

（3）传动装置　传递运动和动力的装置，通过它把动力源的运动和动力传给执行件。通常，传动装置同时还需完成变速、变向和改变运动形式（从旋转运动改变为直线运动）等任务，使执行件获得所需要的运动速度、运动方向和运动形式。

传动装置把执行件和动力源或者把有关的执行件之间连接起来，构成传动联系。

### 二、机床的传动链

如上所述，机床为了得到所需要的运动，需要通过一系列的传动件把执行件和动力源（例如把主轴和电动机），或者把执行件和执行件（例如把主轴和刀架）之间连接起来，以构成传动联系。构成一个传动联系的一系列传动件，称为传动链。根据传动联系的性质，传动链可以分为两类。

#### 1. 外联系传动链

外联系传动链是联系动力源（如电动机）和机床执行件（如主轴、刀架、工作台等）之间的传动链，使执行件得到运动，并传递一定的动力。此外，外联系传动链还包括变速机构和换向（改变运动方向）机构等。外联系传动链传动比的变化只影响生产率或表面粗糙度，不影响发生线的性质。因此，外联系传动链不要求动力源和执行件之间有严格的传动比关系。例如，车削螺纹时，从电动机传到车床主轴的传动链就是外联系传动链，它只决定车螺纹速度的快慢，而不影响螺纹表面的成形。再如，在卧式车床上车削外圆柱表面时，由于工件旋转与刀具移动之间不要求严格的传动比关系，两个执行件的运动可以互相独立调整，主轴转速和刀架的移动速度，只影响生产率和表面粗糙度，不影响圆柱面的性质，所以，传动工件和传动刀具的两条传动链都是外联系传动链。

**2. 内联系传动链**

内联系传动链联系复合运动之内的各个分解部分，因而传动链所联系的执行件相互之间的相对速度（及相对位移量）有严格的要求，用来保证运动的轨迹。例如，在卧式车床上用螺纹车刀车螺纹时，为了保证所需螺纹的导程大小，主轴（工件）转一周时，车刀必须移动一个导程。联系主轴—刀架之间的螺纹传动链，就是一条传动比有严格要求的内联系传动链。再如，用齿轮滚刀加工直齿圆柱齿轮时，为了得到正确的渐开线齿形，滚刀转 $1/K$ 转（$K$ 是滚刀头数）时，工件就必须转 $1/z_\text{工}$ 转（$z_\text{工}$ 为齿轮齿数）。联系滚刀旋转 $B_{11}$ 和工件旋转 $B_{12}$（图 1-11b）的传动链，必须保证两者的严格运动关系。这条传动链的传动比若不符合要求，就不可能展成正确的渐开线齿形。所以，这条传动链也是用来保证运动轨迹的内联系传动链。由此可见，在内联系传动链中，各传动副的传动比必须准确不变，不应有摩擦传动或是瞬时传动比变化的传动件（如链传动）。

## 三、传动原理图

通常传动链中包括有各种传动机构，如带传动、定比齿轮副、齿轮齿条、丝杠螺母、蜗轮蜗杆、滑移齿轮变速机构、离合器变速机构、交换齿轮或交换齿轮架，以及各种电的、液压的、机械的无级变速机构等。在考虑传动路线时，可以先撇开具体机构，把上述各种机构分成两大类：固定传动比的传动机构（简称"定比机构"）和变换传动比的传动机构（简称"换置器官"）。定比机构有定比齿轮副、丝杠螺母副、蜗杆副等，换置器官有变速箱、交换齿轮架、数控机床中的数控系统等。

为了便于研究机床的传动联系，常用一些简明的符号把传动原理和传动路线表示出来，这就是传动原理图。图 1-13 所示为传动原理图常用的一些示意符号。其中，表示执行件的符号，还没有统一的规定，

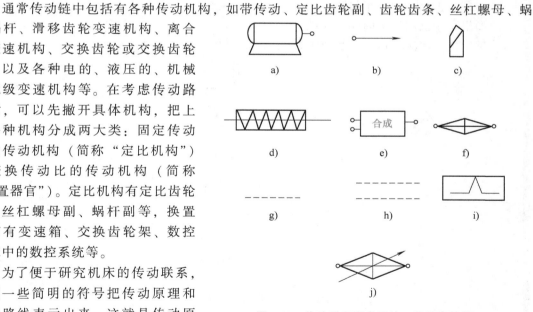

图 1-13  传动原理图常用的一些示意符号

a) 电动机  b) 主轴  c) 车刀  d) 滚刀  e) 合成机构
f) 传动比可变换的换置机构  g) 传动比不变的机械联系
h) 电的联系  i) 脉冲发生器  j) 快调换置器官——数控系统

一般采用较直观的图形表示。为了把运动分析的理论推广到数控机床，图中引入了画数控机床传动原理图时所要用到的一些符号，如电的联系脉冲发生器等的符号。

下面举例说明传动原理图的画法和所表示的内容。

例 1-5 卧式车床的传动原理图（图 1-14）。

卧式车床在形成螺旋表面时需要一个运动——刀具与工件间相对的螺旋运动。这个运动是复合运动，可分解为两部分：主轴的旋转 $B$ 和车刀的纵向移动 $A$。联系这两个运动的传动链 4—5—$u_f$—6—7 是复合运动内部的传动链，所以是内联系传动链。这个传动链为了保证主轴旋转 $B$ 与刀具纵向移动 $A$ 之间严格的比例关系，主轴每转一转，刀具应移动一个导程。此外，这个复合运动还应有一个外联系传动链与动力源相联系，即传动链 1—2—$u_v$—3—4。

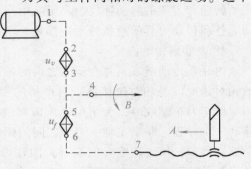

图 1-14 卧式车床的传动原理图

车床在车削圆柱面或端面时，主轴的旋转 $B$ 和刀具的纵向移动 $A$（车端面时为横向移动）是两个互相独立的简单运动。不需保持严格的比例关系，运动比例的变化不影响表面的性质，只是影响生产率或表面粗糙度。两个简单运动各有自己的外联系传动链与动力源相联系。一条是电动机—1—2—$u_v$—3—4—主轴，另一条是电动机—1—2—$u_v$—3—5—$u_f$—6—7—丝杠。其中 1—2—$u_v$—3 是公共段。这样的传动原理图的优点是既可用于车螺纹，也可用于车削圆柱面等。

如果车床仅用于车圆柱面和端面，不用来车螺纹，则传动原理图也可如图 1-15a 所示。进给也可用液压传动，如图 1-15b 所示，如某些多刀半自动车床。

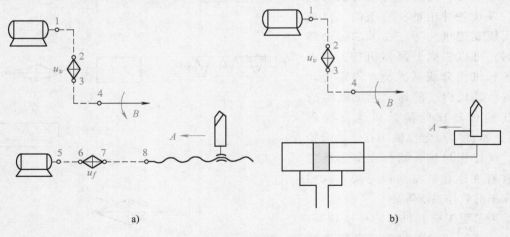

a)                                        b)

图 1-15 车削圆柱面时传动原理图
a) 机动进给  b) 进给用液压传动

例 1-6 数控车床的传动原理图。

数控车床的传动原理图与卧式车床原则上相同，但许多地方用电的联系来代替机械联系，如图 1-16 所示。图中未表示主运动传动链。车削螺纹时，脉冲发生器 P 通过机械传动（通常是一对 1∶1 的齿轮）与主轴相联系，主轴每一转发出 $N$ 个脉冲。经 3—4（常为电线）传至数控系统的 $Z$ 轴（纵向）控制装置 $u_{c1}$。$u_{c1}$ 可理解为一个快速调整的可变换置器官。根据程序的指令，使 $u_{c1}$ 的输出脉冲为 $F_1$。经伺服系统 5—6 后，由伺服电动机 $M_1$ 经机械传动件 7—8（也可以没有，伺服电动机直接与丝杠相连）、滚珠丝杠使刀架做纵向直线运动 $A_2$。主轴的旋转 $B_1$ 和刀架的纵向移动 $A_2$ 是一个复合运动。主轴每转一周，刀架纵向移动一个导程。

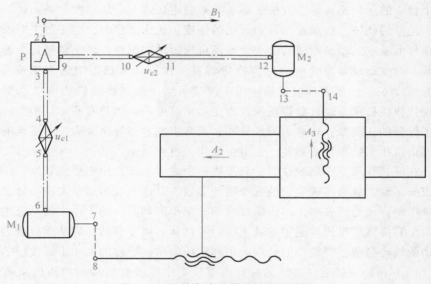

图 1-16　数控车床的螺纹链和进给链

车削端面螺纹时，脉冲发生器 P 发出的脉冲经 9—10—$u_{c2}$—11—12—$M_2$—13—14—丝杠使刀具做横向直线移动 $A_3$。

车削成形曲面时，脉冲发生器发出的脉冲同时控制 $A_2$ 和 $A_3$，$A_2$—纵向丝杠—8—7—$M_1$—6—5—$u_{c1}$—4—3—P—9—10—$u_{c2}$—11—12—$M_2$—13—14—横向丝杠—$A_3$，形成一条内联系传动链。$u_{c1}$ 和 $u_{c2}$ 同时不断地变化，以保证刀尖沿要求的工件表面曲线运动，以便得到要求的表面形状，并使 $A_2$、$A_3$ 的合成线速度的大小基本不变。

如果用来车削圆柱面或端面，则 $B_1$、$A_2$、$A_3$ 是三个独立的简单运动。$u_{c1}$ 和 $u_{c2}$ 用以调整进给量。

此外，在车削螺纹时，脉冲发生器还发出另一组脉冲，即每转发 1 个脉冲，称之为同步脉冲。因为在螺纹加工中，螺纹必须经过多次重复车削，为了保证螺纹不乱牙，数控系统必须控制螺纹刀具的切削相位，保证在螺纹上的同一切削点切入。同步脉冲是保证在螺纹车削中不产生乱牙的唯一控制信号。

在这里可以看出，$u_{c1}$ 和 $u_{c2}$ 相当于一个机械传动中的交换齿轮架，一个脉冲相当于齿轮的一个齿。$u_{c1}$ 和 $u_{c2}$ 可看作是"电子交换齿轮"。由于"电子交换齿轮"是由计算机根据程序换置的，因此可以快速、灵活、多变地换置。

# 第四节 机床运动的调整

## 一、运动参数及其换置器官

每一个独立的运动都需要由五个运动参数来确定。这五个运动参数是：运动的起点、运动的方向、运动的轨迹、运动的路程和运动的速度。机床工作时，由于加工对象的不同，机床上各运动件的某些运动参数便需改变。所谓机床运动的调整，就是调整每个独立运动的五个运动参数。改变运动参数的机构称为换置器官，在传动原理图中通常用符号（菱形框）表示，其旁标以 $u_v$、$u_f$ 等表示换置量。用来改变运动速度的换置机构可以是变速箱、交换齿轮等，现代数控机床是通过数控系统来改变运动速度的。但是有些运动参数，是由机床本身的结构来保证的，例如，轨迹为圆或直线，通常由轴承和导轨来确定；运动的起点和行程的大小，可由机床上的挡块来调整，也可由操作人员控制。

例如，在卧式车床上车削螺纹时，只需要一个成形运动，用于形成导线——螺旋线。要确定这个成形运动，就必须确定它的五个运动参数。对这个成形运动来说，运动的起点一般由操作人员控制。运动的方向，即由螺旋线的一端车削到另一端，由主运动链中的换向机构来确定。对于右旋螺纹来说，通常主轴正转，刀具从右向左移动，即从螺旋线的右端向左端运动。运动的轨迹参数是螺旋线的导程大小和它的旋向。导程的大小由螺纹链的换置器官的传动比 $u_f$（图 1-14）来确定；螺纹的旋向由螺纹链中变换螺纹旋向的机构来确定。至于这个成形运动的速度参数，由主运动传动链的换置器官的传动比 $u_v$ 来确定。而行程的大小，则由操作人员控制，有时可以使用调整挡块。

## 二、机床运动的调整计算

机床运动的调整计算按每一传动链分别进行，其一般步骤如下：

1）根据对机床的运动分析，确定各传动链两端的末端件。例如，对于卧式车床的螺纹链来说，其两端的末端件就是主轴和刀架。

2）根据传动链两端末端件的运动关系，确定计算位移量，仍以螺纹链为例，主轴转一周，刀架位移量为 $S$（mm）。

3）根据计算位移量以及相应传动链中各个传动环节的传动比，列出运动平衡式，对于螺纹链来说，运动平衡式为（图 1-14）

$$1r_{(主轴)}\ u_1 u_f u_2 Ph_l = S$$

式中　$u_1$、$u_2$——固定的传动比，相当于图 1-14 中的点 4—5 和点 6—7 间的传动比；

$\qquad Ph_l$——车床丝杠的导程；

$\qquad u_f$——换置器官的传动比。

4）根据运动平衡式，导出该传动链的换置公式，即解出运动平衡式中的 $u_f$，即

$$u_f = \frac{S}{u_1 u_2 Ph_l}$$

以此确定进给箱中变速齿轮的传动比和交换齿轮。

在传动链中换置器官的传动比已经确定的情况下，机床运动的调整计算，就是直接从运

动平衡式计算机床运动执行件的位移量或运动速度。例如，车削螺纹时，如果换置器官的传动比 $u_f$ 已经选定，就可直接从运动平衡式计算出被加工螺纹的导程。

### 三、传动链中换置器官的位置

在传动链中正确地选择换置器官的种类、数量和安排它们的位置是传动原理图的主要功用之一，也是设计新机床时最原始的基础。

例如，设计卧式车床时，主轴转速在实际操作中经常改变，需要设置主运动变速的换置器官 $u_v$；同时，车削螺纹的导程以及普通车削中的进给量也随加工对象不同而改变，所以还需设置换置器官 $u_f$，用以在主轴每转一周时，刀具有不同的位移量。$u_v$ 和 $u_f$ 的位置不同，可以产生完全不同的设计方案。三种设计方案的比较如图 1-17 所示。

在图 1-17a 中，欲改变螺纹导程，必须调整内联系传动链换置器官的传动比 $u_f$。但是，这同时也改变了主轴的转速，即改变一个运动参数时，另一个运动参数也随之改变。在图 1-17b 中，欲改变主轴的转速，必须调整外联系传动链换置器官的传动比 $u_v$。但这同时也改变了被切螺纹的导程，即同时改变了另一个运动参数。图 1-17a、b 都有一个共同的缺点，即在车削一定导程的螺纹时，改变一个切削参数，另一个参数随之改变，因此，在改变某一参数时，对 $u_v$ 和 $u_f$ 都要进行换置，使用起来非常不便。图 1-17c 中，$u_v$ 和 $u_f$ 分别控制主运动的转速 $v$ 和主轴每转时刀具的位移量 $f$，两者各不相关。这种设计方案被广泛采用，它已成为典型的卧式车床的传动原理图。

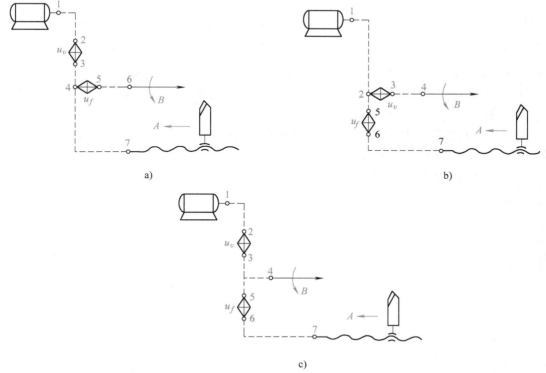

图 1-17 卧式车床换置器官的位置

a）$u_f$ 参与外联系传动链 b）$u_v$ 参与内联系传动链 c）$u_f$ 和 $u_v$ 分别控制内外联系传动链

## 习题和思考题

1-1 什么是机床的运动分析？为什么金属切削机床要以运动分析为主线？

1-2 为什么要分析加工件的表面形状？构成工件表面的表面元素有哪些？

1-3 什么是形成表面的发生线？发生线与切削刃的形状有什么关系？

1-4 为了加工一段圆弧，形成发生线的方法有哪几种？各需要几个成形运动？

1-5 用齿轮滚刀加工直齿圆柱齿轮齿面时，需采用何种表面成形方法？结合表面成形过程说明：何谓简单运动？何谓复合运动？其本质区别是什么？

1-6 在普通车床上车削多线螺纹，需要哪些辅助运动？这些辅助运动有何功用？

1-7 什么是机床的主运动和进给运动？用成形铣刀铣削螺纹时（图 1-18），需要哪些成形运动？成形运动与主运动和进给运动是什么关系？

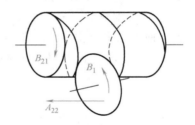

图 1-18 题 1-7 图

1-8 为了实现加工过程中所需的各种运动，如何实现机床的传动联系？

1-9 画出卧式车床的传动原理图，以车削螺纹为例说明什么是内联系传动链和外联系传动链，其本质区别是什么。

1-10 比较数控车床和卧式车床的传动原理图（图 1-16 和图 1-14），指出在数控车床上车削成形曲面的传动路线。图中 $u_{c1}$、$u_{c2}$ 和脉冲发生器 P 有什么用途？

1-11 什么是机床的运动参数和机床运动调整？机床运动调整计算的步骤是什么？

# 第二章

# 车 床

## 第一节 车床的用途、运动和分类

### 一、车床的用途和运动

#### （一）车床的用途

车床（lathe）类机床主要用于加工各种回转表面，如内外圆柱表面、圆锥表面、成形回转表面和回转体的端面等，有些车床还能加工螺纹面。由于大多数机器零件都具有回转表面，车床的通用性又较广，因此在一般机器制造厂中，车床的应用极为广泛，在金属切削机床中所占的比例最大，约占机床总台数的 20%～35%。

在车床上使用的刀具，主要是各种车刀，有些车床还可以采用各种孔加工刀具（如钻头、扩孔钻、铰刀等）和螺纹刀具（丝锥、板牙等）进行加工。为了加工出所要求的工件表面，必须使刀具和工件实现一系列的运动。

#### （二）车床的运动

**1. 表面成形运动**

（1）工件的旋转运动　这是车床的主运动，其转速较高，主运动是实现切削最基本的运动，消耗机床功率的主要部分。转速 $n$ 常以主轴每分钟转数计，即单位为 r/min。

（2）刀具的移动　这是车床的进给运动，刀具做平行于工件旋转轴线的纵向进给运动（车圆柱表面）或做垂直于工件旋转轴线的横向进给运动（车端面），刀具也可做与工件旋转轴线成一定角度的斜向运动（车圆锥表面）或做曲线运动（车成形回转表面）。进给运动的速度较低，消耗机床功率也较少。进给量 $f$ 常以主轴每转刀具的移动量计，即单位为 mm/r。

车削螺纹时，只有一个复合的主运动——螺旋运动。它可以被分解为两部分：主轴的旋转和刀具的移动。

**2. 辅助运动**

为了将毛坯加工到所需要的尺寸，车床还应具有切入运动。切入运动通常与进给运动方向相垂直，在卧式车床上由工人用手移动刀架来完成。

为了减轻工人的劳动强度和节省移动刀架所耗费的时间，有些车床还具有由单独电动机驱动的刀架纵向及横向的快速移动。重型车床还有尾座的机动快移等。

## 二、车床的分类

车床的种类很多，按其结构和用途，主要可分为以下几类：

1) 卧式车床及落地车床。

2) 立式车床。

3) 回转、转塔车床。

4) 单轴自动车床。

5) 多轴自动和半自动车床。

6) 仿形车床及多刀车床。

7) 专门化车床，例如凸轮轴车床、曲轴车床、车轮车床、铲齿车床等。

此外，在大批大量生产的工厂中还有各种各样的专用车床。在所有的车床类机床中，以卧式车床应用最为广泛。

# 第二节　CA6140A 型卧式车床的工艺范围和布局

CA6140 型卧式车床是我国设计制造的典型的卧式车床，在我国机械制造类工厂中使用极为广泛。近年来又在机床结构上进行改进，并在此型机床的基础上，开发出来新的先进的系列产品，其中 CA6140A 型卧式车床具有代表性。本章将以此型号机床为例，进行工艺范围、传动和结构等方面的分析。

## 一、机床的工艺范围

CA6140A 型卧式车床的工艺范围很广，它能完成多种多样的加工工序：加工各种轴类、套筒类和盘类零件上的回转表面，如车削内外圆柱面、圆锥面、环槽及成形回转面；车削端面及各种常用螺纹；还可以进行钻孔、扩孔、铰孔和滚花等工作，如图 2-1 所示。

CA6140A 型卧式车床的通用性较大，但结构较复杂，而且自动化程度低，在加工形状比较复杂的工件时，换刀较麻烦，加工过程中的辅助时间较多，所以适用于单件、小批生产及修理车间等。

## 二、机床的总布局

机床的总布局就是机床各主要部件之间的相互位置关系，以及它们之间的相对运动关系。CA6140A 型卧式车床的加工对象主要是轴类零件和直径不太大的盘类零件，故采用卧式布局。为了适应工人用右手操纵的习惯和便于观察、测量，主轴箱布置在左端。图 2-2 所示为 CA6140A 型卧式车床的外观图，其主要组成部件及其功用如下。

**1. 床身**（bed）

床身 5 固定在左床腿 7 和右床腿 4 上，是机床的基础部件。车床的各个主要部件都装在床身上，使它们在工作时保持准确的相对位置或运动轨迹。

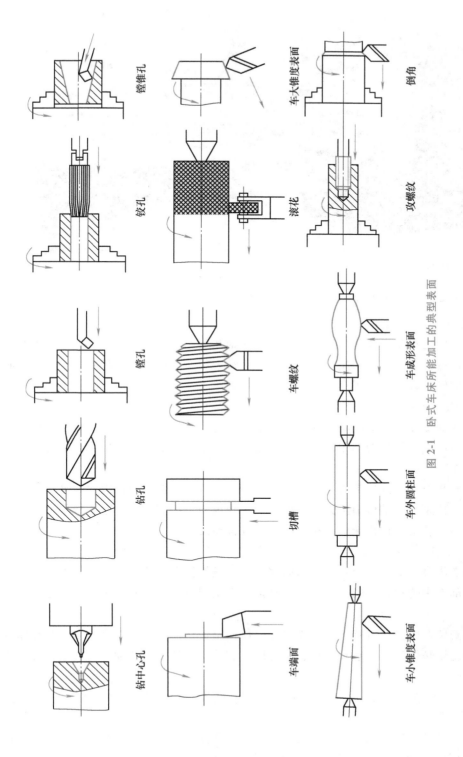

图 2-1 卧式车床所能加工的典型表面

镗锥孔　车大锥度表面　倒角

铰孔　滚花　攻螺纹

镗孔　车螺纹　车成形表面

钻孔　切槽　车外圆柱面

钻中心孔　车端面　车小锥度表面

图 2-2　CA6140A 型卧式车床的外观图

1—主轴箱　2—刀架　3—尾座　4—右床腿　5—床身　6—溜板箱　7—左床腿　8—进给箱

**2. 主轴箱**（headstock）

主轴箱 1 固定在床身 5 的左边，内部装有主轴和变速及传动机构。工件通过卡盘等夹具装夹在主轴前端。主轴箱的功用是支承主轴并把动力经变速传动机构传给主轴，使主轴带动工件按规定的转速旋转，实现车床的主运动。

**3. 进给箱**（feed box）

进给箱 8 固定在床身 5 左端的前侧面。进给箱内装有进给运动的变速机构。进给运动由光杠或丝杠传出。进给箱的功用是改变机动进给的进给量或加工螺纹的导程。

**4. 溜板箱**（apron）

溜板箱 6 与刀架 2 的最下层——纵向溜板相连，可与刀架一起做纵向运动。溜板箱的功用是把进给箱传来的运动传递给刀架，使刀架实现纵向进给和横向进给，或快速移动，或车螺纹。溜板箱上装有操作机床的各种操纵手柄及按钮。

**5. 刀架**（tool post）

刀架 2 沿床身 5 上的刀架导轨做纵向移动，是进给传动链的最后部件。刀架由几层结构组成，利用部件中传动机构的不同组合，夹持车刀实现纵向、横向或斜向进给运动。

**6. 尾座**（tailstock）

尾座 3 安装在床身 5 右端的尾座导轨上，可根据工作需要沿导轨纵向调整其在床身上的位置。它的功用是用顶尖支承长工件，也可以安装钻头、铰刀等孔加工刀具进行孔加工。

## 第三节　CA6140A 型卧式车床的传动系统

机床的运动是通过传动系统实现的，为了认识和使用机床，必须对机床传动系统进行分析。在"机床的运动分析"一章中，已详细地分析了卧式车床的传动原理图（图 1-14），此图是进行运动分析的基础，图中所表示的各种传动联系和运动可通过卧式车床的传动框图进一步体现出来，如图 2-3 所示。

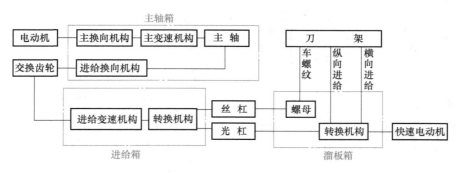

图 2-3　卧式车床传动框图

在传动框图中，电动机的转动通过定比传动（如带传动等，图 2-3 中未示出）传至主轴箱中的主换向机构。主换向机构可以使主轴得到正、反两种转向，它是用来确定运动方向的参数。例如，在车削同一条螺旋线时，此机构确定螺旋线是"由右到左"，还是"由左到右"。框图中由电动机至主变速机构这段传动联系相当于传动原理图（图 1-14）中的 1—2。主变速机构（如滑移变速齿轮副等）用来变换主轴的转速，使主轴获得多级速度，它相当于传动原理图中的 $u_v$（2—3），运动从主变速机构通过定比传动（如齿轮副）或直接传至主轴，这段传动联系相当于图 1-14 中的 3—4。

车削螺纹时，主轴至刀架之间的传动联系是内联系传动链，用来调整螺旋线的轨迹，即确定螺旋线的导程和它的旋向。螺旋线右旋或左旋是通过进给换向机构实现的。运动从主轴经进给换向机构传至交换齿轮，相当于传动原理图中的 4—5。交换齿轮和进给箱中的进给变速机构用来调整螺纹的导程，它与传动原理图中的 $u_f$（5—6）相对应。由于卧式车床既用于车削螺纹，又用于车削圆柱面或端面，所以在进给箱中设置转换机构，运动或者传至丝杠（车螺纹），或者传至光杠（普通车削），这一段传动联系对应于传动原理图中的 6—7。

在普通车削中，进给箱中的进给变速机构用来调整进给量的大小，运动通过转换机构传给光杠，传入溜板箱，再通过溜板箱中的转换机构，或者使刀架纵向进给，车削外圆；或者使刀架横向进给，车削端面。如果运动从快速电动机传入溜板箱中的转换机构，则可使刀架实现纵向或横向的快进和快退。

当运动从进给箱传给丝杠时，主轴至刀架之间的传动链是内联系传动链；当运动传给光杠时，它是外联系传动链。

传动原理图和传动框图所表示的传动关系最后通过传动系统图体现出来。CA6140A 型卧式车床的传动系统图如图 2-4 所示，它是表示机床全部运动传动关系的示意图。图中各种传动元件用简单的规定符号代表，规定符号详见国家标准 GB/T 4460—2013《机械制图　机构运动简图用图形符号》。机床的传动系统图画在一个能反映机床外形和各主要部件相互位置的投影面上，并尽可能绘制在机床外形的轮廓线内。图中各传动元件是按照运动传递的先后顺序，以展开图的形式画出来的。该图只表示传动关系，不代表各传动元件的实际尺寸和空间位置。

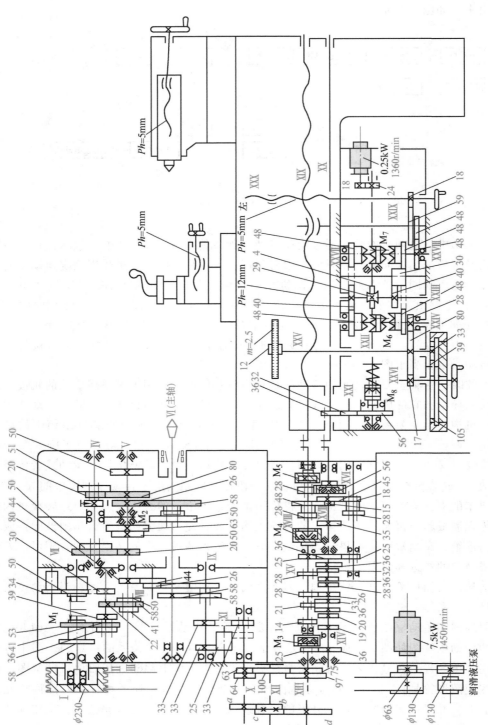

图 2-4　CA6140A 型卧式车床传动系统图

根据传动系统图分析机床的传动关系时，首先应弄清楚机床有几个执行件，工作时有哪些运动，它的动力源是什么；然后按照运动的传递顺序，从动力源至执行件依次分析各传动轴之间的传动结构和传动关系。在分析传动结构时，应特别注意齿轮、离合器等传动件与传动轴之间的连接关系（如固定、空套或滑移），从而找出运动的传递关系。在分析传动系统图时要与传动原理图和传动框图联系起来。下面按此方法逐一分析各条传动链。

### 一、主运动传动链

主运动传动链的两末端件是主电动机与主轴，它的功用是把动力源（电动机）的运动及动力传给主轴，使主轴带动工件旋转实现主运动，并满足卧式车床主轴变速和换向的要求。

**1. 传动路线**

运动由电动机（7.5kW，1450r/min）经V带轮传动副$\frac{\phi130}{\phi230}$传至主轴箱中的轴 I。运动从电动机传至轴 I 相当于传动原理图（图1-14）中的1—2。在轴 I 上装有双向多片离合器 $M_1$。$M_1$ 的作用是使主轴正转、反转或停止，它就是传动框图（图2-3）中的主换向机构。当压紧离合器 $M_1$ 左部的摩擦片时，轴 I 的运动经齿轮副$\frac{58}{36}$或$\frac{53}{41}$传给轴 II，从而使轴 II 获得两种转速。当压紧离合器 $M_1$ 的右部摩擦片时，轴 I 的运动经右部摩擦片及齿轮50（数字表示齿轮齿数）传至轴 VII 上的空套齿轮34，然后再传给轴 II 上的固定齿轮30，使轴 II 转动。这时由于轴 I 至轴 II 的传动中多经过一个中间齿轮34，因此，轴 II 的转动方向与经 $M_1$ 左部转动时相反，反转转速只有一种。当离合器 $M_1$ 处于中间位置时，其左部和右部的摩擦片都没有被压紧，空套在轴 I 上的齿轮58、53和齿轮50都不转动，轴 I 的运动不能传至轴 II，因此主轴也就停止转动。

轴 II 的运动可分别通过三对齿轮副$\frac{22}{58}$、$\frac{30}{50}$或$\frac{39}{41}$传至轴 III，因而正转共有 2×3＝6 种转速。运动由轴 II 传到主轴有两条传动路线：

（1）高速传动路线 主轴上的滑移齿轮50移至左端，使之与轴 III 上右端的齿轮63啮合，于是运动就由轴 III 经齿轮副$\frac{63}{50}$直接传给主轴，使主轴得到 500～1600r/min 的 6 种高转速。

（2）低速传动路线 主轴上的滑移齿轮50移至右端，使主轴上的齿式离合器 $M_2$ 啮合，于是轴 III 的运动就经齿轮副$\frac{20}{80}$或$\frac{50}{50}$传给轴 IV，然后再由轴 IV 经齿轮副$\frac{20}{80}$或$\frac{51}{50}$传给轴 V，再经齿轮副$\frac{26}{58}$和齿式离合器 $M_2$ 传给主轴，使主轴获得 11～560r/min 的 18 种低转速。上述这些滑移变速齿轮副就是传动框图中的主变速机构，对应于传动原理图中的 $u_v$（2—3）。主轴箱中经过变速的各级转速最后直接传至主轴，没有经过定比传动（即传动原理图中的3—4）。

在说明和分析机床的传动系统时，为简便起见，常用传动路线表达式来表示机床的传动路线。CA6140A 型卧式车床主运动传动链的传动路线表达式为

$$主电动机 \quad \genfrac{}{}{0pt}{}{(7.5\text{kW}}{1450\text{r/min})} \quad —— \frac{\phi130}{\phi230} — \text{I} — \begin{cases} M_1（左）\\ （正转） \\ \\ M_1（右）\\ （反转） \end{cases} \begin{cases} \dfrac{58}{36} \\ \dfrac{53}{41} \end{cases} —— \\ —\dfrac{50}{34}—\text{VII}—\dfrac{34}{30} \end{cases} —\text{II}— \begin{cases} \dfrac{39}{41} \\ \dfrac{30}{50} \\ \dfrac{22}{58} \end{cases}$$

$$—\text{III}— \begin{cases} ——\dfrac{63}{50}\xrightarrow{\quad（M_2左移）\quad} \\ \begin{cases} \dfrac{20}{80} \\ \dfrac{50}{50} \end{cases} —\text{IV}— \begin{cases} \dfrac{20}{80} \\ \dfrac{51}{50} \end{cases} —\text{V}—\dfrac{26}{58}—M_2（右移） \end{cases} —\text{VI}（主轴）$$

由传动路线表达式可以清楚看出从电动机至主轴的各种转速的传动关系。

2. 主轴转速级数和转速值

由传动系统图和传动路线表达式可以看出,主轴正转时,利用各滑移齿轮轴向位置的各种不同组合,共可得 $2\times3\times（1+2\times2）= 30$ 种传动主轴的路线。经过计算可知,从轴Ⅲ到轴 Ⅴ 的 4 条传动路线的传动比为

$$u_1 = \frac{20}{80}\times\frac{20}{80} = \frac{1}{16}$$

$$u_2 = \frac{20}{80}\times\frac{51}{50} \approx \frac{1}{4}$$

$$u_3 = \frac{50}{50}\times\frac{20}{80} = \frac{1}{4}$$

$$u_4 = \frac{50}{50}\times\frac{51}{50} \approx 1$$

其中 $u_2$ 和 $u_3$ 基本相同,所以实际上只有 3 种不同的传动比。因此,运动经由低速这条传动路线时,主轴实际上只能得到 $2\times3\times（2\times2-1）= 18$ 级转速。加上由高速路线传动获得的 6 级转速,主轴总共可获得 $2\times3\times（1+3）= 6+18 = 24$ 级转速。

同理,主轴反转时有 $3\times［1+（2\times2-1）］= 12$ 级转速。

主轴各级转速的数值,可根据主运动传动时所经过的传动件的运动参数(如带轮直径、齿轮齿数等)列出运动平衡式来求出。方法是"找两端,连中间",即首先应找出此传动链两端的末端件,然后再找它们之间的传动联系。例如,对于车床的主运动传动链,首先应找出它的两个末端件——电动机和主轴;然后从两端向中间,找出它们之间的传动联系,列出运动平衡式,即可计算出主轴转速的数值。

对于图 2-4 所示的齿轮啮合位置,主轴的转速为

$$n_主 = 1450\times\frac{130}{230}\times\frac{53}{41}\times\frac{22}{58}\times\frac{20}{80}\times\frac{20}{80}\times\frac{26}{58}\text{r/min} = 11.2\text{r/min}$$

应用上述运动平衡式,可以计算出主轴正转时的 24 级转速为 $11.2\sim1600\text{r/min}$。同理,也可计算出主轴反转时的 12 级转速为 $14\sim1580\text{r/min}$。主轴反转通常不是用于切削,而是用于车

削螺纹时，在完成一次切削后使车刀沿螺旋线退回，而不断开主轴和刀架间的传动链，以免在下一次切削时发生"乱牙"现象。为了节省退回时间，主轴反转的转速比正转转速高。

## 二、转速图

转速图（speed diagram）可直观地表达主轴和各中间传动轴都有哪些转速，每一级转速是通过哪些传动副得到的以及这些传动副的传动比等。图 2-5 所示为 CA6140A 型卧式车床的主传动系统转速图。通过转速图可以深刻理解主轴转速分级的规律及各级转速的传动路线。

### （一）转速图的识读

**1. 竖线代表传动轴**

图中间距相等的一组竖线代表各轴。从电动机到主轴，从左到右按照运动传递的顺序，顺次排列。轴号标注在竖线的上方，分别为：电、Ⅰ、Ⅱ、Ⅲ、Ⅳ、Ⅴ、Ⅵ，"电"表示电动机轴，Ⅵ轴也是主轴。竖线间的距离不代表中心距，竖线间距相等，以使图面清晰。

**2. 横线代表各级转速**

图中间距相等的一组横线（水平线）表示转速的大小，横线与各竖线的交点代表各轴的转速。各条横线由下至上依次表示从低速到高速的各级转速。

由于机床主轴的各级转速通常按照等比数列进行分级，在表示各级转速的等比数列 $n_1$，$n_2$，$n_3$，$\cdots$，$n_j$，$n_{j+1}$，$\cdots$，$n_z$ 中，有

$$n_1 = n_{\min}$$
$$n_2 = n_1 \varphi$$
$$n_3 = n_2 \varphi$$
$$\vdots$$
$$n_{j+1} = n_j \varphi$$
$$\vdots$$
$$n_z = n_{\max}$$

式中 $\varphi$——等比数列（各级转速）的公比。

对各级转速取对数，则

$$\lg n_2 = \lg n_1 + \lg \varphi$$
$$\lg n_3 = \lg n_2 + \lg \varphi$$
$$\vdots$$
$$\lg n_{j+1} = \lg n_j + \lg \varphi$$

上述表明，按照等比数列分级的各级转速用对数表示时，任意相邻两级转速之间都相差 $\lg \varphi$。所以，在转速图上代表各级主轴转速的横线可以画成相等相距，相邻两水平线之间的间隔都是 $\lg \varphi$，故转速采用对数坐标。为阅读方便，转速图中省略了对数符号"lg"，直接写出转速值。

CA6140A 型卧式车床主轴的各级转速基本上是按公比的标准值 $\varphi = 1.26$ 的等比数列分级的，所以图中的横线每升高一格，表示转速升高至 1.26 倍。

**3. 竖线之间的连线代表各轴之间的传动副及其传动比**

相邻两轴之间对应转速的连线表示其传动副，连线向右上方倾斜表示升速，向右下方倾斜表示降速，水平连线表示等速。两轴之间相互平行的连线表示同一传动副。如电动机轴与轴Ⅰ之间只有 1 条向右下方倾斜的连线，代表带传动副定比降速传动，使轴Ⅰ获得 1 种固定转速。轴Ⅰ与轴Ⅱ之间有 2 条向右上方倾斜的连线，代表有 2 个传动副，进行传动比不同的

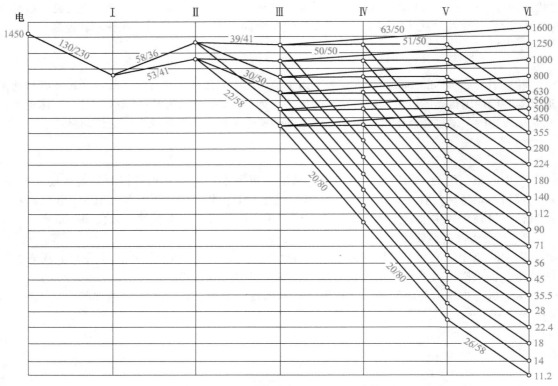

图 2-5　CA6140A 型卧式车床主传动系统转速图

升速传动，使轴Ⅱ获得 2 级转速。轴Ⅱ与轴Ⅲ之间有 6 条连线，但只有 3 种不同的倾斜度，说明只有 3 种不同传动比的传动副。由于轴Ⅱ有 2 级转速，轴Ⅱ与轴Ⅲ之间的每个传动副都可使轴Ⅲ获得 2 级转速，在转速图上是 2 条倾斜度相同（平行）的连线。两轴间连线旁边的数字进一步标明这个传动副的传动比，如传动带轮的直径比或传动齿轮的齿数比等。

（二）转速图的特性

CA6140A 型卧式车床主传动系统转速图可以表示下列特性：

（1）主传动系统的传动轴数及各轴的转速级数和转速　由图 2-5 可以看出，CA6140A 型卧式车床主传动系统共有 7 根传动轴，分别是电动机轴与轴Ⅰ，轴Ⅱ，…，轴Ⅵ。

电动机轴的转速：1450r/min；

轴Ⅰ有 1 级转速：820r/min；

轴Ⅱ有 2 级转速：1060r/min 和 1320r/min；

轴Ⅲ有 6 级转速：400～1250r/min；

轴Ⅳ有 12 级转速：100～1250r/min；

轴Ⅴ有 18 级转速：25～1250r/min；

轴Ⅵ（即主轴）有 24 级转速：11.2～1600r/min。

（2）主轴各级转速的传动路线　由转速图可以看出，主轴为最高转速 1600r/min 时的传动路线为

$$电动机—\frac{130}{230}—I—\frac{58}{36}—II—\frac{39}{41}—III—\frac{63}{50}—VI（主轴\ n=1600r/min）$$

再如，当主轴转速为 18r/min 时的传动路线为

$$电动机 — \frac{130}{230} — I — \frac{53}{41} — II — \frac{30}{50} — III — \frac{20}{80} — IV — \frac{20}{80} — V — \frac{26}{58} — VI (主轴 n = 18r/min)$$

（3）传动组数和各传动组的传动副数及其传动比 两轴之间若干对变速用的传动副，称为一个传动组（变速组），只有一个传动副的定比传动不是传动组。CA6140A 型卧式车床主轴的 24 级转速，是通过轴 I 至轴 VI 之间多个传动组的不同传动副来实现的。由转速图可以看出每两轴之间的传动组，每个传动组具有的传动副数及其传动比。例如，轴 II 和轴 III 之间的传动组具有 3 个传动副，传动副连线的倾斜程度及连线旁边标注的数字表明其传动比。

前面谈到，轴 III — V 间的 4 条传动路线中，传动比 $u_2 = \frac{20}{80} \times \frac{51}{50} \approx \frac{1}{4}$ 与 $u_3 = \frac{50}{50} \times \frac{20}{80} = \frac{1}{4}$ 基本相同，只需实现其中的一条传动路线即可。本机床由操纵机构保证仅实现 $u_3$ 这条传动路线，所以，在转速图中轴 IV — V 间下部的 6 条水平连线就没有了。

上述表明，转速图可以直观地表示传动系统具有的运动及其传动过程，它是分析机床的运动以及深入认识机床的有效工具。

### 三、进给传动链

进给传动链是实现刀具纵向或横向移动的传动链。卧式车床在切削螺纹时，进给传动链是内联系传动链，主轴转一周，刀架的移动量应等于螺纹导程。在切削圆柱面和端面时，进给传动链是外联系传动链，进给量也是以工件每转刀架的移动量来计算的。所以，在分析进给传动链时都是把主轴和刀架作为传动链的两末端件。

进给传动链的传动路线（图 2-4）为：运动从主轴 VI 经轴 IX（或再经轴 XI 上的中间齿轮 25 使运动反向）传至轴 X，这是框图中的进给换向机构，它对应于传动原理图中的 4—5。运动再经过交换齿轮传至轴 XIII，然后传入进给箱。从进给箱传出的运动，一条路线是经丝杠 XIX 带动溜板箱，使刀架纵向运动，这是车削螺纹的传动链；另一条路线是经光杠 XX 和溜板箱带动刀架做纵向或横向的机动进给，这是一般机动进给的传动链。

#### （一）车削螺纹

CA6140A 型卧式车床可车削米制、英制、模数制和径节制四种标准的常用螺纹；此外，还可以车削大导程、非标准和较精密的螺纹；既可以车削右螺纹，也可以车削左螺纹。

无论车削哪一种螺纹，都必须在加工中形成母线（螺纹面型）和导线（螺旋线）。用螺纹车刀形成母线（成形法）不需成形运动，形成螺旋线采用轨迹法。螺纹的形成需要一个复合的成形运动，传动原理图如图 1-14 所示。为了形成一定导程的螺旋线，必须保证主轴转一周，刀具准确地移动一个导程。根据这个相对运动关系，可列出车螺纹时的运动平衡式为

$$1r_{(主轴)} \quad uPh_l = Ph$$

式中 $u$——从主轴到丝杠之间的总传动比；

$Ph_l$——机床丝杠的导程（mm），对 CA6140A 型卧式车床，$Ph_l = 12mm$；

$Ph$——被加工螺纹的导程（mm）。

由此看出，为了车削上述不同类型、不同导程的螺纹，必须对车削螺纹的传动链进行适当调整，使 $u$ 做相应的改变。

#### 1. 车削米制螺纹

米制螺纹（也称普通螺纹）在国家标准中已规定了导程的标准值。该机床加工的正常

螺纹导程可排列如下：

|  | 1 |  | 1.25 |  | 1.5 |
|---|---|---|---|---|---|
| 1.75 | 2 | 2.25 | 2.5 |  | 3 |
| 3.5 | 4 | 4.5 | 5 | 5.5 | 6 |
| 7 | 8 | 9 | 10 | 11 | 12 |

由上可见，米制标准导程数列是按分段等差数列规律排列的（表中横向），各段之间互相成倍数关系（表中纵向）。

车削米制螺纹时，进给箱中的离合器 $M_3$ 和 $M_4$ 脱开，$M_5$ 接合。运动由主轴Ⅵ经齿轮副 $\frac{58}{58}$、换向机构 $\frac{33}{33}$（车左螺纹时经 $\frac{33}{25} \times \frac{25}{33}$）、交换齿轮 $\frac{63}{100} \times \frac{100}{75}$ 传到进给箱中，然后由移换机构的齿轮副 $\frac{25}{36}$ 传至轴ⅩⅣ，再经过双轴滑移变速机构的齿轮副 $\frac{19}{14}$ 或 $\frac{20}{14}$、$\frac{36}{21}$、$\frac{33}{21}$、$\frac{26}{28}$、$\frac{28}{28}$、$\frac{36}{28}$、$\frac{32}{28}$ 传至轴ⅩⅤ，然后再由移换机构的齿轮副 $\frac{25}{36} \times \frac{36}{25}$ 传至轴ⅩⅥ，接下去再经轴ⅩⅥ至轴ⅩⅧ间的两组滑移变速机构，最后经离合器 $M_5$ 传至丝杠ⅩⅨ。当溜板箱中的开合螺母与丝杠相啮合时，就可带动刀架车削米制螺纹。

车削米制螺纹时，传动链的传动路线表达式为

$$
\text{主轴Ⅵ} - \frac{58}{58} - \text{Ⅸ} - \begin{cases} \dfrac{33}{33} \\ (\text{右螺纹}) \\ \dfrac{33}{25} - \text{Ⅺ} - \dfrac{25}{33} \\ (\text{左螺纹}) \end{cases} - \text{Ⅹ} - \frac{63}{100} \times \frac{100}{75} - \text{ⅩⅢ} - \frac{25}{36} -
$$

$$
- \text{ⅩⅣ} \begin{cases} \dfrac{19}{14} \\ \dfrac{20}{14} \\ \dfrac{36}{21} \\ \dfrac{33}{21} \\ \dfrac{26}{28} \\ \dfrac{28}{28} \\ \dfrac{36}{28} \\ \dfrac{32}{28} \end{cases} - \text{ⅩⅤ} - \frac{25}{36} \times \frac{36}{25} - \text{ⅩⅥ} \begin{cases} \dfrac{28}{35} \times \dfrac{35}{28} \\ \dfrac{18}{45} \times \dfrac{35}{28} \\ \dfrac{28}{35} \times \dfrac{15}{48} \\ \dfrac{18}{45} \times \dfrac{15}{48} \end{cases} - \text{ⅩⅧ} - M_5 - \text{丝杠ⅩⅨ} - \text{刀架}
$$

其中轴ⅩⅣ—ⅩⅤ之间的变速机构可变换为 8 种不同的传动比，即

$$u_{j1} = \frac{26}{28} = \frac{6.5}{7}, \quad u_{j5} = \frac{19}{14} = \frac{9.5}{7}$$

$$u_{j2} = \frac{28}{28} = \frac{7}{7}, \quad u_{j6} = \frac{20}{14} = \frac{10}{7}$$

$$u_{j3} = \frac{32}{28} = \frac{8}{7}, \quad u_{j7} = \frac{33}{21} = \frac{11}{7}$$

$$u_{j4} = \frac{36}{28} = \frac{9}{7}, \quad u_{j8} = \frac{36}{21} = \frac{12}{7}$$

式中　$u_{j1} \sim u_{j8}$——基本组的传动比。

上述传动比可简写为 $u_{jj} = Ph_j/7$，$Ph_j = 6.5$，7，8，9，9.5，10，11，12。这些传动比的分母都是 7，分子则除 6.5 和 9.5 用于其他种类的螺纹外，其余按等差数列排列，相当于米制螺纹导程标准的最后一行。这套变速机构称为基本组。轴 XVI—XVIII 间的变速机构可变换 4 种传动比，即

$$u_{b1} = \frac{18}{45} \times \frac{15}{48} = \frac{1}{8}, \quad u_{b3} = \frac{18}{45} \times \frac{35}{28} = \frac{1}{2}$$

$$u_{b2} = \frac{28}{35} \times \frac{15}{48} = \frac{1}{4}, \qquad\qquad u_{b4} = \frac{28}{35} \times \frac{35}{28} = 1$$

式中　$u_{b1} \sim u_{b4}$——增倍组的传动比。

它们可实现螺纹导程标准中的倍数关系，称为增倍机构或增倍组。基本组、增倍组和移换机构组成传动框图（图 2-3）中的进给变速机构，它和交换齿轮一起，共同完成传动原理图（图 1-14）中 $u_f$（5—6）的功能。

根据传动系统图或传动路线表达式，可以列出车削米制（右旋）螺纹的运动平衡式为

$$Ph = 1\mathrm{r}_{(主轴)} \times \frac{58}{58} \times \frac{33}{33} \times \frac{63}{100} \times \frac{100}{75} \times \frac{25}{36} u_j \times \frac{25}{36} \times \frac{36}{25} u_b \times 12$$

将上式简化后可得

$$Ph = 7 u_j u_b = 7\frac{Ph_j}{7} u_b = Ph_j u_b$$

选择 $u_j$ 和 $u_b$ 的值，就可以得到各种 $Ph$ 值。利用基本组可以得到按等差数列排列的基本导程 $Ph_j$，利用增倍组可把由基本组得到的 8 种基本导程值按 1/1，1/2，1/4，1/8 缩小。两者串联使用就可以车削出米制标准导程。CA6140A 型卧式车床能车削的米制螺纹导程见表 2-1，从中可看出基本组和增倍组各齿轮副传动比与被加工螺纹导程的关系。

表 2-1　CA6140A 型卧式车床能车削的米制螺纹导程表

| 基本组的传动比 | 增倍组的传动比 | | | |
|---|---|---|---|---|
| | $u_{b1} = \frac{18}{45} \times \frac{15}{48} = \frac{1}{8}$ | $u_{b2} = \frac{28}{35} \times \frac{15}{48} = \frac{1}{4}$ | $u_{b3} = \frac{18}{45} \times \frac{35}{28} = \frac{1}{2}$ | $u_{b4} = \frac{28}{35} \times \frac{35}{28} = 1$ |
| $u_{j1} = \frac{26}{28} = \frac{6.5}{7}$ | | | | |
| $u_{j2} = \frac{28}{28} = \frac{7}{7}$ | | 1.75 | 3.5 | 7 |
| $u_{j3} = \frac{32}{28} = \frac{8}{7}$ | 1 | 2 | 4 | 8 |

（续）

| 基本组的传动比 | 增倍组的传动比 | | | |
|---|---|---|---|---|
| | $u_{b1}=\dfrac{18}{45}\times\dfrac{15}{48}=\dfrac{1}{8}$ | $u_{b2}=\dfrac{28}{35}\times\dfrac{15}{48}=\dfrac{1}{4}$ | $u_{b3}=\dfrac{18}{45}\times\dfrac{35}{28}=\dfrac{1}{2}$ | $u_{b4}=\dfrac{28}{35}\times\dfrac{35}{28}=1$ |
| $u_{j4}=\dfrac{36}{28}=\dfrac{9}{7}$ | | 2.25 | 4.5 | 9 |
| $u_{j5}=\dfrac{19}{14}=\dfrac{9.5}{7}$ | | | | |
| $u_{j6}=\dfrac{20}{14}=\dfrac{10}{7}$ | 1.25 | 2.5 | 5 | 10 |
| $u_{j7}=\dfrac{33}{21}=\dfrac{11}{7}$ | | | 5.5 | 11 |
| $u_{j8}=\dfrac{36}{21}=\dfrac{12}{7}$ | 1.5 | 3 | 6 | 12 |

由表 2-1 可知，经这一条传动路线能车削的米制螺纹的最大导程是 12mm，当需要车削导程大于 12mm 的螺纹时（例如大导程多线螺纹和油槽），可将轴Ⅸ上的滑移齿轮 58 向右移动，使之与轴Ⅷ上的齿轮 26 啮合。于是，主轴Ⅵ与轴Ⅸ之间的传动路线表达式可以写为

$$
主轴Ⅵ
\begin{cases}
\dfrac{58}{58}\quad（正常螺纹导程 1:1）\\[2mm]
（扩大螺纹导程 4:1）\\[1mm]
\dfrac{58}{26}-V-\dfrac{80}{20}-Ⅳ
\begin{cases}\dfrac{50}{50}\\[1mm]\dfrac{80}{20}\end{cases}
-Ⅲ-\dfrac{44}{44}-Ⅷ-\dfrac{26}{58}\\[2mm]
（扩大螺纹导程 16:1）
\end{cases}
-Ⅸ-\cdots
$$

加工扩大螺纹导程时，自轴Ⅸ以后的传动路线仍与正常螺纹导程时相同。由此可算出从轴Ⅵ到Ⅸ间的传动比 $u_k$ 为

$$
u_{k1}=\dfrac{58}{26}\times\dfrac{80}{20}\times\dfrac{50}{50}\times\dfrac{44}{44}\times\dfrac{26}{58}=4
$$

$$
u_{k2}=\dfrac{58}{26}\times\dfrac{80}{20}\times\dfrac{80}{20}\times\dfrac{44}{44}\times\dfrac{26}{58}=16
$$

而在加工正常螺纹导程时，主轴Ⅵ与轴Ⅸ间的传动比 $u_{zh}=\dfrac{58}{58}=1$。

这表明，当车削螺纹传动链其他部分不变时，只做上述调整，便可使螺纹导程比正常导程相应地扩大 4 倍或 16 倍。因此，通常把上述传动机构称之为扩大螺纹导程机构。它实质上也是一个增倍组。但必须注意到，由于扩大螺纹导程机构的传动齿轮就是主运动的传动齿轮，所以，只有主轴上的 $M_2$ 合上，即主轴处于低速状态时才能用扩大螺纹导程。当传动比为 $\dfrac{20}{80}\times\dfrac{50}{50}=\dfrac{1}{4}$ 时，$u_{k1}=4$，导程扩大至 4 倍；当传动比为 $\dfrac{20}{80}\times\dfrac{20}{80}=\dfrac{1}{16}$ 时，$u_{k2}=16$，导程扩大至 16 倍，即当主轴转速确定后，螺纹导程能扩大的倍数也就确定了。

**2. 车削模数螺纹**

车削模数螺纹主要用于车削米制蜗杆，有时某些特殊丝杠的导程也是模数制的。模数螺

纹用模数 $m$ 表示导程的大小。米制蜗杆的齿距为 $\pi m$，所以模数螺纹的导程为 $Ph_m = K\pi m$，这里 $K$ 为螺纹的线数。

模数 $m$ 的标准值也是按分段等差数列（段与段之间等比）的规律排列的。与米制螺纹不同的是，在模数螺纹导程 $Ph_m = K\pi m$ 中含有特殊因子 $\pi$。为此，车削模数螺纹时，交换齿轮需换为 $\dfrac{64}{100} \times \dfrac{100}{97}$。其余部分的传动路线与车削米制螺纹时完全相同。运动平衡式为

$$Ph_m = 1\mathrm{r}_{(主轴)} \times \frac{58}{58} \times \frac{33}{33} \times \frac{64}{100} \times \frac{100}{97} \times \frac{25}{36}u_j \times \frac{25}{36} \times \frac{36}{25}u_b \times 12$$

其中，$\dfrac{64}{100} \times \dfrac{100}{97} \times \dfrac{25}{36} \approx \dfrac{7\pi}{48}$，代入化简后得

$$Ph_m = \frac{7\pi}{4}u_j u_b$$

因为 $Ph_m = K\pi m$，从而得

$$m = \frac{7}{4K}u_j u_b = \frac{1}{4K}Ph_j u_b$$

改变 $u_j$ 和 $u_b$，就可以车削出按分段等差数列排列的各种模数的螺纹。如应用扩大螺纹导程机构，也可以车削出大导程的模数螺纹。

### 3. 车削寸制螺纹

寸制螺纹在采用英制的国家（如英、美、加拿大等）中应用较广泛。我国的部分管螺纹目前也采用寸制螺纹。

寸制螺纹以每英寸长度上的螺纹扣数 $a$（扣/in）表示，因此寸制螺纹的导程 $Ph_a = \dfrac{1}{a}\mathrm{in}$。由于该车床的丝杠是米制螺纹，被加工的寸制螺纹也应换算成以毫米为单位的相应导程值，即

$$Ph_{Ta} = \frac{1}{a}\mathrm{in} = \frac{25.4}{a}\mathrm{mm}$$

$a$ 的标准值也是按分段等差数列的规律排列的，所以，寸制螺纹的导程是分段的调和数列，分母为等差级数。此外，还有特殊因子 25.4。由此可知，如要车削出各种寸制螺纹，只需对米制螺纹的传动路线做如下两点变动：

1）将基本组的主动轴与被动轴对调，即轴 XV 变成主动轴，轴 XIV 变成被动轴，这样可得 8 个按调和数列（分子相同，分母为等差级数）排列的传动比值。

2）在传动链中实现特殊因子 25.4。

为此，进给箱中的离合器 $M_3$ 和 $M_5$ 接合，$M_4$ 脱开，同时轴 XVI 左端的滑移齿轮 25 移至左端位置，与固定在轴 XIV 上的齿轮 36 相啮合。则运动由轴 XIII 经 $M_3$ 先传到轴 XV，然后传至轴 XIV，再经齿轮副 $\dfrac{36}{25}$ 传至轴 XVI。其余部分的传动路线与车削米制螺纹时相同。车削英制螺纹时传动路线表达式读者可自行写出，其运动平衡式为

$$Ph_a = 1\mathrm{r}_{(主轴)} \times \frac{58}{58} \times \frac{33}{33} \times \frac{63}{100} \times \frac{100}{75} \frac{1}{u_j} \times \frac{36}{25}u_b \times 12$$

其中，$\dfrac{63}{100}\times\dfrac{100}{75}\times\dfrac{36}{25}=\dfrac{63}{75}\times\dfrac{36}{25}\approx\dfrac{25.4}{21}$，故

$$Ph_a\approx\frac{25.4}{21}\frac{1}{u_j}u_b\times 12=\frac{4}{7}\times 25.4\frac{u_b}{u_j}$$

因为 $Ph_a=KPh_{Ta}=\dfrac{25.4K}{a}=\dfrac{4}{7}\times 25.4\dfrac{u_b}{u_j}$，从而得

$$a=\frac{7}{4}\frac{u_j}{u_b}K$$

改变 $u_j$ 和 $u_b$，就可以车削出按分段等差数列排列的各种 $a$ 值的寸制螺纹。

### 4. 车削径节螺纹

车削径节螺纹主要用于车削寸制蜗杆，它是用径节 $DP$ 来表示的。径节 $DP=\dfrac{z}{D}$ [$z$ 为齿数，$D$ 为分度圆直径（in）]，即蜗轮或齿轮折算到每一英寸分度圆直径上的齿数。所以寸制蜗杆的轴向齿距，即径节螺纹的导程为

$$Ph_{DP}=\frac{\pi}{DP}\text{in}=\frac{25.4\pi}{DP}\text{mm}$$

径节 $DP$ 也是按分段等差数列的规律排列的，所以径节螺纹导程系列排列的规律与寸制螺纹一样，只是含有特殊因子 $25.4\pi$。车削径节螺纹时，传动路线与车削寸制螺纹时完全相同，但交换齿轮需换为 $\dfrac{64}{100}\times\dfrac{100}{97}$，它和移换机构轴ⅩⅣ—ⅩⅥ间的齿轮副 $\dfrac{36}{25}$ 组合，得到传动比值为

$$\frac{64}{100}\times\frac{100}{97}\times\frac{36}{25}=\frac{25.4\pi}{84}$$

由上述可知，加工米制螺纹和米制蜗杆时，轴ⅩⅣ是主动轴；加工寸制螺纹和寸制蜗杆时，轴ⅩⅤ是主动轴。主动轴与被动轴的对调是通过轴ⅩⅢ左端齿轮 25（向左与轴ⅩⅣ上的齿轮 36 啮合，向右则与ⅩⅤ轴左端的 $M_3$ 形成内、外齿轮离合器）和轴ⅩⅥ左端齿轮 25 的移动（分别与轴ⅩⅣ右端的两个齿轮 36 啮合）来实现的，这两个齿轮由操纵机构控制它们在相反的方向上联动，即其中一个在左端位置时，另一个必在右端位置；而其中一个在右端位置时，另一个必在左端位置。轴ⅩⅢ—ⅩⅣ间的齿轮副 $\dfrac{25}{36}$、离合器 $M_3$ 及轴ⅩⅤ、ⅩⅣ、ⅩⅥ上的齿轮副 $\dfrac{25}{36}\times\dfrac{36}{25}$ 和 $\dfrac{36}{25}$，称为移换机构。

加工一般螺纹（米制螺纹和寸制螺纹）时应用交换齿轮 $\dfrac{63}{100}\times\dfrac{100}{75}$；加工蜗杆（模数螺纹和径节螺纹）时，应用交换齿轮 $\dfrac{64}{100}\times\dfrac{100}{97}$，使其含有特殊因子 $\pi$。

### 5. 车削非标准螺纹

当需要车削非标准螺纹时，用进给变速机构无法得到所要求的导程。这时，需将离合器 $M_3$、$M_4$ 和 $M_5$ 全部啮合，把轴ⅩⅢ、ⅩⅤ、ⅩⅧ和丝杠联成一体，使运动由交换齿轮直接传到丝杠。被加工螺纹的导程 $Ph$ 依靠调整交换齿轮架的传动比 $u_{ex}$ 来实现。此时运动平衡式为

$$Ph = 1r_{(主轴)} \times \frac{58}{58} \times \frac{33}{33} u_{交} \times 12$$

将上式简化后，得交换齿轮的换置公式为

$$u_{ex} = \frac{a}{b} \frac{c}{d} = \frac{Ph}{12}$$

为了综合分析和比较车削上述各种螺纹时的传动路线，把 CA6140A 型车床进给运动链中加工螺纹时的传动路线表达式归纳总结如下：

主轴Ⅵ —
$$\left\{\begin{array}{l} \dfrac{58}{58} \text{（正常螺纹导程）} \\[3mm] \dfrac{58}{26}-Ⅴ-\dfrac{80}{20}-Ⅳ-\left\{\begin{array}{l}\dfrac{50}{50}\\[2mm]\dfrac{80}{20}\end{array}\right\}-Ⅲ-\dfrac{44}{44}-Ⅷ-\dfrac{26}{58} \text{（扩大螺纹导程）} \end{array}\right\}$$
$-Ⅸ-\left\{\begin{array}{l}\dfrac{33}{33}\text{（右螺纹）}\\[2mm]\dfrac{33}{25}-Ⅺ-\dfrac{25}{33}\text{（左螺纹）}\end{array}\right\}-$

$-Ⅹ-\left\{\begin{array}{l}\dfrac{63}{100}-Ⅻ-\dfrac{100}{75}\text{（米、寸制螺纹）}\\[2mm]\dfrac{64}{100}-Ⅻ-\dfrac{100}{97}\text{（模数、径节螺纹）}\end{array}\right\}-ⅩⅢ\left\{\begin{array}{l}\dfrac{25}{36}-ⅩⅣ-u_j-ⅩⅤ-\dfrac{25}{36}-ⅩⅣ-\dfrac{36}{25}\text{（米制及模数螺纹）}\\[2mm]M_3-ⅩⅤ-\dfrac{1}{u_j}-ⅩⅣ-\dfrac{36}{25}\text{（英制及径节螺纹）}\end{array}\right\}-ⅩⅥ-u_b$

$---\dfrac{a}{b}\dfrac{c}{d}-ⅩⅢ-M_3-ⅩⅤ-M_4$ （非标准螺纹）

$-ⅩⅧ-M_5-ⅩⅨ$ （丝杠）—刀架

**（二）车削圆柱面和端面**

车削圆柱面和端面时，形成母线的成形运动是相同的（主轴旋转），但形成导线时成形运动（刀架移动）的方向不同，如图 2-3 所示。运动从进给箱经光杠输入溜板箱，经转换机构实现纵向进给（车削圆柱面）或横向进给（车削端面）。

**1. 传动路线**

为了避免丝杠磨损过快及便于人工操纵（将刀架运动的操纵机构放在溜板箱上），机动进给运动是由光杠经溜板箱传动的。这时，将进给箱中的离合器 $M_5$ 脱开，使轴ⅩⅧ的齿轮 28 与轴ⅩⅩ左端的齿轮 56 相啮合。运动由进给箱传至光杠ⅩⅩ，再经溜板箱中的齿轮副 $\dfrac{36}{32} \times \dfrac{32}{56}$、超越离合器及安全离合器 $M_8$、轴ⅩⅫ、蜗杆副 $\dfrac{4}{29}$ 传至轴ⅩⅩⅢ。当运动由轴ⅩⅩⅢ经齿轮副 $\dfrac{40}{48}$ 或 $\dfrac{40}{30} \times \dfrac{30}{48}$、双向离合器 $M_6$、轴ⅩⅩⅣ、齿轮副 $\dfrac{28}{80}$、轴ⅩⅩⅤ传至小齿轮 12 时，由于小齿轮 12

与固定在床身上的齿条相啮合，小齿轮转动时，就使刀架做纵向机动进给。当运动由轴 XXIII 经齿轮副 $\frac{40}{48}$ 或 $\frac{40}{30} \times \frac{30}{48}$、双向离合器 $M_7$、轴 XXVIII 及齿轮副 $\frac{48}{48} \times \frac{59}{18}$ 传至横向进给丝杠 XXX 后，就使刀架做横向机动进给。其传动路线表达式为

$$\cdots \text{XVIII} - \frac{28}{56} - \text{XX} - \frac{36}{32} - \text{XXI} - \frac{32}{56} - \text{XXII} - \frac{4}{29} - \text{XXIII} -$$

$$\text{快移电动机}(250\text{W}，1360\text{r/min}) - \frac{18}{24} \Bigg|$$

$$-\begin{bmatrix} \begin{bmatrix} M_6 \uparrow \frac{40}{48} \\ M_6 \downarrow \frac{40}{30} \times \frac{30}{48} \end{bmatrix} - \text{XXIV} - \frac{28}{80} - \text{XXV} - \text{齿条齿轮 } 12 \\ \begin{bmatrix} M_7 \uparrow \frac{40}{48} \\ M_7 \downarrow \frac{40}{30} \times \frac{30}{48} \end{bmatrix} - \text{XXVIII} - \frac{48}{48} - \text{XXIX} - \frac{59}{18} - \text{丝杠} \end{bmatrix}$$

**2. 纵向机动进给量**

CA6140A 型卧式车床纵向机动进给量有 64 种，并由 4 种类型的传动路线来获得。

当运动由主轴经正常导程的米制螺纹传动路线时，可获得正常进给量 $f_v$。这时的运动平衡式为

$$f_v = 1\text{r}_{(\text{主轴})} \times \frac{58}{58} \times \frac{33}{33} \times \frac{63}{100} \times \frac{100}{75} \times \frac{25}{36} u_j \times \frac{25}{36} \times \frac{36}{25} u_b \times \frac{28}{56} \times \frac{36}{32} \times \frac{32}{56} \times \frac{4}{29} \times \frac{40}{30} \times \frac{30}{48} \times \frac{28}{80} \pi \times$$

$$2.5 \times 12$$

化简后可得

$$f_v = 0.71 u_j u_b$$

改变 $u_j$ 和 $u_b$ 可得到从 $0.08 \sim 1.22$mm/r 的 32 种正常进给量。

运动由主轴经正常导程的寸制螺纹传动路线时，可得到从 $0.86 \sim 1.59$mm/r 的 8 种较大的纵向进给量。运动经由扩大螺纹导程机构及寸制螺纹传动路线，且主轴处于 $11 \sim 140$r/min 的 12 级低转速时，可获得从 $1.71 \sim 6.33$mm/r 的 16 种加大进给量。运动经由扩大螺纹导程机构及米制螺纹传动路线，主轴处于 $500 \sim 1600$r/min（其中 560r/min 除外）的 6 级高转速，且当 $u_b$ 调整为 1/8 时，可得从 $0.028 \sim 0.054$mm/r 的 8 种细进给量。

**3. 横向机动进给量**

机动进给时横向进给量的计算，除在溜板箱中由于使用离合器 $M_7$，因而从轴 XIII 以后传动路线有所不同外，其余则与纵向进给量计算方法相同。由传动计算可知，在对应的传动路线下，横向机动进给量是纵向机动进给量的一半。

**（三）刀架的快速移动**

为了减轻操作人员的劳动强度及缩短辅助时间，刀架可以实现纵向和横向机动快速移动。当需要刀架快速接近或退离工件的加工部位时，可按下快速移动按钮，使快速电动机（250W，1360r/min）起动。这时运动经齿轮副 $\frac{18}{24}$ 使轴 XIII 高速转动（图 2-4），再经蜗杆副 $\frac{4}{29}$

传到溜板箱内的转换机构，使刀架实现纵向或横向的快速移动，快移方向仍由溜板箱中双向离合器 $M_6$ 和 $M_7$ 控制。

为了缩短辅助时间和简化操作，在刀架快速移动时不必脱开进给运动传动链。这时，为了避免仍在转动的光杠和快速电动机同时传动轴ⅩⅢ而造成破坏，在齿轮 56 与轴ⅩⅢ之间装有超越离合器（图 2-4）。

# 第四节　CA6140A 型卧式车床的主要结构

## 一、主轴箱

机床主轴箱是一个比较复杂的传动部件。为了研究主轴箱中各传动件的结构和装配关系，常采用主轴箱展开图。所谓展开图基本上是按各传动轴传递运动的先后顺序，沿其轴心线剖开，并将其展开在一个平面上而形成的装配图。图 2-6a 所示为 CA6140A 型卧式车床的主轴箱展开图。它是沿轴Ⅳ—Ⅰ—Ⅱ—Ⅲ（Ⅴ）—Ⅵ—Ⅺ—Ⅸ—Ⅹ的轴线剖切（图 2-6b 和图 2-7）展开后绘制出来的。图中轴Ⅶ和轴Ⅷ是另外单独取剖切面展开的。

由于展开图是把立体的传动结构展开在一个平面上，其中有些轴之间的距离被拉开了，如轴Ⅳ画得离轴Ⅲ与轴Ⅴ较远，从而使原来相互啮合的齿轮副分开了。因此，读展开图时应弄清其相互关系。

要表示清楚主轴箱中各轴的实际位置，仅有展开图还是不够的。图 2-7 所示为主轴箱的视图和剖视图，从中可以看出各传动轴和主轴的空间位置关系。

### 1. 卸荷带轮

电动机经 V 带将运动传至轴Ⅰ左端的带轮 2（图 2-6a 的左上部分）。带轮 2 与花键套 1 用螺钉连接成一体，支承在法兰 3 内的两个深沟球轴承上。法兰 3 固定在主轴箱体 4 上。这样，带轮 2 可通过花键套 1 带动轴Ⅰ旋转，而胶带的拉力则经轴承和法兰 3 传至主轴箱体 4。轴Ⅰ的花键部分只传递转矩，从而可避免因胶带拉力而使轴Ⅰ产生弯曲变形。

### 2. 双向多片离合器、制动器及其操纵机构

双向多片离合器装在轴Ⅰ上，如图 2-8 所示。双向多片离合器由内摩擦片 3、外摩擦片 2、止推片 10 及 11、压块 8 及空套齿轮 1 等组成。离合器左、右两部分结构是相同的。左离合器用来传动主轴正转，用于切削加工，需传递的转矩较大，所以片数较多。右离合器传动主轴反转，主要用于退刀，片数较少。

图 2-8a 中表示的是左离合器。内摩擦片 3 的内孔为内花键，装在轴Ⅰ的花键部位上，与轴Ⅰ一起旋转。外摩擦片 2 外圆上有 4 个凸起，卡在空套齿轮 1（展开图中件号 6）的缺口槽中；外摩擦片内孔是光滑圆孔，空套在轴Ⅰ的花键外圆上。内、外摩擦片相间安装，在未被压紧时，内、外摩擦片互不联系。当拉杆 7（展开图中件号 16）通过销子 5（展开图中件号 7）向左推动压块 8（展开图中件号 8）时，使内摩擦片 3 与外摩擦片 2 相互压紧，于是轴Ⅰ的运动便通过内、外摩擦片之间的摩擦力传给空套齿轮 1（展开图中件号 6），使主轴正向转动。同理，当压块 8 向右压时，运动传给轴Ⅰ右端的齿轮（展开图中件号 10），使

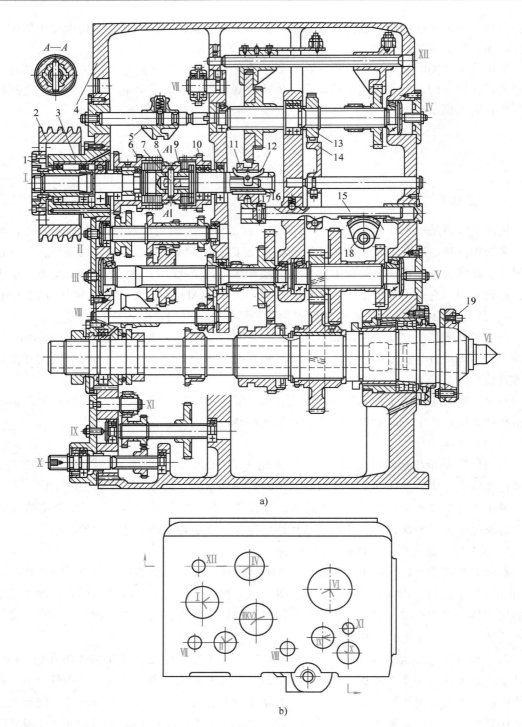

图 2-6　CA6140A 型卧式车床主轴箱展开路线及展开图

a) 主轴箱展开图　b) 主轴箱展开路线

1—花键套　2—带轮　3—法兰　4—主轴箱体　5—钢球定位装置　6—空套齿轮　7—销子　8—压块　9—螺母　10—齿轮
11—滑套　12—元宝销　13—制动盘　14—杠杆　15—齿条　16—拉杆　17—拨叉　18—齿扇　19—圆形拨块

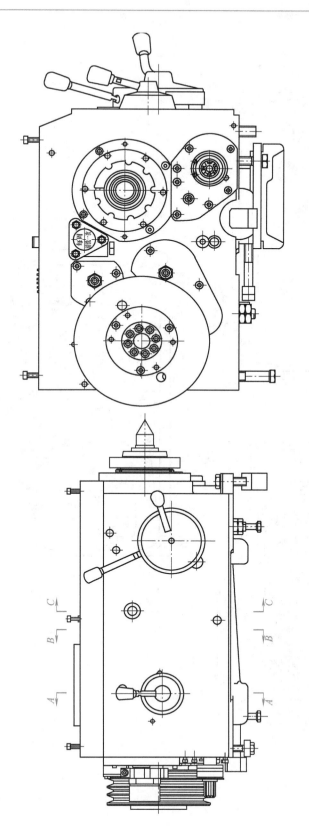

图 2-7 主轴箱的视图和剖视图

图 2-7 主轴箱的视图和剖视图（续）

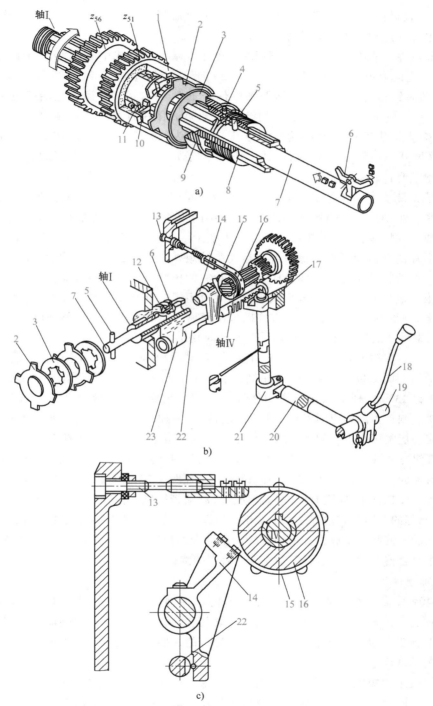

图 2-8 双向多片离合器、制动器及其操纵机构
a）左离合器　b）离合器操纵机构　c）制动器
1—空套齿轮　2—外摩擦片　3—内摩擦片　4—弹簧销　5—销子　6—元宝销　7—拉杆　8—压块　9—螺母
10、11—止推片　12—滑套　13—调节螺钉　14—杠杆　15—制动带　16—制动盘　17—齿扇
18—操纵手柄　19—操纵杆　20—杆　21—曲柄　22—齿条　23—拨叉

主轴反转。当压块8处于中间位置时，左、右离合器都处于脱开状态，这时轴Ⅰ虽然转动，但离合器不传递运动，主轴处于停止状态。

离合器的左、右接合或脱开（即压块8处于左端、右端或中间位置）由手柄18来操纵（图2-8b）。当向上扳动操纵手柄18时，杆20向外移动，使曲柄21及齿扇17（展开图中件号18）做顺时针转动，齿条22（展开图中件号15）向右移动。齿条左端有拨叉23（展开图中件号17），它卡在空心轴Ⅰ右端的滑套12（展开图中件号11）的环槽内，从而使滑套12也向右移动。滑套12内孔的两端为锥孔，中间为圆柱孔。当滑套12向右移动时，就将元宝销6（展开图中件号12）的右端向下压，由于元宝销6的回转中心轴装在轴Ⅰ上，因而元宝销6做顺时针转动，于是元宝销下端的凸缘便推动装在轴Ⅰ内孔中的拉杆7向左移动，并通过销子5带动压块8向左压紧，主轴正转。同理，将操纵手柄18扳至下端位置时，右离合器压紧，主轴反转。当操纵手柄18处于中间位置时，离合器脱开，主轴停止转动。为了操纵方便，在操纵杆19上装有两个操纵手柄18，分别位于进给箱右侧及溜板箱右侧。

双向多片离合器除了靠摩擦力传递运动和转矩外，还能起过载保护的作用。当机床过载时，摩擦片打滑，就可避免损坏机床。摩擦片间的压紧力是根据离合器应传递的额定转矩来确定的。当摩擦片磨损后，压紧力减小，这时可用螺钉旋具将弹簧销4按下，同时拧动压块8上的螺母9（展开图中件号9），直到螺母压紧离合器的摩擦片，调整好位置后，使弹簧销4重新卡入螺母9的缺口中，防止螺母在旋转时松动。

制动器安装在轴Ⅳ上。它的功用是在多片离合器脱开时立刻制动主轴，以缩短辅助时间。制动器的结构如图2-8b、c所示。它由装在轴Ⅳ上的制动盘16（展开图中件号13）、制动带15、调节螺钉13和杠杆14（展开图中件号14）等件组成。制动盘16是一钢制圆盘，与轴Ⅳ用花键连接。制动盘的周边围着制动带，制动带为一钢带，为了增加摩擦面的摩擦系数，在它的内侧固定一层酚醛石棉。制动带的一端与杠杆14连接，另一端通过调节螺钉13等与箱体相连。为了操纵方便并不会出错，制动器和多片离合器共用一套操纵机构，也由操纵手柄18操纵。当离合器脱开时，齿条22处于中间位置，这时齿条22上的凸起正处于与杠杆14下端相接触的位置，使杠杆14向逆时针方向摆动，将制动带拉紧，使轴Ⅳ和主轴迅速停止转动。由于齿条22凸起的左边和右边都是凹下的槽，所以在左离合器或右离合器接合时，杠杆14向顺时针方向摆动，使制动带放松，主轴旋转。制动带的拉紧程度由调节螺钉13调整。调整后应检查在压紧离合器时制动带是否完全松开，否则稍微放开一些。

### 3. 主轴组件

CA6140A型卧式车床的主轴是一个空心的阶梯轴。主轴内孔用于通过长的棒料或穿入钢棒打出顶尖，或通过气动、液压或电气夹紧装置的管道、导线。主轴前端的莫氏6号锥孔用于安装前顶尖，也可安装心轴，利用锥面配合的摩擦力直接带动顶尖或心轴转动。主轴后锥孔是工艺基准面。

主轴前端采用短锥法兰式结构，用于安装卡盘或拨盘，如图2-9所示。卡盘或拨盘座4由主轴3的短圆锥面定位。安装时，使事先装在卡盘或拨盘座4上的四个双头螺柱5及其螺母6通过主轴轴肩及锁紧盘（圆环）2的圆柱孔，然后将锁紧盘2转过一个角度，双头螺柱5处于锁紧盘2的沟槽内（图2-9所示情况），并拧紧螺钉1和螺母6，就可以使卡盘或拨盘可靠地安装在主轴的前端。这种结构装卸方便，工作可靠，定心精度高；主轴前端的悬伸长度较短，有利于提高主轴组件的刚度，所以得到广泛的应用。主轴轴肩右端面上的圆形拨块

（图 2-6a 中的件号 19）用于传递转矩。主轴尾端的圆柱面是安装各种辅具（气动、液压或电气装置）的安装基面。

近年来，CA6140 型卧式车床的主轴组件在结构上进行了很大的改进，由原来的三支承结构（前、后支承为主，中间支承为辅）改为两支承结构，由前端轴向定位改为后端轴向定位（图 2-10）。经实际使用验证，这种结构的主轴组件完全可以满足刚度与精度方面的要求，且使结构简化，降低了成本。主轴的前支承是 D 级精度的双列圆柱滚子轴承 2，用于承受径向力。这种轴承具有刚性好、精度高、尺寸小及承载能力大等优点。后支承有 2 个滚动轴承，一个是 D 级精度的角接触球轴承 11，大口向外

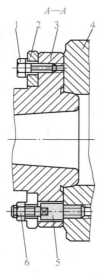
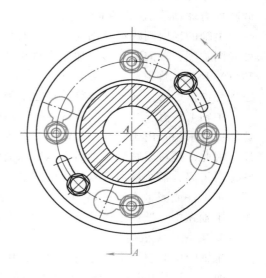

图 2-9　卡盘或拨盘的安装

1—螺钉　2—锁紧盘　3—主轴　4—卡盘或拨盘座　5—双头螺柱　6—螺母

安装，用于承受径向力和由后向前（即由左向右）方向的轴向力。后支承还采用一个 D 级精度的推力球轴承 10，用于承受由前向后（即由右向左）方向的轴向力。

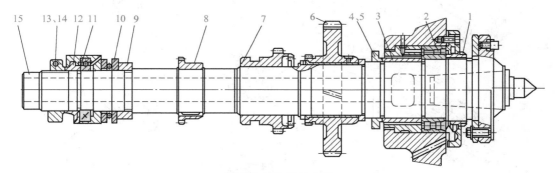

图 2-10　主轴结构图

1—螺母　2—圆柱滚子轴承　3、9、12—轴套　4、13—锁紧螺钉　5、14—调整螺母　6—圆柱齿轮
7—中间齿轮　8—左端齿轮　10—推力球轴承　11—角接触球轴承　15—主轴

主轴支承对主轴的回转精度及刚度影响很大。主轴轴承应在无间隙（或少量过盈）条件下进行运转。轴承的间隙直接影响加工精度，因此，主轴组件应在结构上保证能调整轴承间隙。前轴承径向间隙的调整方法如下：首先松开主轴前端螺母 1，并松开前支承左端调整螺母 5 上的锁紧螺钉 4。拧动调整螺母 5，推动轴套 3，这时圆柱滚子轴承的内环相对于主轴锥面做轴向移动，由于轴承内环很薄，而且内孔也和主轴锥面一样，具有 1：12 的锥度，因此内环在轴向移动的同时做径向弹性膨胀，从而调整轴承的径向间隙或预紧程度。调整妥当后，再将前端螺母 1 和支承左端调整螺母 5 上的锁紧螺钉 4 拧紧。后支承中角接触球轴承 11 的径向间隙与推力球轴承 10 的轴向间隙是用调整螺母 14 同时调整的，其方法是：松开调整

螺母 14 上的锁紧螺钉 13，拧动调整螺母 14，推动轴套 12、角接触球轴承 11 的内环和滚珠，从而消除角接触球轴承 11 的间隙；拧动调整螺母 14 的同时，向后拉主轴 15 及轴套 9，从而调整推力球轴承 10 的轴向间隙。

主轴的径向圆跳动及轴向窜动公差都是 0.01mm。主轴的径向圆跳动影响加工表面的圆度和同轴度；轴向窜动影响加工端面的平面度或螺纹的螺距精度。当主轴的跳动量（或窜动量）超过允许值时，一般情况下，只需适当地调整前支承的间隙，就可使主轴跳动量调整到允许值以内。如径向圆跳动仍达不到要求，再调整后轴承。

主轴上装有三个齿轮。右端的斜齿圆柱齿轮 6 空套在主轴上。采用斜齿齿轮可以使主轴运转比较平稳；由于它是左旋齿轮，在传动时作用于主轴上的轴向分力与纵向切削力方向相反，因此，还可以减少主轴后支承所承受的轴向力。中间齿轮 7 可以在主轴的花键上滑移，它是内齿离合器。当离合器处在中间位置时，主轴空档，此时可较轻快地扳动主轴转动，以便找正工件或测量主轴旋转精度。当离合器在左端位置时，主轴高速运转；移到右端位置时，主轴在中、低速段运转。左端齿轮 8 固定在主轴上，用于传动进给链。

### 4. 变速操纵机构

主轴箱中共有 7 个滑移齿轮块，其中 5 个用于改变主轴转速，1 个用于车削左、右螺纹的变换，1 个用于正常导程与扩大导程的变换。主轴箱中共有 3 套操纵机构分别操纵这些滑移齿轮块。轴 Ⅱ 和轴 Ⅲ 上滑移齿轮的操纵机构如图 2-11 所示。

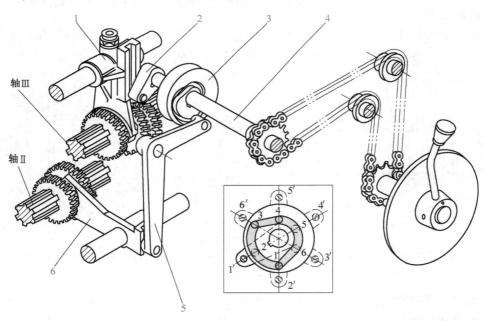

图 2-11 变速操纵机构立体图

1、6—拨叉 2—曲柄 3—凸轮 4—轴 5—杠杆

轴 Ⅱ 上的双联滑移齿轮和轴 Ⅲ 上的三联滑移齿轮是用一个手柄同时操纵的，图 2-11 所示为变速操纵机构的立体图。变速手柄装在主轴箱的前壁面，手柄通过链传动使轴 4 转动，在轴 4 上固定有盘形凸轮 3 和曲柄 2。凸轮 3 上有一条封闭的曲线槽，它由两段不同半径的圆弧和直线所组成。凸轮上有 6 个不同的变速位置（图 2-11 中方框内以 1′ ~ 6′ 标出的位

置）。凸轮曲线槽通过杠杆 5 和拨叉 6 操纵轴 II 上的双联滑移齿轮。当杠杆的滚子中心处于凸轮曲线槽的大半径处时，此齿轮在左端位置；若处于小半径处时，则移到右端位置。曲柄 2 上的圆销的伸出端套有滚子，嵌在拨叉 1 的长槽中。当曲柄 2 随着轴 4 转动时，可带动拨叉 1 拨动轴 III 上的三联滑移齿轮，使它处于左、中、右三种不同的位置。顺次地转动手柄至各个变速位置，就可使两个滑移齿轮块的轴向位置实现 6 种不同的组合，从而使轴 III 得到 6 种不同的转速。滑移齿轮块移至规定的位置后，必须可靠地定位。这里采用了钢球定位装置（图 2-6a 中的件号 5），其余的操纵机构不再赘述。

## 二、进给箱

图 2-12 所示为 CA6140A 型卧式车床的进给箱，它的传动关系以及加工不同螺纹时的调整情况如前述。进给箱由以下几部分组成；变换螺纹导程和进给量的变速机构（包括基本组 1 和增倍组 2）、变换螺纹种类的移换机构 4、丝杠和光杠的转换机构 3 以及操纵机构等。

图 2-13 所示为进给箱中基本组的操纵机构工作原理图。基本组的 4 个滑移齿轮是由一个手轮集中操纵的。手轮 6 的端面上开有一环形槽 $E$，在环形槽 $E$ 中有两个间隔 45°的直径比槽的宽度大的孔 $a$ 和 $b$，孔中分别安装带斜面的压块 1 和 2，其中压块 1 的斜面向外斜（图 2-13 中 $A$—$A$ 剖面），压块 2 的斜面向里斜（图 2-13 中 $B$—$B$ 剖面）。在环形槽 $E$ 中还有 4 个均匀分布的销子 5，每个销子通过杠杆 4 来控制拨块 3，4 个拨块分别拨动基本组的 4 个滑移齿轮。

手轮 6 在圆周方向有 8 个均布的位置，当它处于图 2-13 所示位置时，只有左上角杠杆的销子 $5'$ 在压块 2 的作用下靠在孔 $b$ 的内侧壁上，此时由销子 $5'$ 控制的拨块 3 将滑移齿轮 $z_{28}$ 拨至左端位置（与轴 XIV 上的齿轮 $z_{26}$ 啮合），其余 3 个销子都处于环形槽 $E$ 中，其相应的滑移齿轮都处于各自的中间（空档）位置。

当需要改变基本组的传动比时，先将手轮 6 沿固定轴 7 向外拉，拉出后就可以自由转动进行变速。由于手轮 6 向外拉后，销子 5（图 2-13 中 $5'$）在长度方向上还有一小段仍保留在环形槽 $E$ 及孔 $b$ 中，则手轮 6 转动时，销子 5 就可沿着孔 $b$ 的内壁滑到环形槽 $E$ 中；手轮 6 欲转到的周向位置可由固定环的缺口中观察到（此处可看到手轮标牌上的标号）。当手轮转到所需位置后，例如从图 2-13 所示位置逆时针转过 45°（这时孔 $a$ 正对准左上角杠杆的销子 $5'$），将手轮重新推入，这时孔 $a$ 中的压块 1 的斜面推动销子 $5'$ 向外，使左上角杠杆向顺时针方向摆动，于是便将相应的滑移齿轮 $z_{28}$ 推向右端啮合位置（从机床前面看），与轴 XIV 上的齿轮 $z_{28}$ 相啮合。而其余 3 个销子 5 仍都在环形槽 $E$ 中，其相应的滑移齿轮也都处于中间空档位置。

## 三、溜板箱

图 2-14 所示为 CA6140A 型卧式车床溜板箱，它的传动关系以及实现纵向、横向进给运动和快速移动等情况如前述。溜板箱主要由以下几部分组成：双向牙嵌离合器 $M_6$ 和 $M_7$ 以及纵向、横向机动进给和快速移动的操纵机构、开合螺母及其操纵机构、互锁机构、超越离合器和安全离合器等。图 2-14～图 2-15 的件号统一编排。

### 1. 开合螺母机构

开合螺母的功用是接通或断开从丝杠传来的运动。车螺纹时，将开合螺母扣合于丝杠上，丝杠通过开合螺母带动溜板箱及刀架。

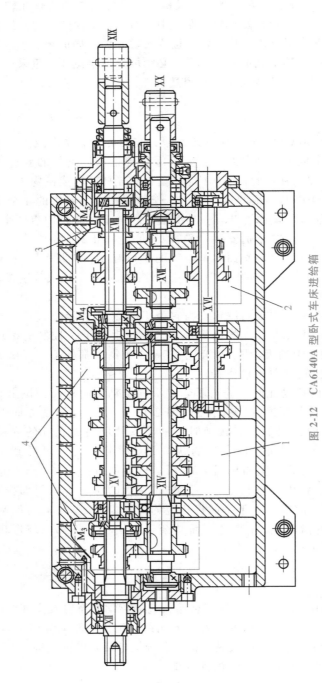

图 2-12 CA6140A 型卧式车床进给箱

1—基本组 2—增倍组 3—丝杠和光杠的转换机构 4—变换螺纹种类的移换机构

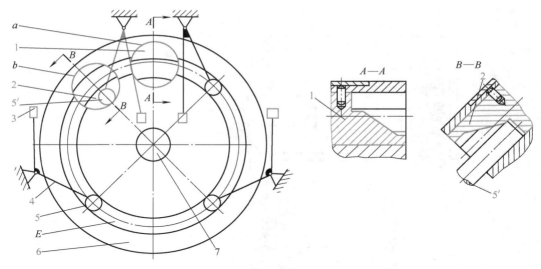

图 2-13　进给箱基本组操纵机构工作原理图

1—（外斜）压块　2—（里斜）压块　3—拨块　4—杠杆　5、5′—销子　6—手轮　7—固定轴　E—环形槽

开合螺母的结构如图 2-14 中的 *A—A* 剖视图所示，它由下半螺母 18 和上半螺母 19 组成。下、上半螺母 18 和 19 可沿溜板箱中竖直的燕尾形导轨上下移动。每个半螺母上装有一个圆柱销 20，它们分别插入固定在手柄轴上的槽盘 21 的两条曲线槽 *d* 中（*C—C* 视图）。车削螺纹时，顺时针方向扳动开合螺母操纵手柄 15，使槽盘 21 转动，两个圆柱销带动上、下半螺母互相靠拢，于是开合螺母就与丝杠啮合。逆时针方向扳动手柄，则螺母与丝杠脱开。槽盘 21 上的偏心圆弧槽 *d* 接近盘中心部分的倾斜角比较小，使开合螺母闭合后能自锁，不会因为螺母上的径向力而自动脱开。螺钉 17 的作用是限定开合螺母的啮合位置。拧动螺钉 17，可以调整丝杠与螺母间的间隙。

**2. 纵向、横向机动进给及快速移动的操纵机构**

纵向、横向机动进给及快速移动是由一个手柄集中操纵的（图 2-14 和图 2-15）。当需要纵向移动刀架时，向相应方向（向左或向右）扳动操纵手柄 1。由于轴 14 用台阶 *b* 及卡环 *c* 轴向固定在箱体上，因而操纵手柄 1 只能绕销 *a* 摆动，于是手柄 1 下部的开口槽就拨动轴 3 轴向移动。轴 3 通过杠杆 7 及推杆 8 使鼓形凸轮 9 转动，凸轮 9 的曲线槽迫使拨叉 10 移动，从而操纵轴 XXIV 上的双向牙嵌离合器 $M_6$ 向相应方向啮合（图 2-4）。这时，如光杠（轴 XX）转动，运动传给轴 XXII，从而使刀架做纵向机动进给；如按下机动进给操纵手柄 1 上端的快速移动按钮，快速电动机起动，刀架就可向相应方向快速移动，直到松开快速移动按钮时为止。如向前或向后扳动机动进给操纵手柄 1，可通过轴 14 使鼓形凸轮 13 转动，凸轮 13 上的曲线槽迫使杠杆 12 摆动，杠杆 12 又通过拨叉 11 拨动轴 XXVIII 上的双向牙嵌离合器 $M_7$ 向相应方向啮合。这时，如接通光杠或快速电动机，就可使横刀架实现向前或向后的横向机动进给或快速移动。机动进给操纵手柄 1 处于中间位置时，离合器 $M_6$ 和 $M_7$ 脱开，这时机动进给及快速移动均被断开。

为了避免同时接通纵向和横向的运动，在手柄盖 2 上开有十字形槽，以限制机动进给操纵手柄 1 的位置，使它不能同时接通纵向和横向运动。

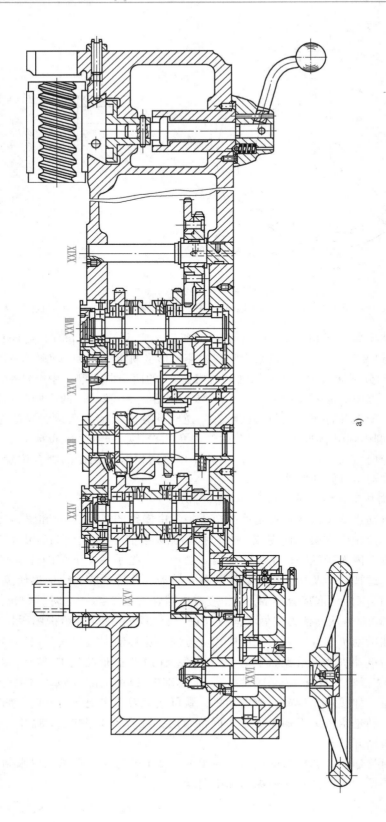

a)

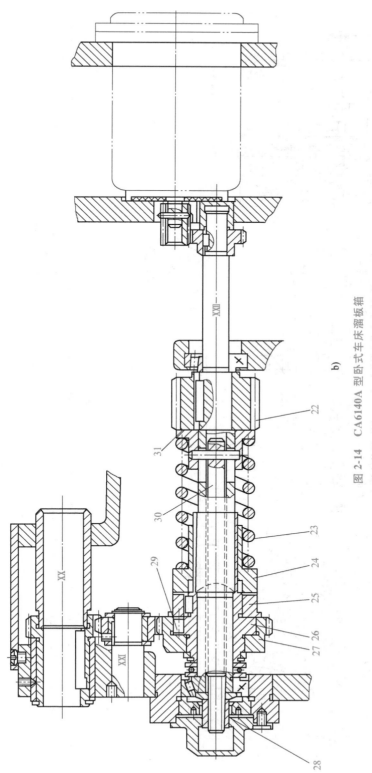

图 2-14　CA6140A 型卧式车床溜板箱

a）溜板箱展开图　b）机动进给和快速移动机构

b）

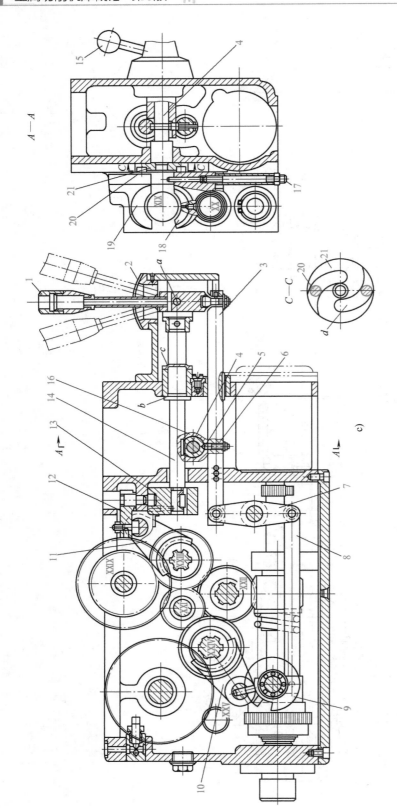

图 2-14  CA6140A 型卧式车床溜板箱（续）

c）溜板箱操纵机构

1—机动进给操纵手柄 2—手柄盖 3、14—轴 4—手柄轴 5—销子 6—弹簧销 7、12—杠杆 8—推杆 9、13—凸轮 10、11—拨叉 15—开合螺母操纵手柄
16—固定套 17—螺钉 18—下半螺母 19—上半螺母 20—圆柱销 21—槽盘 22—蜗杆 23—弹簧 24—离合器右半部 25—离合器左半部
26—星形体 27—齿轮（外环） 28—螺母 29—圆柱滚子 30—杆 31—止推套

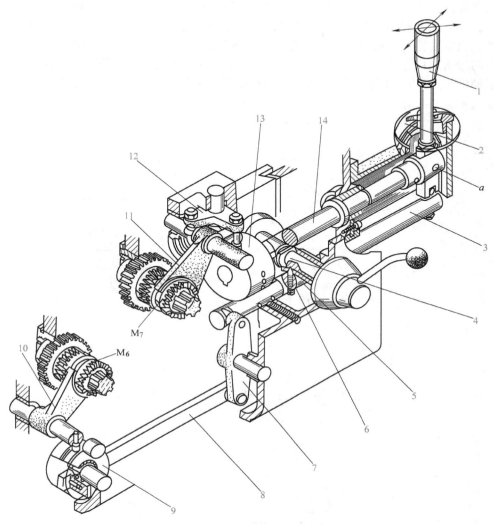

图 2-15　溜板箱操纵机构立体图

1—机动进给操纵手柄　2—手柄盖　3、14—轴　4—手柄轴　5—销子　6—弹簧销
7、12—杠杆　8—推杆　9、13—凸轮　10、11—拨叉

**3. 互锁机构**

　　为了避免损坏机床，在接通机动进给或快速移动时，开合螺母不应闭合。反之，合上开合螺母时，就不许接通机动进给或快速移动。图 2-14 中已表示出开合螺母操纵手柄 15 与刀架机动进给操纵手柄 1 是互锁的。图 2-16 所示为互锁机构的工作原理图。图 2-16a 是中间位置时的情况，这时机动进给（或快速移动）未接通，开合螺母也处于脱开状态，所以这时可任意地扳动开合螺母操纵手柄或机动进给操纵手柄。图 2-16b 是合上开合螺母时的情况，这时由于开合螺母操纵手柄所操纵的手柄轴 5 转过了一个角度，它的凸肩转入到轴 6 的槽中，将轴 6 卡住，使它不能转动，同时凸肩又将销子 3 压入到轴 1 的孔中，由于销子 3 的另一半尚留在固定套 4 中，使轴 1 不能轴向移动。因此，如合上开合螺母，机动进给操纵手柄就被锁住，不能扳动，从而就能避免同时再接通机动进给或快速移动。图 2-16c 是向左扳动机动进给操纵手柄时的情况，这时轴 1 向右移动，轴 1 上的圆孔及安装在圆孔内的弹簧销 2

也随之移开，销子 3 被轴 1 的表面顶住不能往下移动，销子 3 的圆柱段均处于固定套 4 的圆孔中，而它的上端则卡在手柄轴 5 的 V 形槽中，将手柄轴 5 锁住，使开合螺母操纵手柄不能转动，也就是使开合螺母不能再闭合。图 2-16d 是向前扳动机动进给操纵手柄（即接通向前的横向进给或快速移动）时的情况，这时，由于轴 6 转动，其上的长槽也随之转开而不对准手柄轴 5，于是手柄轴 5 上的凸肩被轴 6 顶住，使手柄轴 5 不能转动，所以，这时开合螺母也就不能再闭合。

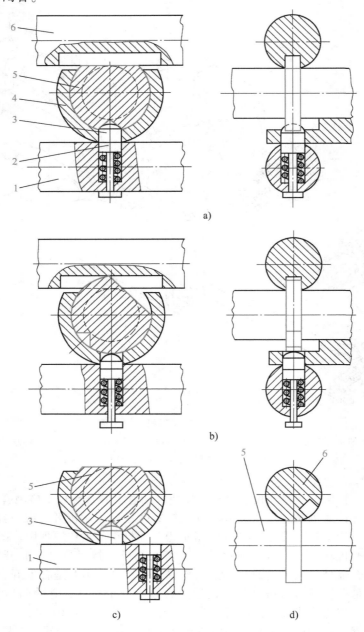

图 2-16 互锁机构的工作原理图

a）开合螺母脱开 b）开合螺母合上 c）向左扳动机动进给操纵手柄 d）向前扳动机动进给操纵手柄

1、6—轴 2—弹簧销 3—销子 4—固定套 5—手柄轴

### 4. 超越离合器

为了避免光杠和快速电动机同时传动轴XXII而造成损坏，在溜板箱左端的齿轮（图2-14中27）与轴XXII之间装有超越离合器（图2-17）。由光杠传来的进给运动（低速），使外环5（即图2-14中齿轮27）按图示逆时针方向转动。三个短圆柱滚子6分别在弹簧8的弹力及圆柱滚子6与外环5间摩擦力作用下，楔紧在外环5和星形体4之间，外环5通过圆柱滚子6带动星形体4一起转动，于是运动便经过安全离合器$M_8$（件号1、2和3）传至轴XXII，实现正常的机动进给。当按下快移按钮时，快速电动机的运动由齿轮副$\frac{14}{28}$传至轴XXII，使星形体4得到一个与外环5转向相同而转速却快得多的旋转运动（高速）。这时，由于圆柱滚子6与外环5及星形体4之间的摩擦力，使圆柱滚子6通过柱销7压缩弹簧8而向楔形槽的宽端滚动，从而脱开外环5与星形体4（及轴XXII）间的传动联系。这时光杠不再驱动轴XXII。因此，刀架可实现快速移动。

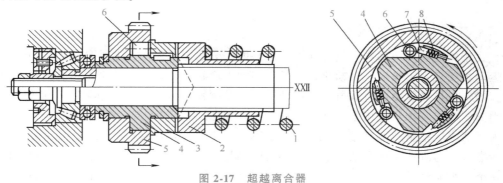

图2-17　超越离合器

1、8—弹簧　2—离合器右半部　3—离合器左半部　4—星形体　5—外环　6—圆柱滚子　7—柱销

### 5. 安全离合器

进给过程中，当进给力过大或刀架移动受到阻碍时，为了避免损坏传动机构，在溜板箱中设置有安全离合器，使刀架在过载时能自动停止进给，所以也称之为进给的过载保险装置。CA6140A型卧式车床溜板箱中的安全离合器的结构如图2-14和图2-17所示。图2-17中，由光杠传来的运动经单向超越离合器的外环5，并通过圆柱滚子6传给星形体4；再经过平键传至图2-18中的离合器左半部3，然后由其螺旋形端面齿传至离合器右半部2，再经过花键传至轴XXII。离合器右半部2后端的弹簧1的弹力，克服离合器在传递转矩时所产生的轴向分力，使离合器左、右部分保持啮合。

图2-18所示为安全离合器的工作原理图。在正常机动进给情况下，运动由外环、超越离合器经安全离合器传至轴XXII，如图2-18a所示。机床

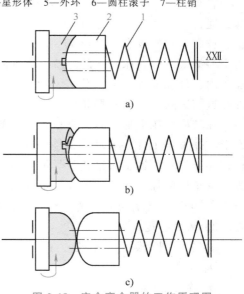

图2-18　安全离合器的工作原理图

a）正常机动进给　b）过载时推开离合器右半部
c）传动链断开

1—弹簧　2—离合器右半部　3—离合器左半部

过载时，蜗杆（图 2-14 中 22）上的阻力矩加大，安全离合器传递的转矩也加大，因而作用在螺旋形端面齿上的轴向力也将加大。当轴向力超过规定值时，轴向力将超过弹簧 1 的弹力，弹簧不再能保持离合器的左、右两半相啮合，于是轴向力便将离合器的右半部 2 推开，如图 2-18b 所示。这时离合器左半部 3 继续旋转，而离合器右半部 2 不能被带动，所以在两者之间产生打滑现象，如图 2-18c 所示，使传动链断开。于是保护了传动机构，使它们不致因过载而损坏。当过载现象排除后，由于弹簧 1 的弹力作用，安全离合器恢复啮合，重新正常工作。

机床许用的最大进给力取决于弹簧 1（图 2-18）的弹力。此弹力可由图 2-14b 中的螺母 28 通过杆 30 及止推套 31 来调整。

# 第五节 数控（CNC）转塔车床

## 一、车床自动化的发展

卧式车床的使用范围广，灵活性大，但是能安装的刀具较少，尤其是孔加工刀具，而且辅助运动主要靠人工操纵，自动化程度低。当加工形状比较复杂，特别是带有内外螺纹的工件时，操作人员必须多次装卸刀具，移动尾座以及频繁地对刀、试切和测量尺寸等，生产率低。因此，卧式车床只适用于单件、小批量生产和修理车间。

为了适应成批生产形状复杂的零件的需要，在卧式车床的基础上，发展起来了转塔车床。转塔车床与卧式车床在结构上最主要的区别是，它没有尾座和丝杠，而是在尾座的位置安装一个可纵向移动的多工位刀架，刀架上安装多把刀具。转塔车床的外形如图 2-19a 所示，它具有一个可绕垂直轴线转位的六角转塔刀架 3，在六个面上各可安装一把或一组刀具，通常，转塔刀架由溜板箱 5 拖动，只能做纵向进给运动，用于车削内外圆柱面，钻、扩、铰孔及攻螺纹和套螺纹等。转塔车床还有一个前刀架 2（相当于卧式车床的方刀架），这个刀架既可以在床身 4 的导轨上做纵向进给，切削大直径的外圆柱面，还可以做横向进给加工内、外端面和沟槽。转塔刀架上还设有定程机构。主轴箱 1 和进给箱 6 装在机床的左部，这与卧式车床的布局相同。

在转塔车床上加工时，需根据工件的加工工艺过程，预先将所用的全部刀具都安装在刀架上，并根据工件加工尺寸调整好位置，同时调整好定程机构上的挡块，以控制每组刀具的行程终点位置。加工时这些刀具依次转到加工位置，顺序地对工件进行加工。图 2-19b 所示为转塔车床的加工实例，被加工毛坯为圆棒料，加工过程共分九个工步：

① 送料至转塔刀架上的送料挡块，棒料夹紧后，转塔刀架退回并转位。

② 钻中心孔。

③ 车外圆、倒角及钻孔。

④ 钻孔。

⑤ 铰孔。

⑥ 用板牙套外螺纹。

⑦ 用前刀架上的车刀成形车削。

⑧ 用前刀架上的滚花滚子滚花。

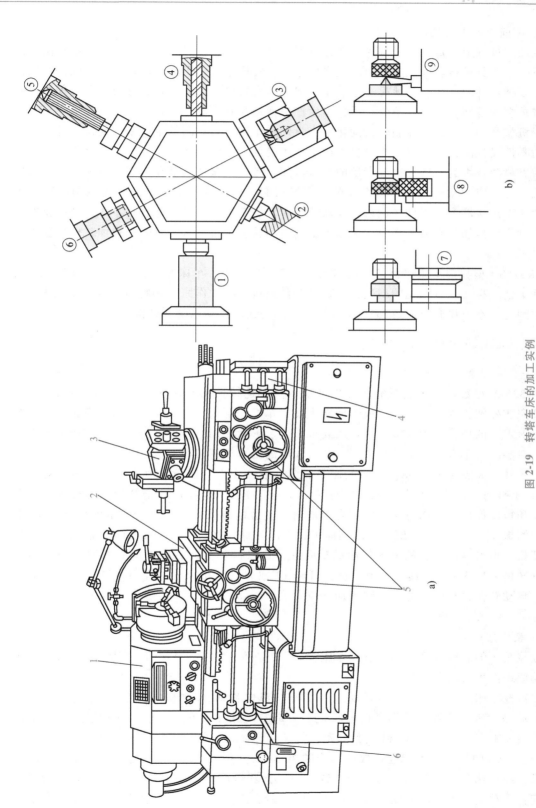

图 2-19 转塔车床的加工实例

a) 转塔车床外形 b) 加工实例

1—主轴箱 2—前刀架 3—转塔刀架 4—床身 5—溜板箱 6—进给箱

⑨ 用前刀架上的切断刀切断。

在加工过程中，每一工步都由挡块控制刀具行程，工步完成后，转塔或方刀架转位，依次由下一把刀具进行新的工步。由上述实例可知，转塔车床是工作循环自动化车床，在成批地加工复杂零件时，能有效地提高生产率。但是，在转塔车床上预先调整刀具和行程挡块需要花费较多的时间，因此在单件、小批量生产中使用受到限制。

用机械凸轮进行程序控制的自动化和半自动化车床具有更高的生产率，但这种设备是为特定的零件设计的，在单件、小批量生产中使用受到一定的限制。

随着科学技术的发展和市场竞争的日益激烈，各种机械产品都在不断地更新换代，数控车床就是为适应"柔性"生产自动化的需要发展起来的。数控车床按照预先编制的数控程序自动加工出所需要的零件，例如，在数控车床上加工如图 2-19b 所示的零件，可用软件控制加工过程，当加工对象改变时，无须重新制造凸轮或调整机床，只需更换加工件数控程序就可以了。

CK3263B 型数控车床综合了卧式车床、转塔车床、仿形车床和多刀半自动车床的功能，是一种柔性、高效、自动化的现代机床。有关数控机床的工作原理和特点将在"数控机床"一章中阐述，本节仅介绍 CK3263B 型数控车床的用途、传动系统和结构。

## 二、机床的用途和运动

### （一）机床的用途和布局

CK3263B 型数控车床是两坐标（$X$ 向和 $Z$ 向）连续控制的计算机数字控制（CNC）车床，可完成外圆、内孔、端面、成形回转表面、车槽、倒角、内外螺纹、多线螺纹、圆锥螺纹等多道工序的加工，因此适合于精度要求较高、形状复杂的阶梯轴类、盘类和套类零件的加工。对多品种小批量或单件生产均可获得较高的技术经济效益。

机床外形如图 2-20 所示。倾斜的床身 5 装在底座 1 上。床身导轨面与水平面的夹角为75°，利于排屑、操作，调整方便。床身导轨 6 镶钢淬硬，并经过精密磨削，具有较高的几何精度和精度保持性。床身左端固定有主轴箱（被盖板挡住，图 2-20 中未示出）。床身中部为刀架溜板 4，分为两层。底层为纵向溜板，可沿床身导轨 6 做纵向（$Z$ 向）移动，上层为横向溜板，可沿纵向溜板的上导轨面做横向（沿床身倾斜方向，即 $X$ 向）移动。刀架溜板上装有转塔刀架 3，刀架具有 8 个工位，可装 12 把刀具，在加工过程中，可按照零件加工程序，自动转位，将所需的刀具转到加工位置。

### （二）机床的运动

#### 1. 表面成形运动

数控车床的表面成形运动与卧式车床相同，但在传动联系上却有明显的区别。数控车床的传动原理图可参看图 1-16。

在数控车床上，主轴的旋转运动 $B_1$、刀架的纵向移动 $A_2$ 和横向移动 $A_3$ 用主轴脉冲发生器 P 联系起来，这种联系不是机械联系，而是电（脉冲）联系，依靠这种联系可以实现两坐标（$Z$ 轴和 $X$ 轴，即 $A_2$ 和 $A_3$）联动。

（1）工件的旋转运动　这是数控车床的主运动，与卧式车床的主运动相似，运动由主电动机，经定比与变比传动机构传至主轴，使工件获得旋转运动 $B_1$。车削普通表面时，工件的旋转运动是一个简单的成形运动；车削螺纹时，工件旋转运动是复合成形运动的一个组成部分，它和刀架的移动共同形成螺旋线。

（2）刀架的移动　主轴旋转时，通过定比传动（图1-16中的1—2）使主轴脉冲发生器发出脉冲信号，这种脉冲信号经过数控装置（图1-16中的 $u_{c1}$ 或 $u_{c2}$）处理后，可分别驱动纵向或横向伺服电动机 $M_1$ 或 $M_2$，从而使刀架实现纵向移动 $A_2$ 和横向移动 $A_3$。车削普通的表面时，$A_2$ 和 $A_3$ 用于形成导线，纵向移动 $A_2$ 用于车削圆柱表面；横向移动 $A_3$ 用于车削端平面、车槽或切断；$A_2$ 和 $A_3$ 同时移动，用于车削成形回转表面。车削螺纹时，刀架的移动是复合成形运动的一个组成部分，它和工件的旋转运动共同形成螺旋线（导线）。

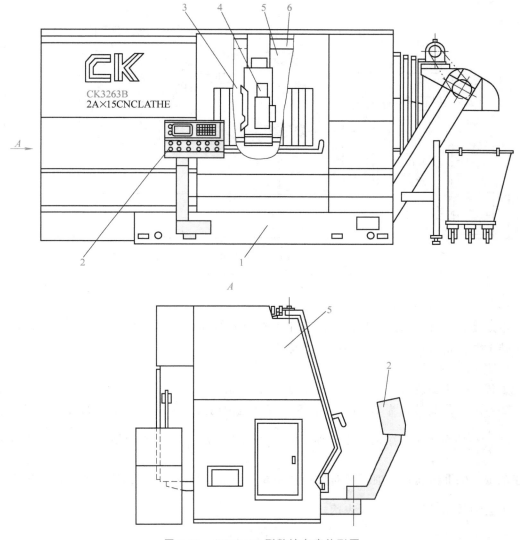

图 2-20　CK3263B 型数控车床外形图

1—底座　2—操作面板　3—转塔刀架　4—刀架溜板　5—床身　6—导轨

**2. 辅助运动**

该数控车床是高度自动化的机床，除装卸工件外，一切辅助运动都由机床本身完成。切入运动、快进和快退运动由伺服电动机完成。转塔刀架转位（换刀）动作由液压驱动。

## 三、机床的传动系统

CK3263B 型数控车床传动系统如图 2-21 所示。

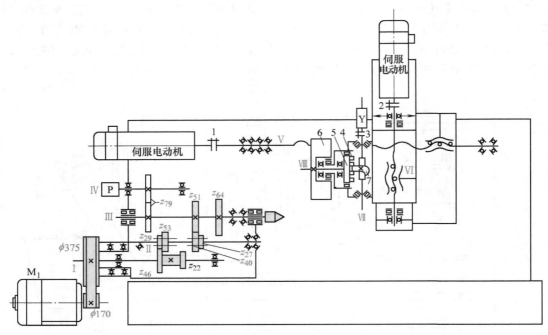

图 2-21 CK3263B 型数控车床传动系统

1、2、3—联轴器 4—柱销 5—回转轮 6—转塔头 7—凸轮

### （一）主运动传动链

主运动传动链的功用是把动力源（主电动机）的运动及动力传给主轴，使主轴带动工件旋转，并满足数控车床变速和换向的要求。

#### 1. 传动路线

主传动采用交流或直流电动机，额定功率为 37kW。额定转速为 1150r/min，最低转速为 252r/min，最高转速为 2660r/min，在此变速范围内无级调速。电动机的转速经同步带轮传动副 $\frac{\phi170}{\phi375}$ 传至主轴箱中的轴 I。轴 I 的运动经齿轮副 $\frac{46}{29}$ 或 $\frac{22}{53}$ 传给轴 II，使轴 II 获得两档变速范围。轴 II 的运动又通过两对齿轮副 $\frac{40}{51}$ 或 $\frac{27}{64}$ 传至轴 III（主轴），使主轴获得 4 档变速范围。主运动传动链的传动路线表达式为

$$\text{主电动机 } M_1 - \frac{\phi170}{\phi375} - I - \begin{Bmatrix} \dfrac{46}{29} \\[2mm] \dfrac{22}{53} \end{Bmatrix} - II - \begin{Bmatrix} \dfrac{40}{51} \\[2mm] \dfrac{27}{64} \end{Bmatrix} - III \text{（主轴）}$$

（37kW，252~2660r/min）

由传动路线表达式可求出从电动机至主轴的各档变速范围及转速值。

**2. 主轴变速范围和转速值**

从电动机至轴Ⅲ的机械传动比有四种，即

$$u_1 = \frac{170}{375} \times \frac{22}{53} \times \frac{27}{64} \approx 0.0794$$

$$u_2 = \frac{170}{375} \times \frac{22}{53} \times \frac{40}{51} \approx 0.1476$$

$$u_3 = \frac{170}{375} \times \frac{46}{29} \times \frac{27}{64} \approx 0.3034$$

$$u_4 = \frac{170}{375} \times \frac{46}{29} \times \frac{40}{51} \approx 0.5640$$

当传动比为 $u_1$ 时，通过电动机无级调速，使主轴得第一档的变速范围，其最低转速为

$$n_{1min} = 252u_1 = 20r/min$$

第一档的最高转速为

$$n_{1max} = 2660u_1 = 211r/min$$

主轴第一档的变速范围为

$$R_1 = 20 \sim 211r/min$$

同理可以求得其余各档的主轴最低转速、最高转速及其变速范围，即

$$R_2 = 37 \sim 393r/min$$

$$R_3 = 76 \sim 807r/min$$

$$R_4 = 142 \sim 1500r/min$$

在上述各档变速范围内，机床可进行恒速切削。机床主轴总的转速变化范围是 $n = 20 \sim 1500r/min$，在此范围内主轴无级调速。当改变主电动机旋转方向时，可以得到相同的主轴正反转速。

**（二）进给传动链**

进给传动链的功用是实现刀具纵向或横向移动。数控车床的传动原理图如图1-16所示。主轴旋转时，运动通过齿轮副 $\frac{79}{79}$ 传至轴Ⅳ（对应于图1-16中虚线1—2），使装在轴Ⅳ左端的主轴脉冲发生器（P）发出脉冲信号（对应于图1-16中的2—3或2—9）。主轴脉冲发生器每转发出两组脉冲，一组脉冲为每转1024个脉冲，另一组脉冲为每转1个脉冲。第一组脉冲（1024个）通过微机（数控装置）处理，按数控程序所规定的进给量要求可以均匀地取出 $F$（进给量）个脉冲，然后发出进给指令，分别输送给纵向伺服电动机（对应于图1-16中3—4—5—6）或横向伺服电动机（对应于图1-16中9—10—11—12），从而驱动纵向电动机（图1-16中 $M_1$）或横向电动机（图1-16中 $M_2$）。纵向伺服电动机的旋转运动通过联轴器1（图2-21）传给纵向滚珠丝杠Ⅴ，使刀架纵向移动；横向伺服电动机的旋转运动通过联轴器2传给横向滚珠丝杠Ⅵ，使刀架横向移动。纵向移动和横向移动的距离和速度是按照零件加工程序的规定由微机控制的。

脉冲发生器发出的另一组脉冲是每转1个脉冲，称为同步脉冲。在螺纹加工中，同步脉冲极为重要。因为在螺纹加工中，螺纹必须经过多次重复车削，为了保证每次进给时在螺纹同一切削点加工，数控装置必须控制螺纹车刀的切削相位，这样就不会产生螺纹"乱牙"

的现象。同步脉冲是保证螺纹加工中不"乱牙"的唯一控制信号。

（三）转塔刀架传动链

转塔刀架传动链的功用是驱动八工位的转塔刀架回转，完成换刀动作。动力源是液压马达 Y，它通过联轴器 3 带动凸轮轴Ⅶ，轴上装有圆柱凸轮 7。凸轮转动时，它拨动回转轮 5 上的柱销 4，使回转轮 5、中心轴Ⅷ和转塔头 6 旋转。转塔头转动的角度是按照零件加工程序的要求由微机发出指令控制的。

### 四、机床主要部件的结构

（一）主轴箱

由于数控车床用电动机无级调速，所以它的主轴箱结构比卧式车床简单得多。图 2-22 所示为 CK3263B 型数控车床主轴箱展开图。由图可以看出，主轴箱的结构具有一定的特色，可以满足大功率、高刚度、高精度和自动变速等要求。

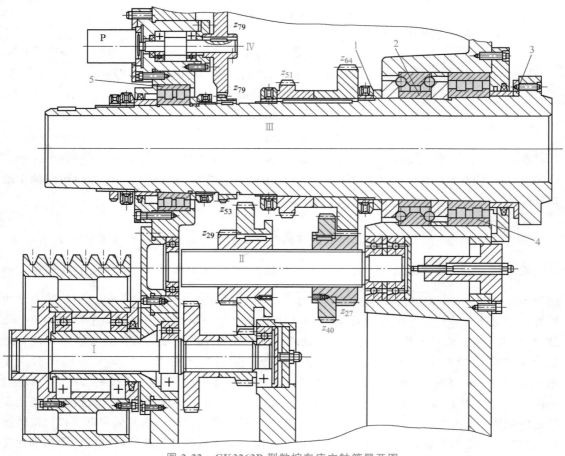

图 2-22 CK3263B 型数控车床主轴箱展开图

1—调整螺母 2、4—前轴承 3—垫片 5—后轴承

**1. 主轴组件**

主轴及其轴承是主轴箱最重要的部分。加工时工件夹持在主轴上，并由它直接带动旋

转，做表面成形运动。主轴的旋转精度、刚度和抗振性对工件的加工精度和表面质量有直接影响。这种机床主轴的轴径较大，主轴的前后径向支承采用 C 级精度的双列圆柱滚子轴承 4（承受径向力的前轴承）和 5。由于这种轴承的刚度和承载能力大，旋转精度高，因而可保证主轴组件有较高的旋转精度和刚度。在前支承处还装有一个 C 级精度的 60° 角接触双列推力向心球轴承 2（承受轴向力的前轴承），用于承受左右两个方向的轴向力。轴承的间隙直接影响主轴的旋转精度和刚度，主轴轴承应在无间隙（或少量过盈）条件下进行运转。前轴承间隙的调整方法为：修磨前支承右端的两半垫片 3 的厚度，拧动支承左端带锁紧螺钉的调整螺母 1，这时双列圆柱滚子轴承的内环相对于主轴锥面向右移动，以调整轴承预紧的程度。机床出厂前，两半垫片 3 的厚度在装配时已配磨好，保证了轴承所要求的预负荷。

**2. 主轴变档的操纵**

通过变换两个双联滑移齿轮在轴Ⅱ上的位置，可以实现主轴的 4 档机械变速。滑移齿轮用液压缸推动（图中未示出）。变档过程是自动操纵的。主电动机接到变档指令后低速摇摆，以便于齿轮啮合。当滑移齿轮在液压缸的推动下啮合后压上行程开关，命令电动机停止摇摆，并起动主轴运转。

为了便于调整机床，主轴设有空档位置。操作人员通过操纵台给出空档指令后，液压缸推动轴Ⅱ右端的双联滑移齿轮至中间位置，使齿轮 40 和 27 分别与主轴齿轮 51 和 64 脱离啮合。机床调整好以后，液压缸推动滑移齿轮至所需要的位置，使其与主轴齿轮恢复啮合。

**3. 主轴脉冲发生器**

卧式车床的主运动链与进给链共用一个动力源（电动机），用交换齿轮架实现两者之间的联系。数控车床的主运动链和进给链分别有独立的动力源，两者之间用主轴脉冲发生器联系起来。

主轴左端的齿轮 79 与轴Ⅳ上的齿轮 79 处于经常啮合的状态，主轴的旋转运动 1:1 地传给轴Ⅳ，从而使轴Ⅳ左端的主轴脉冲发生器 P 发出一系列脉冲。主轴脉冲发生器的结构原理如图 2-23 所示。

主轴脉冲发生器中有一个光栅盘 3，在盘的边缘有间距相等的明暗条纹，一般为 1024 条。由光源 1 发出一束散射光，经透镜 2 聚焦成一束平行光线，射向光栅盘。当光栅盘随轴Ⅳ一起转动时，每转过一个条纹就发生一次光线的明暗变化，在光栅盘的另一面就产生明暗光带，这光带通过光栏板 4 射在对应

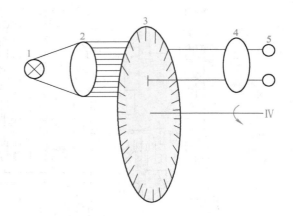

图 2-23 主轴脉冲发生器的结构原理
1—光源 2—透镜 3—光栅盘
4—光栏板 5—光敏元件

的光敏元件 5 上就产生电信号的强弱变化，对它进行整形、放大和微分处理后，得到脉冲输出信号。主轴每转一周，脉冲发生器发出 1024 个脉冲。

在光栅盘 3 上，除边缘有 1024 条明暗条纹外，在其内侧还有一个条纹，用来产生同步脉冲信号。

（二）转塔刀架

转塔刀架是数控车床的关键部件之一，它的精度与可靠性对数控车床有着至关重要的影响。数控车床的转塔刀架具有自动选择刀具的性能，技术上要求重复转位精度高、刚性好、可靠性高。为了满足换刀的需要，数控转塔刀架需要实现升起、转位、定位、落下和夹紧等动作，并在数控装置的控制下实现这些动作。

图 2-24 所示为 CK3263B 型数控车床转塔刀架的结构简图，刀架的升起、转位、夹紧等动作都由液压驱动。当数控装置发出换刀信号以后，液压油进入液压缸 5 的上腔，由于活塞 17 紧固在座体 15 上，活塞与座体都是固定不动的，因而液压缸 5 上移，推动盖盘 3 并带动回转头 6 抬起，上鼠齿盘 7 紧固在回转头 6 上，当上鼠齿盘 7 与下鼠齿盘 8 完全脱开时，开关 1 动作，发出转位信号。这时液压马达 9 旋转，驱动凸轮轴 12、圆柱凸轮 13 旋转，凸轮曲线槽拨动柱销 14，从而驱动回转轮 11、中心轴 4、盖盘 3、回转头 6 转动。当刀架（装在回转头上）转至新的预选工位时，回转头上的拨块 2 压合均布的固定开关 20（回转头每一工位，压合相应的开关），液压马达立即停止转动。转塔靠凸轮的直线部分进行粗定位，随后液压缸 5 的上腔回油，液压油进入液压缸的下腔，液压缸 5、回转头 6 下移，上鼠齿盘 7 落下，与下鼠齿盘 8 啮合，完成精定位，靠液压缸压紧力夹紧。此时开关 1 动作，发出转位结束信号，转塔转位过程结束。转塔转位时，由滚针 10 和 18 承受径向力，推力轴承 16 和 19 承受轴向力。

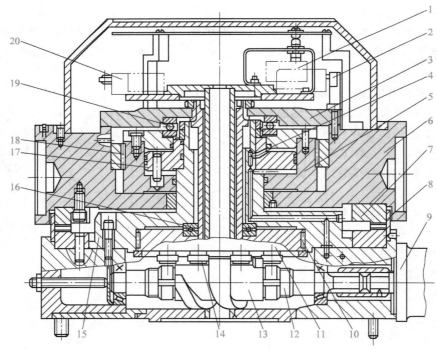

图 2-24　CK3263B 型数控车床转塔刀架的结构简图

1—开关　2—拨块　3—盖盘　4—中心轴　5—液压缸　6—回转头　7—上鼠齿盘　8—下鼠齿盘
9—液压马达　10、18—滚针　11—回转轮　12—凸轮轴　13—圆柱凸轮　14—柱销
15—座体　16、19—推力轴承　17—活塞　20—固定开关

该转塔刀架可正反向旋转，自动选择最近的回转路程，缩短辅助时间。由于鼠齿盘的制

造与装配质量较高，因而转位的分度精度高。这种结构提高了转塔刀架工作的可靠性。

## 第六节 DVT250-NC 型数控双柱立式车床

### 一、机床的用途和布局

立式车床用来加工直径和质量都较大的工件，其高度一般小于直径；这种工件如果在卧式车床上加工，主轴前轴承负荷大，磨损快，难以长期地保持工作精度。立式车床与卧式车床的区别在于主轴的旋转轴心线在竖直（立式）方向，工作台台面处于水平平面内，使工件的装夹和找正比较方便。此外，由于工件及工作台的重量均匀地作用在工作台导轨或推力轴承上，因此，立式车床能长期地保持工作精度。

立式车床可分单柱式和双柱式两类。单柱式立式车床用于加工直径不太大的工件，双柱式立式车床可用来加工直径和质量都较大的工件。随着航天航空、船舶、发电、冶金等行业的发展，对大型和重型数控机床的需求明显增多。图 2-25 所示为数控双柱立式车床外形图，用于加工形状复杂的回转体零件，对内外圆柱面、内外圆锥面、端面、切槽、螺纹及回转曲面等进行粗、精加工，适用于零件种类变化大的单件、小批量及大批量的零件加工。

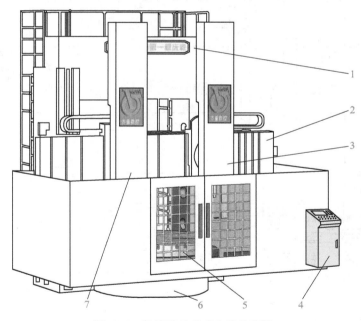

图 2-25 数控双柱立式车床外形图

1—龙门架 2—横梁 3—右垂直刀架 4—操纵台 5—工作台 6—底座 7—左垂直刀架

如图 2-25 所示，龙门架 1 由左、右立柱通过连接梁连接组成，龙门架的左、右立柱不与工作台底座连接，分别固定在地基上，消除主轴传动与进给传动及热变形的相互影响，提高了整机刚度，并便于调整机床精度。横梁 2 在左、右立柱导轨上升降运动，可根据工件的高度沿立柱导轨调整位置。横梁右端装有右垂直刀架 3，左端装左垂直刀架 7；右垂直刀架为数控刀架，全闭环控制；左垂直刀架为普通刀架。垂直刀架在横梁的导轨上移动做横向进给；垂直刀架滑板可沿其刀架滑座的导轨做垂直进给，还可在回转滑座上扳动角度，加工锥面。在底座 6 上装工作台 5，工件装夹在工作台花盘上，并由花盘带动做主运动。大型立式车床的底座和主轴箱（图 2-25 中未示出）安装在地下。操纵台 4 在机床右前方，操作人员通过操纵台面板上的按键和各种开关按钮实现对机床的控制；同时机床的各种工作状态信号也可在操作面板上显示出来。

### 二、立式车床的运动和传动系统

立式车床在整个工作过程中需要如下的运动：工作台（装有花盘）的旋转运动（主运动），左、右两个垂直刀架的水平和垂直移动（进给运动），主运动和进给运动产生工件表面的母线和导线，属于表面成形运动；还有横梁沿左、右立柱导轨上的升降运动（辅助运动）。下面以 DVT250-NC 型数控双柱立式车床（图 2-26）为例介绍立式车床的运动和传动系统。

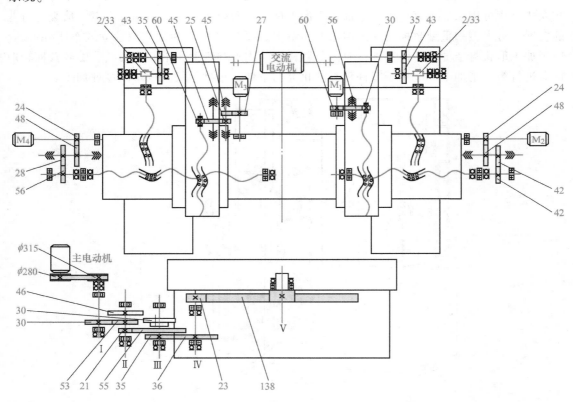

图 2-26　DVT250-NC 型数控双柱立式车床的传动系统

### （一）主运动传动链

主运动传动链的两末端件是主电动机与立式车床的工作台，它的功用是把动力源（电动机）的运动及动力传给工作台，使工作台带动工件旋转实现主运动，并满足立式车床工作台变速的要求。

#### 1. 传动路线

机床的主传动由 55kW 直流电动机驱动，其额定转速为 400r/min，最高转速为 1600r/min，最低转速为 51.2r/min。电动机的转速经同步带轮传动副 $\dfrac{\phi280}{\phi315}$ 传至主轴箱中的轴 I。轴 I 的运动经齿轮副 $\dfrac{30}{53}$ 传给轴 II，轴 II 的运动又通过两对齿轮副 $\dfrac{46}{30}$ 或 $\dfrac{21}{55}$ 传给轴 III，使轴 III 获得两档变速范围。轴 III 的运动又通过齿轮副 $\dfrac{35}{36}$ 传给轴 IV（装在工作台底座内），轴 IV 又通过齿轮副 $\dfrac{23}{138}$ 传给轴 V（工作台上的花盘）。通过直流电动机调速，使工作台得到 1.6~200r/min 的转速。主运动传动链的传动路线表达式为

$$\text{主电动机} - \frac{\phi280}{\phi315} - \text{I} - \frac{30}{53} - \text{II} - \begin{Bmatrix} \dfrac{46}{30} \\ \dfrac{21}{55} \end{Bmatrix} - \text{III} - \frac{35}{36} - \text{IV} - \frac{23}{138} - \text{V（花盘）}$$

由传动路线表达式可求出从电动机至工作台花盘的各档变速范围及转速值。

**2. 主轴变速范围和转速值**

从主电动机至轴 V（花盘）的机械传动比有两种：

$$u_1 = \frac{280}{315} \times \frac{30}{53} \times \frac{21}{55} \times \frac{35}{36} \times \frac{23}{138} \approx 0.0311$$

$$u_2 = \frac{280}{315} \times \frac{30}{53} \times \frac{46}{30} \times \frac{35}{36} \times \frac{23}{138} \approx 0.125$$

当传动比为 $u_1$ 时，通过电动机无级调速，使花盘得第一档的变速范围，其最低转速为

$$n_{1\min} = 51.2u_1 = 1.6\text{r/min}$$

第一档的最高转速为

$$n_{1\max} = 1600u_1 = 50\text{r/min}$$

花盘第一档的变速范围为

$$R_1 = 1.6 \sim 50\text{r/min}$$

同理，可以求得第二档的花盘最低转速、最高转速及其变速范围为

$$n_{2\min} = 6.4\text{r/min}, \qquad n_{2\max} = 200\text{r/min}, \qquad R_2 = 6.4 \sim 200\text{r/min}$$

在上述两档变速范围内，机床可进行恒速切削。机床花盘总的转速变化范围是 $n = 1.6 \sim 200\text{r/min}$，在此范围内花盘无级调速。

**（二）进给传动链**

进给传动链的功用是实现刀具纵向（竖直方向）或横向（水平方向）的进给运动。右垂直刀架和左垂直刀架分别各有独立的垂直进给箱和水平进给箱，可以同时或单独地工作，具有各自的进给传动链。

**1. 右垂直刀架进给传动链**

右垂直刀架为数控刀架，全闭环控制。由传动系统图可以看到，竖直方向进给由交流伺服电动机 $M_1$ 驱动，电动机的转速经右垂直进给箱中的齿轮副 $\dfrac{60}{56}$ 和 $\dfrac{56}{30}$，传给竖直方向的滚珠丝杠，螺距为 10mm 的滚珠丝杠螺母副带动右垂直刀架实现纵向进给和快速移动。右刀架垂

直进给传动路线为

$$伺服电动机 \ M_1 - \frac{60}{56} - \frac{56}{30} - 滚珠丝杠 - 右刀架$$

右垂直刀架的水平方向进给，由交流伺服电动机 $M_2$ 驱动，电动机的转速经右水平进给箱中的齿轮副 $\frac{24}{48}$ 和 $\frac{42}{42}$，传给水平方向的滚珠丝杠，螺距为 10mm 的滚珠丝杠螺母副带动右垂直刀架实现水平进给和快速移动。右刀架水平进给传动路线为

$$伺服电动机 \ M_2 - \frac{24}{48} - \frac{42}{42} - 滚珠丝杠 - 右刀架$$

数控垂直刀架的快速移动速度为 8000mm/min，刀架进给量的范围为 $0.1 \sim 1000$r/min，无级调速。

**2. 左垂直刀架进给传动链**

左垂直刀架为普通刀架。与右垂直刀架进给传动链相似，但可以配置不同的交流伺服电动机，而且垂直进给箱和水平进给箱中的齿轮传动副也与右垂直刀架不同。左垂直刀架竖直方向进给由交流伺服电动机 $M_3$ 驱动，电动机的转速经左垂直进给箱中的齿轮副 $\frac{27}{45}$ 及 $\frac{25}{45}$ 和 $\frac{45}{60}$，传给竖直方向的滚珠丝杠，螺距为 10mm 的滚珠丝杠螺母副带动左垂直刀架实现纵向进给和快速移动。左刀架垂直进给传动路线为

$$伺服电动机 \ M_3 - \frac{27}{45} - \frac{25}{45} - \frac{45}{60} - 滚珠丝杠 - 左刀架$$

左垂直刀架的水平方向进给，由交流伺服电动机 $M_4$ 驱动，电动机的转速经左水平进给箱中的齿轮副 $\frac{24}{48}$ 和 $\frac{28}{56}$，传给水平方向的滚珠丝杠，螺距为 10mm 的滚珠丝杠螺母副带动左垂直刀架实现横向进给和快速移动。左刀架水平进给传动路线为

$$伺服电动机 \ M_4 - \frac{24}{48} - \frac{28}{56} - 滚珠丝杠 - 左刀架$$

左垂直刀架的快速移动速度为 4000mm/min，刀架进给量级数是无级调速。

**（三）横梁升降运动传动链**

横梁升降运动传动链的功用是根据工件的加工高度，调整横梁两端刀架的位置。在机床龙门架上部连接梁的中间部分装有功率为 11kW 的双轴伸交流电动机，带动电动机左右两端的传动轴同步旋转。龙门架上方有左、右两个升降箱，内装有相同的齿轮副和蜗杆副。电动机的转速经左、右两个升降箱中的齿轮副 $\frac{35}{43}$ 和蜗杆副 $\frac{2}{33}$，将水平方向的旋转运动转变为竖直方向的旋转运动，最后经过螺距为 10mm 的滚珠丝杠螺母副实现横梁升降运动。横梁升降的传动路线为

$$交流电动机 - \frac{35}{43} - \frac{2}{33} - 滚珠丝杠 - 横梁$$

该机床的横梁行程为 1250mm，横梁升降速度为 350mm/min。

### 三、机床主要部件的结构

#### 1．变速箱

数控双柱立式车床的变速箱与工作台的底座连接，变速箱中的末级齿轮与工作台底座中立轴上的齿轮啮合，驱动工作台旋转。由于数控立式车床用电动机无级调速，所以它的变速箱结构比较简单。图 2-27 所示为 DVT250-NC 型数控双柱立式车床的变速箱展开图。由图 2-27 可以看出，变速箱的结构具有一定的特色，可以满足大功率、高刚度和自动变速等要求。

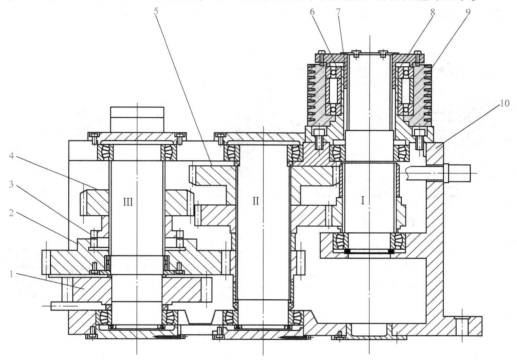

图 2-27　DVT250-NC 型数控双柱立式车床的变速箱展开图

1—齿轮 $z_{35}$　2—齿轮 $z_{55}$　3—齿轮滑块　4—齿轮 $z_{30}$　5—齿轮 $z_{46}$　6—深沟球轴承
7—法兰　8—花键套　9—卸荷带轮　10—变速箱体

电动机经同步带将运动传至轴 I 上端的卸荷带轮 9。卸荷带轮与花键套 8 用螺钉连接成一体，支承在法兰 7 内的两个深沟球轴承 6 上。法兰 7 固定在变速箱体 10 上。这样，卸荷带轮 9 可通过花键套 8 带动轴 I 旋转，而同步带的拉力则经深沟球轴承 6 和法兰 7 传至变速箱体 10。轴 I 的花键部分只传递转矩，从而可避免因同步带拉力而使轴 I 产生弯曲变形。这种卸荷带轮使轴 I 仅承受扭转载荷，而不承受径向力。

工作台的无级变速有两档，通过变速箱内两级立轴变速机构进行变档。变档的操纵是通过变换齿轮滑块 3 在轴 III 上的位置实现的。齿轮滑块与轴 III 花键连接，用液压缸推动（图中未示出），下移时与轴 III 上齿轮 $z_{55}$（件号 2）的内齿啮合，通过齿轮 $z_{55}$ 的转动带动轴 III 旋转。轴 III 上的齿轮 $z_{35}$（件号 1）与工作台底座内立轴上的齿轮（图 2-28）啮合，将运动传给工作台，使工作台获得低档转速范围。齿轮滑块 3 上移，推动齿轮 $z_{30}$（件号 4）与轴

Ⅱ上的齿轮 $z_{46}$（件号5）啮合，带动轴Ⅲ旋转，通过齿轮 $z_{35}$ 将运动传给工作台，使工作台获得高档转速范围。齿轮滑块3处于中间位置时，是空档。变档采用液压内外套装液压缸结构（图中未示出），变档过程通过电磁滑阀控制液压缸自动操纵。

**2. 工作台**

工作台由花盘、大齿圈、主轴和轴承等部分组成，工作台装在底座上，其装配简图如图 2-28 所示。工作台的运转是通过装在底座1内的立轴Ⅱ上的齿轮传递的。轴Ⅱ下端齿轮8与变速箱中的末级齿轮 $z_{35}$（图 2-27）啮合，使轴Ⅱ运转，轴Ⅱ上端齿轮7与工作台的大齿圈2啮合，大齿圈与工作台上的花盘4固定在一起，从而使花盘运转。

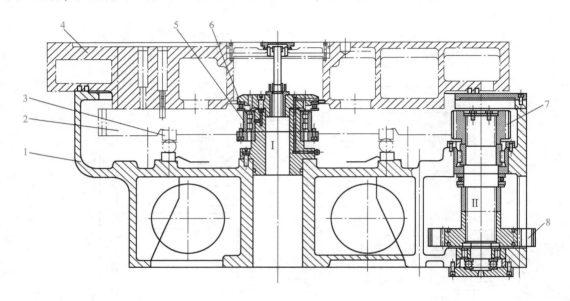

图 2-28　工作台装配简图

1—底座　2—大齿圈　3—滚动平导轨　4—花盘　5—双列短圆柱滚子轴承
6—推力球轴承　7—上端齿轮　8—下端齿轮

工作台主轴Ⅰ是一种短主轴结构，主轴采用高精度双列短圆柱滚子轴承5，其内环具有锥孔，可以调整径向间隙，保证主轴回转精度。工作台与底座1之间通过滚动平导轨3连接，工作台和加工件的质量以及轴向切削力都压在底座1上，即底座承受工作上的垂直载荷。短主轴上部还有一个推力球轴承6，用于预紧工作台滚动导轨。这种结构使工作台具有旋转精度高、承载能力大、热变形小等优点。

# 第七节　数控纵切自动车床

## 一、自动车床及其数控化

自动车床是指那些在调整好后无需人工参与便能自动完成表面成形运动和辅助运动，并能自动地重复其工作循环的车床。自动车床种类较多，按主轴数目，可分为单轴、多轴；按工艺特征，可分为纵切、横切等。下面介绍以主轴箱纵向移动实现进给的自动车床，即单轴纵切自动车床。这种自动化车床最早问世时，其自动工作循环是靠凸轮控制的，因此又称为凸轮程序控制单轴纵切自动车床。它是大批量生产仪器仪表类小型零件不可缺少的工艺装备，广泛用于家电、玩具、钟表、照相机、仪器仪表和其他行业中的精密零件的加工。

传统的单轴纵切自动车床的工作原理是：主轴内弹簧夹头夹持棒料工件旋转，完成主运动；主轴箱纵向移动，完成纵向进给；呈放射状排列的刀架径向移动，完成横向进给。夹头的夹紧和松开、机床的棒料进给、进刀与退刀、附件的进退等动作，均通过分配轴上的一套凸轮和机床上的杠杆相互配合，实现凸轮程序控制的自动工作循环。

这类机床的机械结构复杂；分配轴上的一套控制凸轮，要根据加工件的具体形状和尺寸进行专门设计，且需要专用的工艺装备进行制造；机床调整时间长，技术要求高；分配轴一转 360° 范围内不能安排更多的工序，加工形状复杂的零件时，需进行二次加工；当加工件改变时，需要专门设计、制造一套新凸轮，不适合于中小批量生产。

现代市场的特点是产品更新换代加快，供货期缩短，多品种、小批量成为产品发展的主旋律。凸轮程序控制的自动车床，已不适应现代仪器仪表制造工业迅速发展的需求。随着计算机数控技术在自动机床领域的应用，开创了纵切自动车床的新时代。由传统的凸轮程序控制变成了 CNC 控制，机械传动的自动车床实现了数控化，数控纵切自动车床应运而生。下面以 CKN1112Ⅱ 型数控纵切自动车床为例，说明这类机床的工作原理和特点、传动系统及其自动工作循环过程。

## 二、机床布局及用途

图 2-29a 所示为 CKN1112Ⅱ 型数控纵切自动车床的外观图，图 2-29b 所示为卸掉防护罩后的主要部件的布局。底座 6 位于机床底部，用于支承各部件。底座上面的滚动导轨上，装有主轴箱 8 和 Z 轴拖板，主轴箱内的主轴电动机为内置电动机，伺服驱动；主轴箱上装有编码器，用于检测主轴转速；Z 轴拖板由 Z 轴伺服电动机 7 驱动，主轴箱和 Z 轴拖板为一个整体，随 Z 轴一起做纵向进给运动。底座 6 上部的右端，安装立柱 9，上面设置 X 轴、Y 轴拖板及其进给机构，分别由 X 轴伺服电动机 10 和 Y 轴伺服电动机 11 驱动。立柱中间有孔，装中心架 14，用于支承回转棒料。排刀架 12、端面钻孔装置 13 和动力刀具装置 15 设置在中心架上端的 X 轴拖板上。排刀架用于装夹外圆加工类车刀（有 5 个刀位），刀位转换由 Y 轴移动实现；端面钻孔装置用于装夹不旋转的孔加工刀具（有 4 个刀位），刀位转换由 X、Y 轴协调移动实现，通过 Z 轴纵向进给，完成端面钻孔类加工；有 3 个刀位的动力刀具装置由 X、Y 轴协调移动实现刀位转换，在主轴制动停转后，对工件进行横钻孔及铣键槽、铣平面等加工。机床主控电气系统 1 安装在底座腔内。机床操作面板 2 安装在机床左前部，可转动。机床防护采用全封闭型防护罩 4，左侧主轴箱外面设置有推拉门 3，可向左或向右拉开，对主轴进行调整。机床右端切削区，设置有玻璃观察窗的翻转门 5，打开此翻转门可调整刀具和对刀等。

该机床可对冷拉棒料及磨光棒料进行连续上、下料的自动循环加工，完成小型轴类零件的车外圆、钻孔、镗孔、车端面、车螺纹、切槽、攻螺纹、横钻孔、铣键槽、铣平面和切断等工序。

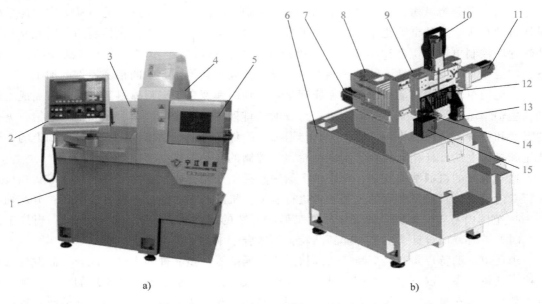

图 2-29　CKN1112Ⅱ型数控纵切自动车床

a）外观图　b）主要部件的布局图

1—电气系统　2—机床操作面板　3—推拉门　4—防护罩　5—翻转门　6—底座　7—Z轴伺服电动机
8—主轴箱　9—立柱　10—X轴伺服电动机　11—Y轴伺服电动机　12—排刀架　13—端面钻孔装置
14—中心架　15—动力刀具装置

### 三、机床工作原理

图 2-30 所示为纵切自动车床的加工原理图。这种机床主要加工小型的细长轴类零件，加工精度要求较高，所以加工方法有其特点。棒料 1 的前端支承在中心架 4 的支承套 5 内，以减少由于切削力引起的工件弯曲变形。刀排 7 安装在 X 轴拖板上，在 Z 向不运动，保证切削点到支承点的距离不变，使机床可以加工细长轴类零件。棒料 1 的后端支承在料机（或料架）的料管中。加工时，棒料被主轴 3 内的弹簧夹头 2 夹紧，由主轴带动做旋转运动。主轴在主轴箱的带动下做纵向（Z 向）运动，实现纵向进给。刀排 7 在 X 轴拖板的带动下，实现外圆类刀具的径向进给。加工圆柱时，X 轴移动到半径位置，Z 轴进给。加工圆锥或螺纹时，Z 轴和 X 轴共同进给（联动）。加工孔时，端面钻孔装置 6 在 X、Y 轴拖板的带动下，使钻孔刀具中心轴线与主轴轴线对准，Z 向进给。用动力刀具 8 进行铣削时，主轴控制先切换到分度状态，并定位到要求的相位，使主轴具有静转矩，在铣削力的作用下不发生转动，动力刀具 8 旋转，Y 向进给到位后，X 向移动进行铣削进给；用动力刀具进行钻孔时，X 向移动定位后，Y 向进给。进行切断或切槽时，Z 轴移动到位（定位）后，X 向进给。

机床的自动循环是以切断刀切断进行挡料，主轴箱退回到编程零点作为工作循环的起始点。随后按照数控加工编程的程序指令，各伺服控制轴协同动作，加工出所要求的工件表面，然后切断刀横向运动切断工件并进行挡料，主轴箱退回到编程零点，开始下一工作循环。

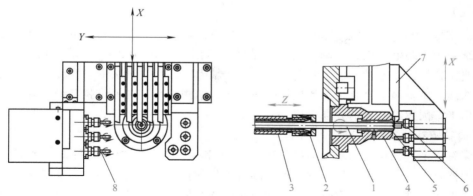

图 2-30 纵切自动车床的加工原理图

1—棒料 2—弹簧夹头 3—主轴 4—中心架 5—支承套 6—钻孔装置 7—刀排 8—动力刀具

## 四、机床的传动和控制系统

在机床工作过程中，主轴旋转的主运动，动力刀具的旋转运动以及 $X$、$Y$ 和 $Z$ 各向伺服驱动拖板的移动，都是通过 CNC 系统发出的程序指令控制的，图 2-31 所示为纵切自动车床传动系统图。

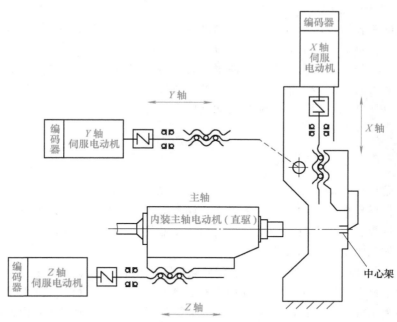

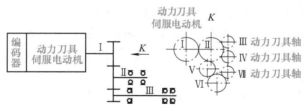

图 2-31 纵切自动车床传动系统图

**1. 主轴旋转运动**

该机床是 32bit 微处理器控制的 CNC 数控纵切自动车床，选配 FANUC0i—TC 数控系统。主轴系统采用内装电动机式主轴结构，主轴转速范围为 100～10000r/min。内置主轴电动机无级调速，直接驱动主轴。加工时工件夹持在主轴上，并由它直接带动旋转，主轴具有定向及分度功能。主轴箱不再有繁杂的机械变速系统，结构简单。主轴箱装有编码器，检测主轴转速，用于车削螺纹或主轴分度定位。

**2. 伺服驱动轴直线移动**

机床有三个直线移动伺服进给控制轴：$Z$、$X$ 和 $Y$ 轴。三个控制轴各由一个伺服电动机通过联轴器直接驱动滚珠丝杠，丝杠螺母副将角位移转化为直线位移，分别使纵向、横向和径向的拖板实现进给运动。进给的速度和位置由装在伺服电动机后端的编码器进行检测，实现半闭环控制，保证机床的加工精度。

$Z$ 轴拖板带动主轴箱，实现纵向进给。该机床主轴旋转运动和纵向进给运动，都是通过工件棒料完成的。$X$ 轴拖板带动刀排，实现车刀径向进给以及动力刀具的钻削定位和铣削进给。$Y$ 向移动控制车刀换刀运动以及动力刀具的铣削定位和钻削进给。$X$、$Y$ 轴的协调移动完成四轴钻孔装置的定位。$Z$ 轴和 $X$ 轴联动可以车削螺纹和圆锥面。$X$、$Y$ 和 $Z$ 轴的快移速度为 15m/min，最小设定单位为 0.001mm。本机床为三轴控制，两轴（$Z$、$X$ 轴）联动。

**3. 动力刀具旋转运动**

动力刀具的旋转运动由功率为 0.4kW 的伺服电动机单独驱动，伺服电动机转速范围为 1000～4500r/min。动力刀具装置上有 3 个刀位，装有铣削类动力刀具和钻削类动力刀具，通过齿轮系和传动轴带动旋转。动力刀具伺服电动机通过传动轴 Ⅰ 和传动轴 Ⅱ，驱动装在动力轴 Ⅲ 和 Ⅳ 上的动力刀具旋转。轴 Ⅱ 的转动也可以通过传动轴 Ⅴ 和 Ⅵ，驱动装在动力轴 Ⅶ 上的动力刀具旋转（图 2-31 的下图）。伺服电动机后端装有编码器，用于检测伺服进给的速度和位置，实现半闭环控制。

## 五、机床工作循环的调整

机床工作循环要根据加工对象进行调整。工作循环的调整，就是在自动车床工作以前，为实现自动工作循环而进行的生产准备工作。调整的主要内容包括：绘制加工零件图；拟订工件加工工艺过程，选用刀具、辅具，绘制加工示意图；编写数控加工程序和调整机床等。下面以阶梯轴加工为例，说明其方法。

图 2-32 所示为加工零件图，工件右端车螺纹；右端面钻孔、倒角；工件左端车外圆、倒角，圆柱面上径向钻孔。毛坯棒料选用直径为 10mm、7 级精度的冷拉铅黄铜棒，加工件中间部分直径为 10mm 的圆柱面不用切削加工。零件图上的尺寸标注、表面粗糙度和有关技术条件，以及材料、棒料直径等信息，是进行机床工作循环调整的原始依据。

拟订加工工艺过程与选用刀具同步进行。机床共有三个刀架：装夹车刀的排刀架，有五个刀位，刀位号为 T1、T2、T3、T4 和 T5；端面钻孔刀架有四个刀位，刀位号为 T6、T7、T8 和 T9；动力刀具刀架有三个刀位，刀位号为 T10、T11 和 T12，刀架分布和刀位编号如图 2-33 所示。

工件加工需用五把车刀：选用排刀架的 T1 车刀车削工件右端 M8 外圆和倒角 $C1$，T2 车刀用于工作循环结束时工件切断，T3 车刀车削工件左端 $\phi$8mm 外圆和倒角 $C0.5$，T4 车刀用

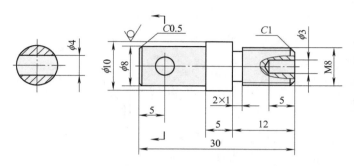

图 2-32 加工零件图

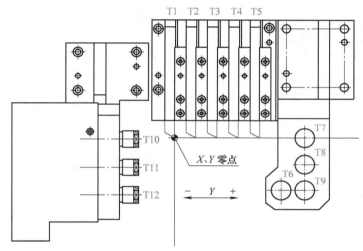

图 2-33 刀架分布和刀位编号

于切槽 2mm×1mm，T5 车刀车削螺纹 M8，这里排刀架上的五个刀位全都用上了。

为钻端面孔 $\phi$3mm，选用端面钻孔刀架上的 T6 号刀先钻中心孔，然后选用 T7 号刀钻端面孔 $\phi$3mm。为钻工件左端圆柱面上的径向孔，选用动力刀具刀架上的 T10 号刀先钻中心孔，然后选用 T11 号刀钻径向孔 $\phi$4mm。刀具布置图如图 2-34 的右半部分所示。

工件加工的工艺过程可以划分为九个工步，图 2-34 的左半部分是各个工步的加工示意图。为了使各工步的工艺规程数据直接用于数控编程，涉及坐标轴移动的数据，都是从机床的编程零点计算的。此机床将夹持工件的中心架的前端面（即加工件的右端面）作为纵向（Z 向）编程的零点，将主轴（即工件）旋转中心作为 X、Y 向编程的零点。

主轴箱退回到编程零点作为工作循环的起始点。各个工步的工艺内容如下：

工步①钻中心孔，刀具 T6，主轴箱纵向进给 4.0mm，进给速度为 0.06mm/r，主轴正转，转速为 4000r/min；钻中心孔结束，主轴箱快速退回原位置。

工步②钻端面 $\phi$3mm 孔，换刀 T7，主轴箱纵向进给 6.0mm，进给速度为 0.06mm/r，主轴正转，转速为 4000r/min；钻孔结束，主轴箱快速退回原位置。

为防止换车刀 T1 时干涉，排刀架快速上升抬刀。

工步③倒角 C1 和车 M8 外圆，换车刀 T1，X 向快进至工件直径 5mm 处；主轴箱纵向进给 1.0mm，T1 刀具 X 向后退进给到工件直径 8mm 处，进给速度为 0.03mm/r，主轴正转，

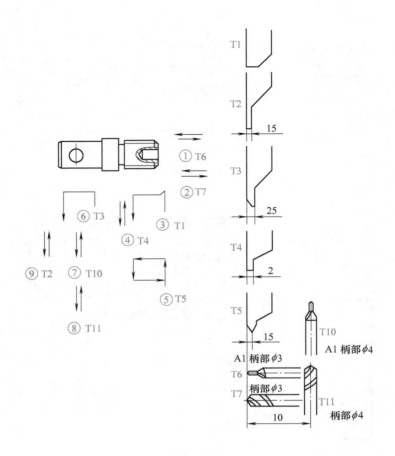

图 2-34　加工示意和刀具布置图

转速为 3000r/min；倒角后，主轴箱纵向进给 11.0mm，进给速度为 0.05mm/r，主轴正转，转速为 3000r/min；车外圆结束，排刀架快速上升抬刀。

工步④切槽，换刀到 T4，主轴箱纵向快速前进到 12mm 处，定位切槽坐标；切槽刀 T4 在 X 向进给到工件直径 6mm 处，进给速度为 0.03mm/r，主轴正转，转速为 3000r/min；切槽结束，排刀架快速上升抬刀。

工步⑤车螺纹，换刀到 T5，由于螺纹车刀刀偏 1.5mm，棒料退回到 2.5mm 处，螺纹车刀快进至工件直径 10mm 处。分六次进给车螺纹，螺纹车刀依次进给到工件直径 7.36mm，6.92mm，6.64mm，6.48mm，6.38mm，6.38mm 处，每次进给主轴箱纵向进给 11mm，进给速度为 1.25mm/r，主轴正转，转速为 1000r/min。车螺纹结束，车刀快速上升抬刀。

工步⑥车左端外圆 $\phi$8mm 和倒角，换刀到 T3，T3 车刀刀偏 2.5mm；主轴箱纵向快速前进到 17mm 处，定位切台阶端面坐标；T3 车刀径向进给到工件直径 8mm 处，进给速度为 0.03mm/r，主轴正转，转速为 3000r/min；车刀不动，主轴箱纵向进给到 29.5mm 处，进给速度为 0.03mm/r；然后主轴箱纵向进给到 30.5mm 处，T3 车刀径向进给到工件直径 6mm 处，进给速度为 0.03mm/r，主轴正转，转速为 3000r/min；倒角后，排刀架快速上升抬刀。

工步⑦钻径向中心孔，刀具 T10，主轴箱纵向进给到 35.0mm 处，定位径向孔坐标；主轴分度到"0"度；钻中心孔，动力刀具转速为 4500r/min。

工步⑧钻径向孔 $\phi4$，刀具 T11，动力刀具转速为 4500r/min，每分钟进给 225mm；动力刀具停止。

工步⑨切断，换刀到切断刀 T2，切断刀刀偏 1.5mm；主轴箱纵向快速前进到 30mm 处，定位切断面坐标；切断刀在 X 向进给到过中心线 0.5（工件直径 1）mm 处，进给速度为 0.02mm/r，主轴正转，转速为 3500r/min；切断结束。

切断刀切断进行挡料，主轴箱退回到编程零点，开始新的工作循环。

加工工艺过程拟订之后，以此编写数控加工程序，机床按照程序指令就可进行自动加工了。有关数控编程的知识，详见本书"数控机床"一章的相关内容。

## 习题和思考题

2-1　分析 CA6140A 型卧式车床的传动系统：

（1）计算主轴高速转速时扩大螺纹导程的倍数并进行分析；

（2）扩大螺纹导程为 4 倍和 16 倍时，计算主轴的转速并进行分析；

（3）分析车削径节螺纹时的传动路线，列出运动平衡式，说明为什么此时能车削出标准的径节螺纹；

（4）通过传动分析来证明横向机动进给量是纵向机动进给量的 50%；

（5）为什么主轴箱中有 2 个换向机构？是否可以取消其中的一个？

（6）溜板箱中的换向机构有什么用途？

（7）进给箱中的离合器 $M_3$、$M_4$ 和 $M_5$ 的功用是什么？是否可以取消其中的一个？

2-2　在 CA6140A 型卧式车床上车削下列螺纹时，写出运动平衡式，并确定车削这些螺纹时基本组和增倍组的传动比以及可采用的主轴转速范围。

（1）导程 $Ph$ 为 8mm 的米制螺纹

（2）螺纹线数 K 为 2，模数 m 为 3mm 的模数螺纹

（3）每英寸螺纹长度上的扣数 a 为 4 的寸制螺纹

2-3　分析 CA6140A 型卧式车床的主轴箱结构：

（1）主轴的 5 个自由度是如何限制的？

（2）主轴承受的轴向力是如何传递给箱体的？

（3）动力由电动机传到 Ⅰ 轴时为什么要采用卸荷带轮？

（4）安装在 Ⅰ 轴上的摩擦离合器的功用是什么？传递的转矩与哪些因素有关？如何调整？

2-4　卧式车床进给传动系统中，为何既有光杠又有丝杠来实现刀架的直线运动？

2-5　CA6140A 型卧式车床主传动链中，能否用双向牙嵌离合器或双向齿轮式离合器代替双向多片式摩擦离合器，实现主轴的开停及换向？在进给传动链中，能否用单向摩擦离合器或电磁离合器代替齿轮式离合器 $M_3$、$M_4$、$M_5$？为什么？

2-6　溜板箱的功用是什么？为什么卧式车床溜板箱中要设置互锁机构？丝杠和光杠能

否同时接通？

2-7 卧式车床主轴的径向圆跳动及轴向窜动对工件加工表面质量有何影响？根据 CA6140A 型卧式车床主轴结构图（图 2-10），说明调整主轴前轴承间隙的方法。

2-8 分析 C620-1 型卧式车床的传动系统（图 2-35）：

（1）写出主运动传动链的传动路线表达式；

（2）分析主轴转速级数并计算主轴最低转速和最高转速；

（3）写出车米制螺纹和寸制螺纹时的传动路线表达式；

（4）分析扩大螺纹导程机构，并计算扩大倍数。

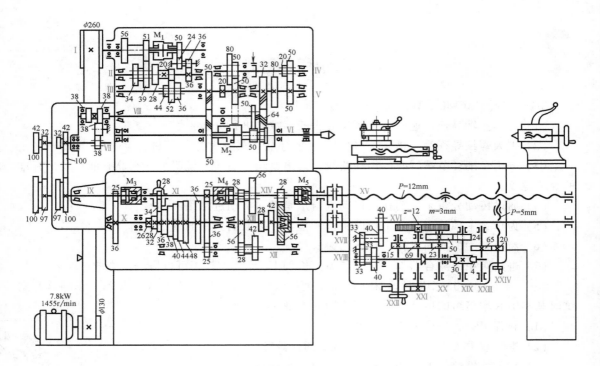

图 2-35 C620-1 型卧式车床传动系统图

2-9 比较 CA6140A 型卧式车床（图 2-4）和 CK3263B 型数控转塔车床（图 2-36）的传动系统，说明车床数控化如何简化传动结构。

2-10 CK3263B 型数控车床的传动系统图中，主电动机 $M_1$ 的最低转速为 252r/min，最高转速为 2660r/min。

（1）写出主运动传动链的传动路线表达式，并计算主轴的最高转速；

（2）列出计算主轴最低转速的平衡式并计算主轴的最低转速；

（3）图 2-36 中轴 Ⅳ 上的主轴脉冲发生器 P 在传动链中的功用是什么？

2-11 通过分析 CKN1112Ⅱ 型数控纵切自动车床的传动系统和工作循环，说明数控化如何将自动车床的凸轮控制变成了 CNC 控制？

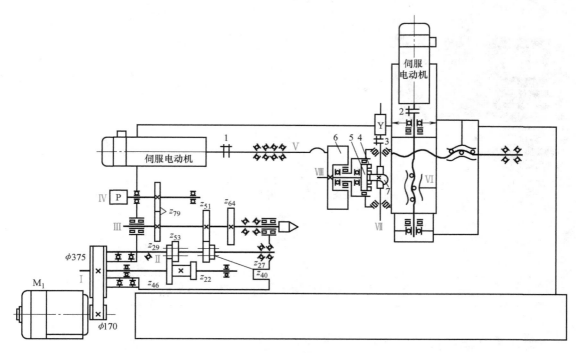

图 2-36 CK3263B 型数控转塔车床的传动系统

# 第三章

# 数控机床

## 第一节　数控机床的产生和特点

### 一、柔性生产自动化和数字控制

生产过程的自动化是工业现代化的重要标志之一，它对提高劳动生产率、保证产品质量、改善劳动条件和降低生产成本都有非常重要的意义。在大批大量生产中，采用自动机床、组合机床和专用自动线就可以较好地解决自动化生产问题。但这种设备的第一次投资费用大，生产准备时间长，在更改工艺装备时，需要很多的安装调整时间。如果工件的生产批量不大，均分到单个工件的时间和费用就很大；同时，若经常改装与调整设备，对于专用生产线来说甚至是不可能的。因此，这种"刚性"的自动生产线是不适应单件小批量生产的。

在机械制造工业中，中小批量及单件生产约占机械加工总量的80%以上，尤其是在航天航空、造船、重型机械和国防等部门，产品的生产批量不大，生产周期要求短，改型频繁，精度要求高，零件形状又很复杂，这就要求加工这些产品的机床设备具有较大的"柔性"，即机床具有很广的通用性，并能快速调整。如果使用普通机床去制造这类零件，不仅劳动强度大、效率低，而且精度难以保证，甚至无法加工。柔性自动化（flexible automation）可在产品改型时，机床经短期调整就能适应。因此，这类机床不仅适用于小批生产，也适用于大量生产，以适应改型频繁的要求。

随着社会生产和科学技术的迅猛发展、市场竞争的日益激烈，各种机械产品都在不断地更新换代，以满足社会发展和市场变化的需要，数字控制机床就是在这样的背景下产生和发展起来的。它为单件、小批生产的精密复杂零件提供了自动化加工手段，为适应产品不断更新换代的需要提供了"柔性"的自动化设备。

数字控制机床简称数控机床，是一种按加工要求预先编制的程序，以数字量作为指令信息形式，通过计算机控制的机床，或者说是装备了数控系统的机床。它从20世纪50年代初期问世以来，已取得飞速发展。近些年来，随着计算机技术，特别是微型机技术的发展及其在数控机床中的应用，机床数控技术从传统数控（numerical control，NC）发展到计算机数控（computer numerical control，CNC）。计算机数控机床是综合应用了计算机、微电子、自动化和精密测试等技术的最新成就而发展起来的，是一种灵活而高效的自动化机床。

数字控制就是用不连续的数字信息控制生产过程。在数控机床上加工工件时，预先把加工过程所需的全部信息（如各种操作、工艺步骤和加工尺寸等）利用数字或代码化的数字量表示出来，编出控制程序，送入专用或通用的计算机，计算机对输入的信息进行处理与运算，发出各种指令来控制机床的各执行元件，使机床按照给定的程序，自动加工出所需要的工件。数控机床在加工对象改变时，一般只需要更换加工的程序就可以了，无须像其他自动机床那样，重新制造凸轮或调整机床。由于数控机床具有较大的灵活性，特别适用于生产对象经常改变的情况，并能比较方便地实现对复杂零件的高精度加工，因而它是实现柔性生产自动化的重要设备。

## 二、数控机床的特点和用途

### （一）数控机床的特点

数控机床与一般机床相比大致有以下几方面的优点。

**1. 具有较强的适应性和广泛的通用性**

数控机床的加工对象改变时，只需要重新编制相应的程序，并输入计算机就可以自动地加工出新的工件。因此数控机床加工易于实现加工零件的转变，这就为单件、小批及试制新产品提供了极大的便利。即使对于同类工件系列中不同尺寸、不同精度的工件，只要局部修改零件加工程序的相应部分，花费很短的生产准备时间就可以把修改后的工件制造出来，为产品的不断更新创造了有利条件。由于数控机床加工工件时，几个位置坐标可以联动，从而解决了复杂表面的加工问题。

随着数控技术的迅速发展，数控机床的柔性也在不断地发展，逐步向多工序集中加工方向发展。使用数控车床、数控铣床和数控钻床等机床时，分别只限于各种车削、铣削或钻削等加工。然而，在机械工业中，多数零件往往必须进行多种工序的加工。这种零件在制造中，大部分时间用于安装刀具、装卸工件、检查加工精度等，真正进行切削的时间只占30%左右。在这种情况下，单功能数控机床就不能满足要求了。因此出现了具有刀库和自动换刀装置的各种加工中心，如车削加工中心，镗铣加工中心等。车削加工中心用于加工回转体，且兼有铣（铣键槽、扁头等）、镗、钻（钻横向孔等）等功能。镗铣加工中心用于箱体零件的铣、镗、钻、扩、铰和攻螺纹等工序。近些年来又相继出现了复合加工机床，将车削、铣削功能融合在一台机床上，自动完成一个工件的大部分或所有工序。复合加工机床具有更强的适应性和更广的通用性。

**2. 获得更高的加工精度和稳定的加工质量**

数控机床是按照数字形式给出的指令脉冲进行加工的，脉冲当量（数控装置每输出一个指令数字单位，机床移动部件的最小位移量）目前可达到 $0.0001\sim0.01$mm，进给传动链的反向间隙与丝杠螺距误差等均可由数控装置进行补偿，所以可以获得较高的加工精度。

当加工轨迹是曲线时，数控机床可以做到刀具沿轮廓进给时，进给量保持恒定，这样加工精度和表面质量不受零件形状复杂程度的影响。工件的加工尺寸是按预先编好的程序由数控机床自动保证的，可以避免操作误差，使得同一批加工零件的尺寸一致，重复精度高，加工质量稳定。

**3. 具有较高的生产率**

数控机床不需要人工操作，四面都有防护罩，不用担心切屑飞溅伤人，可以充分发挥刀具的切削性能，因此数控机床的功率和机床刚度都比普通机床高，允许进行大切削用量的强力切削。主轴和进给都采用无级变速，可以达到切削用量的最佳值，这就有效地缩短了切削时间。

数控机床在程序指令控制下，可以自动换刀、自动变换切削用量、快速进退等，因而大大缩短了辅助时间。在数控加工过程中，由于可以自动控制工件的加工尺寸和精度，一般只需进行首件检验或工序间关键尺寸的抽样检验，因而可以减少停机检验的时间。

在使用具有自动换刀功能的加工中心时，工序集中，一次装夹可以完成大部分加工工序，有效地提高了生产效率。

数控机床在更换加工零件时，几乎不需要重新调整机床，不需制造专用的工夹具，生产准备时间相应缩短，从而提高了生产率。

**4. 改善劳动条件，减轻操作人员的劳动强度**

在数控机床上加工工件时，操作人员一般只需安放信息载体或操作键盘，装卸工件，对关键工序进行中间测量以及监督机床的运行，不需要直接进行繁重的重复性手工操作，劳动强度大为减轻，劳动条件也得到相应的改善。当然，对操作人员的文化技术要求也提高了。数控机床的操作人员既是体力劳动者，也是脑力劳动者。

**5. 便于现代化的生产管理**

用计算机管理生产是实现管理现代化的重要手段。数控机床的切削条件、切削时间等都是由预先编好的程序决定的，都能实现数据化，便于准确地编制生产计划，为计算机管理生产创造了有利条件。

数控机床使用数字信息和标准代码输入，最适宜与计算机联系，目前已成为计算机辅助设计、辅助制造和计算机管理一体化的基础。

以上这些特点，使数控机床于20世纪50年代问世后，开创了数控技术应用的新纪元，应用范围已从单件小批生产扩展到大批大量生产领域。机械制造工业，从第一阶段的手工业生产（操作人员既是操作者又是动力来源）、第二阶段的机械化生产（操作人员直接操作机床）进入第三阶段的自动化生产：操作人员调整计算机，由计算机操作机床。每上升一个阶段，劳动生产率可提高数倍。

**（二）数控机床的用途**

目前，数控机床的价格还较贵，设备首次投资也较大。由于综合应用了机、电、液和计算机技术等，对操作和维修技术要求也高。但是数控机床作为具有高科技含量的现代化"工作母机"，已经成为当代机械制造业的主流设备，应用范围越来越广，在先进制造技术中，在国民经济各部门的技术改造和为其提供优质装备过程中，起着日益显赫的作用。

# 第二节 数控的工作原理

数控机床加工零件的过程如图3-1所示。

数控加工不需要操作人员直接操纵，但机床必须执行人的意图。技术人员首先按照加工零件图样的要求，编制加工程序（program），用规定的代码和程序格式，把人的意图转变为

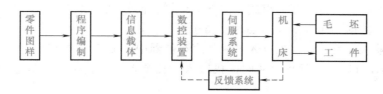

图 3-1 数控机床加工零件的过程

数控机床所能接收的信息（information）。把这种信息记录在信息载体（例如磁带或磁盘）上，输送给数控装置，数控装置对输入的信息经过处理之后，向机床各坐标的伺服系统（servo system）发出指令信息，驱动机床相应的运动部件（如刀架、工作台等）并控制其他必要的操作（如变速、换刀、开停冷却泵等），从而自动地加工出符合图样要求的工件。图3-1 中虚线构成了闭环控制系统，通过反馈装置将机床的实际位置、速度等参数检测出来，并将这种信息反馈输送给数控装置。可见，数控加工的过程是围绕信息的交换进行的，一般要经过信息的输入、信息的处理、信息的输出和对机床的控制等几个主要环节。

## 一、信息的输入

为使数控加工的自动工作循环执行人的意图，必须在人-机之间建立某种联系，这种联系的媒介称为信息载体。在操作数控机床前，先根据零件图样上规定的形状、尺寸和技术条件，编出零件的加工程序，按照规定的格式和代码记录在信息载体上。信息载体也称控制介质，它可以是穿孔纸带、磁带或磁盘以及手动键盘等各种存储代码的载体，至于采用哪一种，则取决于数控装置的类型。

在数控机床中，从前较为普遍采用的一种信息载体是八单位标准穿孔带，其部分实例如图 3-2 所示。

纸带穿孔由八单元打孔机按程序单及规定的代码打制，所谓代码就是由一些小孔按一定规律排列的二进制图案，每一行上孔的不同排列方式分别表示一个十进制数字或一个文字符号。目前国际上常用的标准代码有两种，即所谓 EIA（electronic industries association）代码和 ISO（international organization for standardization）代码。我国规定 ISO 代码为标准代码。根据程序单上的某一程序段，按 ISO 代码制作的部分穿孔带如图 3-2 所示。这样，就把将要输入的信息，以代码的形式存储在信息载体（即穿孔纸带）上。现在穿孔纸带已经被淘汰了，但是打制纸带所用的 7 位二进制数表示一个字符或数字的代码（ISO 代码），仍然是当前国际通用的数控编程标准代码，它有助于理解数控编程的基本原理。

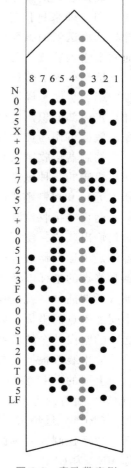

图 3-2 穿孔带实例

信息输入的方式通常有手动和自动之分。自动输入时，常使用以磁带、磁盘等为信息载体的信息输入装置，如纸带阅读机、磁带机等。

手动输入信息时，一般使用键盘。键盘是微机系统最常用的人机对话输入设备，它由排列成矩阵形式的一系列按键开关组成。按下一个键，向微型计算机输入一个相应的数字码。这就是手动输入数据 MDI（manual data input）。

加工程序输入计算机后，先存入零件程序存储器中，加工时再从存储器一段一段地往外调。也有的 CNC 机床，零件程序从阅读机输入数控装置后，直接送去信息处理，机床边读入，边加工。

## 二、信息的处理

加工零件的信息输入数控装置以后，接着就是信息的处理。数控装置的信息处理过程如图 3-3 所示。图 3-3 中点画线所包含的部分就是数控装置，图中的箭头表示信息流。

数控装置是数控机床的中枢，由它接收和处理来自信息载体的加工信息，并将其输送到伺服系统执行。数控装置

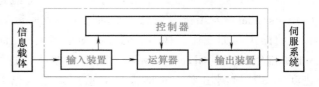

图 3-3　数控装置的信息处理过程

通常由输入装置、运算器、输出装置和控制器四大部分组成。

信息载体上的各种指令信息首先输送给输入装置，由此开始了信息处理的过程。信息处理的第一步就是译码。译码就像是一个翻译，它将用标准数控代码写的零件加工程序翻译成计算机内能识别的语言。译码后将控制指令送入控制器，将数据送入运算器。这些控制指令与数据将作为控制与运算的原始依据。

控制器接收输入装置来的各种控制指令，根据这些指令控制运算器和输出装置，以实现对机床的各种操作（例如控制刀具或工作台沿某一坐标轴运动，控制主轴变速或切削液开关等）和控制整机的工作循环（例如控制运算器运算，控制阅读机的起动和停止等）。

运算器接收控制器的指令，将输入装置送来的数据进行某种运算，并将运算结果不断输送到输出装置，使伺服系统执行所需要的运动。加工复杂零件的轮廓时，信息处理的重要内容就是由运算器进行运动轨迹的插补运算。因为零件加工程序一般只给出工件某段轮廓的起点和终点的坐标以及形状规律的信息，刀具（或工件）的运动轨迹必须通过插补运算来保证。所谓插补，就是在工件轮廓上某起始点和终点之间，根据形状规律由运算器算出一系列中间加工点的坐标，以使两点间的运动轨迹与被加工零件的轮廓相符合。这种把起点和终点之间的空白补全的填补工作是通过插补运算完成的。

输出装置根据控制器的指令将运算器送来的计算结果输送到伺服系统。

上述的数控装置是一种专用计算机，曾被早期的数控机床所采用，称为普通数控（NC）。随着微电子和计算机技术的发展，数控装置采用了小型通用计算机，称为计算机数控（CNC）。近年来国际上大都采用成本低、功能全的微型计算机来取代小型计算机进行机床的数字控制，简称微机数控（micro computer numerical control，MNC）。但是人们习惯上仍称 MNC 为 CNC。

微机数控对信息的处理过程与上述普通数控基本相同，只是由于采用通用的硬件，各种信息处理功能可通过软件来实现，图 3-4 所示为微机数控的原理图。

图 3-4 中点画线所包含的部分就是微型计算机（简称微机），图中的箭头表示信息流。微机的核心部分是中央处理单元（central processing unit，CPU），又称为微处理器，是一种

大规模集成电路，它将普通数控中的运算器和控制器等集中在一块集成电路芯片中。微机的输入与输出电路也采用大规模集成电路，即所谓输入/输出（I/O）接口，由它完成普通数控中输入装置与输出装置的功能。微机中拥有较大容量的存储器，用于存放系统程序，也称为系统软件。普通数控装置的部分或全部功能在微机数控中是通过系统软件实现的。而这种软件并非微机本身所具有，它要求用户

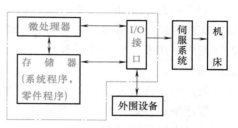

图 3-4　微机数控的原理图

根据功能需要自行设计，不同的信息处理功能可通过改变软件来实现，因此微机数控更为灵活和经济，加工零件的数控程序可以通过键盘或光电阅读机等外围设备输入到微机的存储器中，加工时再由存储器逐段调出，以备信息处理。信息处理的结果输送到伺服系统。微机与外围设备和机床之间的联系通过 I/O 接口来实现。

### 三、信息的输出和对机床的控制

信息处理之后，计算机算出机床各执行元件的移动分量，通过 I/O 接口电路输送给各坐标轴的伺服系统。

数控机床伺服系统是以机械位移为直接控制目标的自动控制系统，也称为位置随动系统。伺服系统的输入与微机接口相连，接受微机指令的控制。其输出与机床的机械运动机构相连，完成预期的直线或转角位移。高性能的伺服系统还由位置检测元件反馈实际的输出状态，构成位置闭环控制。

计算机数控系统对机床的控制，通过对机床伺服系统中驱动元件的控制来实现。目前大都采用直流伺服电动机或交流伺服电动机作为伺服系统的驱动元件。伺服电动机的工作特性是恒转矩输出，可以满足机床进给传动系统的动力要求。

图 3-5 所示为微机对机床的控制原理框图，由图 3-5 可知，微机对机床的控制必须通过相应的 I/O 接口电路完成。接口电路的作用一方面是作为微机与机床联系的信息 I/O 通道，另一方面是将微机与机床隔离，从电气上起到一定的保护作用。

微机对伺服系统驱动元件的控制包括位置控制和速度控制。例如，当用步进电动机作为伺服系统的驱动元件时，由于步进电动机的角位移与输入脉冲个数成正比，因此，微机发出的脉冲信号的数量就可以进行位置控制，机床数控系统每发出一个脉冲信号，步进电动机就有一个相应的角位移（称为步距角），通过机械传动装

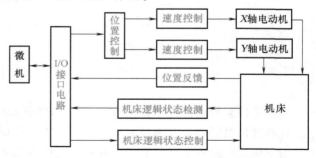

图 3-5　微机对机床的控制原理框图

置，机床的执行部件（工作台或刀架）就有一个相应的位移量。相对于每一个脉冲信号的机床部件的位移量称为最小设定单位，也称为脉冲当量，它的大小取决于机床的加工精度，一般为 0.01~0.001mm，其值越小，加工精度越高。数控系统发出脉冲的频率（单位时间发出脉冲的数量）控制步进电动机运行的速度，也就是控制机床执行部件的运动速度。

对于位移精度和速度要求较高的机床，往往需要检测机床坐标运动的实际位置和速度，以提高控制精度，所以还具有位置反馈和速度反馈环节。位置控制可以由软件完成，也可由硬件完成。主要任务是在采样周期内将位置反馈数值与指令位置相比较，算出差值以控制伺服电动机。

机床的工作状态，例如主轴转速是否符合要求，主轴负载力矩是否过大，工作台是否越程，机床液压系统的压力是否正常等，都要通过传感元件检测出来，通过机床逻辑状态检测输入接口电路输送给计算机。

机床逻辑状态控制接口电路主要用于机床的主轴电动机的起动和停止、冷却泵的开启、液压泵的起停及换刀等开关量的控制。

# 第三节　数控机床的伺服系统

机床的伺服系统是指以机床移动部件的位置和速度作为控制量的自动控制系统。它是计算机（包括其他数控装置）和机床的联系环节，是数控机床的重要组成部分。数控机床的精度和速度等技术指标，往往主要取决于伺服系统。

数控机床的伺服系统按其控制方式分为开环、闭环和半闭环三大类，实际上这就是指伺服系统实现位置伺服控制的三种方式。

## 一、开环控制

从系统控制的观点，开环控制只有从指令位置输入到位置输出的前向通道控制，而没有测量实际位置输出的反馈通道。图 3-6 所示为开环伺服系统的原理图，它由步进电动机及其驱动线路等组成，如图中点画线所包含的部分。伺服系统的输入就是数控装置输出的信息（即指令脉冲，也称进给脉冲）；伺服系统的输出与机床的机械运动机构相连，完成预期的直线或转角位移。

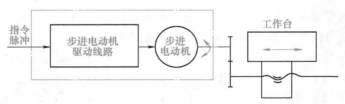

图 3-6　开环伺服系统的原理图

来自数控装置的指令脉冲，在步进电动机驱动线路的控制下，由步进电动机变换为转角，再通过齿轮副和丝杠螺母副带动机床工作台移动。具体控制过程如下：

如上所述，对应于每一个进给脉冲，工作台移动一个脉冲当量的距离。控制进入步进电动机的脉冲数量，可以控制它的转角大小，从而控制工作台的位移量。控制进入步进电动机的脉冲频率，可以控制它的转速快慢，从而控制工作台的进给速度。改变步进电动机各绕组的通电顺序，可以使步进电动机正转或反转，从而改变工作台的运动方向。

步进电动机驱动线路的功能就是将来自数控机床控制系统的具有一定数量、一定频率和方向的进给脉冲转换成控制步进电动机各相定子绕组通电、断电的电平信号变化次数、变化频率和通断电顺序，从而控制工作台的位移量、进给速度和方向。

开环伺服系统不对控制的结果（即被控量，例如图3-6中工作台的移动量）进行任何检测，只是根据输入信号进行控制，在控制过程中，对控制结果可能出现的偏差没有进行修正的能力，系统中的各部分误差都折合为系统的位移误差，因此精度较差。步进电动机的最高工作频率又限制了进给速度的提高。但由于它不对被控量进行检测，因此，系统结构简单，易于调整，设备投资少。在对精度和进给速度要求不高的经济型数控机床中，开环系统仍得到应用。

随着计算机在开环系统中的应用，除了能实现软件插补等基本功能外，脉冲的分配和电动机正反向控制也可以用软件来实现。减速齿轮的传动间隙、丝杠螺母副的传动间隙以及丝杠的螺距累积误差等都可以用软件实现补偿，从而提高了系统的传动精度，并使系统的硬件更为简化。

## 二、闭环控制

对于精度和速度要求较高的机床，采用开环数控系统，往往不能满足要求。因为在机械传动机构中总会有间隙之类的误差存在，所以工作台所走的实际位移与数控输入指令所决定的位移是不能完全相符的，总会有一定的误差。为了进一步提高机床的加工精度，就需要采用带有位移检测装置反馈的闭环伺服系统。

闭环伺服系统主要由比较环节、驱动线路、执行元件、反馈检测单元和机床等部分组成，如图3-7所示。

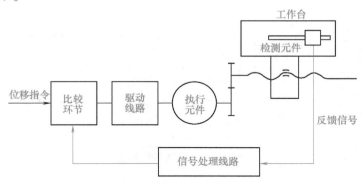

图 3-7 闭环伺服系统

反馈检测单元分为检测元件和相应的信号处理线路两部分。检测元件把工作台的实际位置检测出来，经信号处理线路把工作台的机械位移转变成数字量电脉冲。安装在工作台上的检测元件有感应同步器、光栅、磁尺、编码尺等。

比较环节的作用是将指令信号和反馈信号进行比较，若两者相等，比较器的输出为零，说明工作台实际移动的距离等于指令信号要求工作台移动的距离，执行元件停止驱动工作台移动；若两者不相等，说明工作台实际移动的距离还不等于指令信号要求工作台移动的距离，执行元件继续带动工作台移动，直到比较器输出为零时停止。

由于比较环节输出的信号比较微弱，不足以驱动执行元件，故需进行电压和功率放大，然后驱动执行元件带动工作台。驱动线路正是为此而设置的。

执行元件的作用是根据控制信号，即来自比较环节的指令信号和反馈信号的差值，将表示位移量的电信号转化为机械位移。常用的执行元件有直流伺服电动机、交流伺服电动机和液压马达等。

由此可见，闭环伺服系统是指从系统的输出端（如工作台）取出的变化量（反馈信号）与输入量（指令信号）进行比较，产生一个偏差信号对伺服系统进行控制。闭环伺服系统是以运动的最终效果为准，可以消除包括机床工作台在内的误差，从而得到较高的加工精度。但这一系统把机械系统包含在闭环之内，由于机床工作台的惯量大，如果设计不合适，会使系统的稳定性不足，产生振荡。闭环控制系统复杂、成本高、调试维修困难，因此这种系统适用于精度要求较高的数控机床。

### 三、半闭环控制

半闭环伺服系统中，通过测量伺服电动机轴或滚珠丝杠的转角，推算出工作台的位移量。它与闭环伺服系统的区别在于，检测元件不是直接安装在工作台等移动部件上，而是安装在传动链的旋转部位上，如伺服电动机轴或丝杠端部。由于反馈量取自转角，而不是工作台的实际位移，丝杠和工作台未包括在反馈环内，因而称为半闭环伺服系统。由于该系统不包括惯量很大的机床工作台，使得系统稳定性易于保证。与闭环伺服系统相比，测量转角比较容易，结构较简单，调试和维护也易于掌握。机床的定位精度比开环系统高，但由于未消除丝杠和机床工作台部分的误差，比起闭环伺服系统要低一些。该系统如图 3-8 所示。目前，半闭环伺服系统在数控机床中占多数。

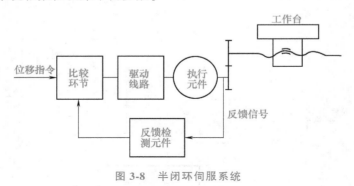

图 3-8　半闭环伺服系统

## 第四节　数控机床的程序编制

### 一、程序编制的基本概念

程序编制，就是根据加工零件图样的要求，用规定的代码和程序格式，把加工零件的全部工艺过程、工艺参数、刀具位移量及其他辅助动作（换刀、冷却等）编成加工程序单，并将其全部内容记录在信息载体上。从零件图样的分析开始，到获得数控机床所需的信息载体（如磁带或软盘等）的全过程称为程序编制。

（一）程序格式和结构

程序格式就是有关字母、数字和符号的安排和含义的规定。不同的数控系统往往有不同的程序格式，目前应用最广泛的是字地址程序格式。这种程序格式的优点是程序简短、直观、不易出错，故逐渐取代了其他程序格式。下面介绍这种程序格式的结构。

例 3-1　某一加工程序为

```
%
N001   G01   X70   Z-25   F0.2   S300   T0101   M03   LF
N002         X100   Z-50
    ⋮
N025   G00   X400   Z300                         M02   EM
```

符号"%"表示程序开始，以 M02 EM 作为全程序的结束。此例表明，一个完整的加工程序由若干程序段组成，如本例由 25 个程序段组成。

每个程序段表示一种操作，它用序号"N"开头，用 LF 结束。程序段是由一个或若干字组成的。如第一条程序除程序段结束字符"LF"外，由 8 个字组成。

每个字表示一种功能，如 N001 表示第一条运行的程序段，G01 表示直线插补……每个字都由字母开头，表示地址。地址字母后面的数字位数可多可少（以最大允许位数为限）。各字的先后排列顺序并不严格。不需要的字以及与上一程序段相同的续效字可以不写。如上例 N002 程序段中，G01、F0.2、S300、T0101、M03 这些续效字继续有效。组成字的每个字母或数字称为字符，例如 G01 这个字是由 G、0 和 1 这样 3 个字符组成的。

字地址程序格式中，一个程序段内各地址字母的意义说明如下：

（1）程序段序号　程序段序号字一般由字母 N 和三位数字组成，例如 N001、N002 等。

（2）准备功能 G　它是使机床准备好某种加工方式的指令，如插补、刀具补偿等。G 功能由地址符 G 及其后的两位数字组成，从 G00~G99 共 100 种。一些现代系统将 G 代码后面的数字扩展到三位或者更多。国际标准 ISO 6983-1 和国家标准 GB/T 8870.1—2012《自动化系统与集成　机床数值控制程序格式和地址字定义 第 1 部分：点位、直线运动和轮廓控制系统的数据格式》规定的 G 代码功能见表 3-1。

表 3-1　准备功能 G 代码

| 代码 | 功能 | 作用范围[①] | 代码 | 功能 | 作用范围[①] |
|---|---|---|---|---|---|
| G00 | 快速定位 | FRC(a) | G20~G24 | 未指定[②] | DDFC |
| G01 | 直线插补 | FRC(a) | G25~G29 | 永久不指定[④] | DDFC |
| G02 | 顺时针圆弧插补圆弧 | FRC(a) | G30~G32 | 未指定[②] | DDFC |
| G03 | 逆时针圆弧插补圆弧 | FRC(a) | G33 | 螺纹切削,恒螺距 | |
| G04 | 暂停 | TBO | G34 | 螺纹切削,增螺距[③] | FRC(a) |
| G05 | 未指定[②] | DDFC | G35 | 螺纹切削,减螺距[③] | |
| G06 | 抛物线插补 | FRC(a) | G36~G39 | 永久不指定[④] | DDFC |
| G07~G08 | 未指定[②] | DDFC | G40 | 取消刀具补偿 | FRC(d) |
| G09 | 精确停[③] | TBO | G41 | 刀具补偿,左 | FRC(d) |
| G10~G16 | 未指定[②] | DDFC | G42 | 刀具补偿,右 | |
| G17 | 选择 XY 平面 | FRC(b) | G43 | 刀具偏置,正[③] | FRC(＊d) |
| G18 | 选择 ZX 平面 | FRC(b) | G44 | 刀具偏置,负[③] | |
| G19 | 选择 ZY 平面 | FRC(b) | | | |

（续）

| 代码 | 功能 | 作用范围[1] | 代码 | 功能 | 作用范围[1] |
|---|---|---|---|---|---|
| G45~G52 | 未指定[2] | DDFC | G80 | 取消固定循环 | FRC（e） |
| G53 | 取消尺寸偏移[3] | FRC（f） | G81~G89 | 固定循环 | FRC（e） |
| G54~G59 | 零点偏移[3],[5] | FRC（f） | G90 | 绝对尺寸[3] | FRC（i） |
| G60 | 精确停[3] | FRC（g） | G91 | 增量尺寸[3] | FRC（i） |
| G61~G62 | 未指定[2] | DDCF | G92 | 寄存器预置[3] | TBO |
| G63 | 攻丝[3] | TBO | G93 | 反比时间进给[3] | FRC（k） |
| G64 | 连续路径方式[3] | FRC（g） | G94 | 每分钟进给 | FRC（k） |
| G65~G69 | 未指定[2] | DDCF | G95 | 每转进给 | FRC（k） |
| G70 | 英制尺寸输入[3] | FRC（m） | G96 | 恒线速度 | FRC（l） |
| G71 | 公制尺寸输入[3] | FRC（m） | G97 | 每分钟转数[3] | FRC（l） |
| G72~G73 | 未指定[2] | DDCF | G98~G99 | 未指定[2] | DDFC |
| G74 | 回参考点[3] | TBO | G100~G999 | 未指定[2] | DDFC |
| G75~G79 | 未指定[2] | DDCF | | | |

① 本表使用缩写的含义如下：DDFC—在详细格式分类中定义；FRC（a）—功能保持到被相同字母的一组指令（模态）取消或禁止。出现（＊d）的情况；TBO—仅仅这个程序段；功能只作用在出现的程序段中。

② 具有单独用途的未指定代码，在未来的标准或新版本中，这些未指定的准备功能代码可能分配特定的含义。

③ 当该代码没有用于描述的用途或控制器没有提供该功能时，该未指定代码会用于其他用途。

④ 永久不指定代码或有单独用途，或在将来的新版本中也不打算使用的代码。

⑤ 以前指定的轴。

表中功能栏目带有上标②、③、④和⑤等的各项 G 代码的功能，在表下方的注释中有附带说明，如带有上标②的"未指定"代码，用作将来修订标准时，有可能指定新的功能定义；带有上标④的"永久不指定"代码，即使将来修订时也不指定新的定义。数控编程时可根据需要自行定义除表中已有定义的新功能，并在说明书中予以规定。

表中作用范围栏目所列缩写字母的含义，见表注，如 FRC（a）、FRC（b）等所对应的 G 代码为续效代码。它表示一经被应用［如 FRC（a）组中的 G01］，直到出现同组［FRC（a）组］其他任一个 G 代码（如 G02）时才失效，否则在下一个程序段保留继续有效，而且可以省略不写。作用范围栏目中有符号 TBO 的 G 代码，仅在本程序段有效，下一个程序段需要时必须重写。

（3）尺寸字 尺寸字是给定机床各坐标轴位移量的方向和数值的。在例 3-1 的加工程序中，X70 字表示刀具位移至 X 轴正向 70mm 处，Z-25 字表示刀具位移至 Z 轴负方向 25mm 处。坐标尺寸数据多用以 mm 为单位的小数点编程，也有用相应的脉冲数编程。如果脉冲当量（即输出一个指令数字单位，机床移动部件的最小位移量）为 0.001mm，则用脉冲数编程时，Z-25 写为 Z-25000。

（4）进给功能 F 进给功能字由进给地址符 F 及数字组成，数字表示所选定的进给速度。例 3-1 加工程序中的 F0.2 字为进给量 0.2mm/r，对于与主轴转速无关的进给速度，单位为 mm/min，车削螺纹时为 mm/r。进给功能字中不包括进给单位。

对应于某一坐标轴的进给功能字要写在该坐标字之后，对应于该程序段两坐标或多坐标的共同进给功能字，则写在最后一个坐标字之后。例 3-1 加工程序中的 F0.2 就是 $X$ 和 $Z$ 两坐标的共同进给功能字。

（5）主轴转速功能 S 主轴转速功能字由地址符 S 和数字组成，数字表示所选定的主轴转速。上例加工程序中的 S300 字表示主轴转速为 300r/min。主轴转速功能字中不包括转速单位，转速单位统一规定为 r/min。

（6）刀具功能 T 刀具功能字由地址符 T 和数字组成，数字表示指定刀具的号码。在数控车床上通常把刀具号和刀补拨码盘号合在一起，用两位数字或四位数字表示刀具功能。如例 3-1 加工程序中 T0101 字，前两位数字表示选 1 号刀，后两位数字表示用第一号拨码盘进行刀具补偿。T 功能字中数字的位数及其所代表的刀具名称和刀补号，由各种数控机床的程序格式说明具体规定。

（7）辅助功能 M 它是控制机床开、关功能的指令。如主轴的开、停，切削液的开、闭，运动部件的夹紧与松开等辅助动作。M 功能字由地址符 M 及其后的两位数字组成，参照 ISO 6983-1 和 GB/T 8870.1，对 M 代码功能摘录在表 3-2。

表 3-2 辅助功能 M 代码

| 代码 | 功能 | 注释[1] |
|---|---|---|
| M00 | 程序停 | AAM TBO |
| M01 | 任选停（需设计） | AAM TBO |
| M02 | 程序结束 | AAM TBO |
| M03 | 主轴顺时针转动 | FRC |
| M04 | 主轴逆时针转动 | FRC |
| M05 | 主轴停止 | FRC |
| M06 | 换刀 | DDFC TBO |
| M10 | 夹紧工件 | DDFC |
| M11 | 松开工件 | TBO |
| M30 | 数据结束 | AAM TBO |
| M48[2] | 取消 M49 | |
| M49[2] | 倍率无效 | AAM |
| M60[2] | 更换工件 | AWM TBO |

[1] 表中注释栏使用的缩写含义如下：

AAM—运动之后的作用：完成本程序段所有指令的运动后功能起作用；AWM—运动中起作用：与本程序段指令运动同时功能起作用；DDFC—在详细格式分类中命名；FRC—功能保持到删除为止：功能保持到被随后的相关指令取消或代替（模态）；TBO—仅此程序段：只作用在出现的程序段。

[2] 这些 M 代码用于特定用途。

在机床数控系统中不需要定义所有的 M 功能，M 代码从 M00～M60 的排序并不连续，仅定义了 13 种通用的辅助功能代码，它们在各类数控系统中具有相同的定义。表 3-2 中没有定义的辅助功能代码，将来修订标准时，有可能指定新的功能定义；也可以根据数控编程需要表示不同的辅助功能。表 3-2 中带有上标②的各项 M 代码用于特定用途。表注栏目所使用缩写的含义附在表的下方，如 FRC 表示功能保持到被注销，或被随后的相关指令代替；TBO 表示功能仅在所出现的程序段内有作用。

由 M 代码定义可知，例 3-1 加工程序中 M03 表示主轴正转。

（8）程序段结束符　它列在程序段的最后一个有用的字符之后。在 GB/T 8870.1—2012 的地址字符表中，程序段结束符是"LF"或"NL"。

上述表明，零件加工程序中，每个程序段都表示一个完整的操作。如例 3-1 加工程序中的第 1 程序段，命令机床用 1 号刀，以 0.2mm/r 的进给量和 300r/min 的主轴正向转速，直线位移至 X70 和 Z-25 处；第 2 号程序段命令机床用与第 1 程序段同样的刀具、进给量和主轴转速，直线位移至 X100 和 Z-50 处……第 25 号程序段命令机床快速点定位（G00），也就是使刀具从所在点以最快速度移动到 X400 和 Z300 处。进给速度 F 对 G00 程序无效。

（二）数控机床的坐标系

统一规定数控机床的坐标系，规定坐标轴的名称及其运动的正、负方向，可使编程简便并使所编程序对同类型机床具有互换性。目前国际上已统一了标准的坐标系。

**1. 坐标轴的设定**

按照 ISO841 和国家标准 GB/T 19660—2005《自动化系统与集成　机床数值控制　坐标系和运动命名》数控标准，数控机床的坐标系采用右手直角笛卡儿坐标系。它规定直角坐标 X、Y、Z 三者的关系及其正方向用右手定则来判定，围绕 X、Y、Z 各轴的回转运动 A、B、C 及其正方向分别用右手螺旋法则判定，如图 3-9 所示。

对于数控机床，规定平行于机床主轴（传递切削动力）的坐标轴为 Z 轴，取刀具远离工件的方向为正方向（+Z）。当机床有几个主轴时，则选择一个垂直于工件装夹面的主轴为 Z 轴。如机床没有主轴，则 Z 轴垂直于工件装夹面（如刨床）。

X 轴为水平方向且垂直于 Z 轴。对于工件旋转的机床（如车床、磨床），取平行于横向滑座的方向（工件径向）为 X 坐标，同样，取刀具远离工件的方向为正方向；对于刀具旋转的机床（如铣床、镗床）：当 Z 轴为水平时，沿刀具主轴后端向工件方向看，向右方向为 X 轴的正向；当 Z 轴为垂直时，对单立柱机床，面对刀具主轴向立柱方向看，向右方向为 X 轴的正向。工件和刀具都不旋转的机床（如刨床），取 X 轴与主切削运动方向平行，并以切削运动方向作为其正方向。

Y 坐标轴垂直于 X 及 Z 坐标。当 +Z、+X 确定后，按右手定则即可判定 Y 轴正方向。

按上述规定，数控车床、数控铣床和龙门刨床的坐标系如图 3-10 所示。这里所规定的各坐标的正方向，一律为假定工件固定不动，刀具相对于工件移动的情况。实际上当刀具固定不动而工件移动时，工件（相对于刀具）运动的直角坐标分别用 X'、Y'、Z' 表示。在图 3-10 中，铣床和龙门刨床在加工中，刀具不动，工作台相对于刀具移动，所以用工件运动的直角坐标 X'、Y' 等表示。由于工件与刀具是相对运动关系，尽管实际上是工件运动，

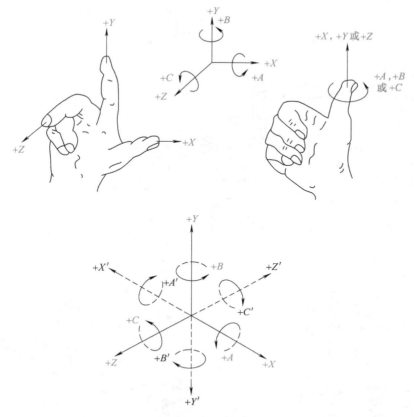

图 3-9 右手坐标系

在数控机床的程序编制中，为使编程方便，仍以刀具运动的坐标系 $X$、$Y$、$Z$ 进行编程，效果是一致的。这样，即使编程人员在不知刀具移近工件还是工件移近刀具的情况下，也能编出正确的程序。

**2. 坐标系统的原点设定**

按标准规定，数控机床坐标系统的原点（$X=0$、$Y=0$、$Z=0$）的位置是任意的。前面仅对各种机床的坐标轴及运动方向进行命名，尚未确定坐标系统的原点。因此，对坐标系中所有点的坐标也就无法确定。在数控加工过程中，为了描述刀具相对工件运动的各点的坐标位置，必须确定坐标系的原点。此点是根据具体机床具备的坐标系，从编程方便（按图样标注的尺寸）及加工精度的要求而设定的。

坐标原点可以设在机床上，也可以设在工件上，因此坐标系也有两种：工件坐标系和机床坐标系。这是两种不同的坐标系，数控加工中都要用到。

（1）绝对坐标与增量坐标 描述数控机床坐标系中点的位置有两种坐标：绝对坐标与增量（相对）坐标。坐标系中所有坐标点均以某一固定坐标原点计量的坐标系称绝对坐标系。在图 3-11 中，刀具从 $A$ 点运动到 $B$ 点，则 $A$、$B$ 两点的绝对坐标分别为

$$X_A = 30，\quad Y_A = 35；\quad X_B = 13，\quad Y_B = 15$$

运动轨迹的终点坐标以起点计量的坐标系称增量坐标系（或相对坐标系），这时是在运动的起点建立平行于 $X$、$Y$、$Z$ 的相对坐标系 $U$、$V$、$W$。在图 3-11 中，在 $A$ 点建立 $U$、$V$ 坐

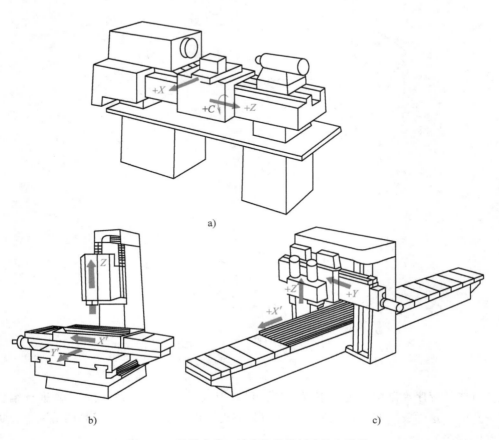

图 3-10 数控车床、铣床和龙门刨床的坐标系

a）数控车床坐标系 b）数控铣床坐标系 c）龙门刨床坐标系

标系，终点 $B$ 的增量坐标为

$$U_B = -17, \quad V_B = -20$$

其中负号是指向 $U$、$V$ 的负方向。

（2）工件坐标系 当用绝对尺寸编程时，必须首先设定坐标系，即确定零件的绝对坐标原点（又称程序原点或编程原点）设定在距刀具现在位置多远的地方。也就是以程序原点为准，确定刀具起始点的坐标值，并把这个设定值记忆在数控装置的存储器内，作为后续各程序段绝对尺寸的基准。图 3-12 所示为数控车床的坐标系设定实例。图中，绝对坐标系原点 $O$ 为程序原点，它可以设定在工件的设计基准或工艺基准上，对于车床常设在卡盘端面的中心或工件两头的任一端，一般多设在工件的右端（图 3-12）。而刀具的现在位置可以放在机械原点（又称机床原点，即机床坐标系的原点）、换刀点或任意一点。

（3）机床坐标系 机床坐标系是机床的基本坐标系。机床起动时，通常要用机动或手动回零，使运动部件正向运动回到一个固定位置。

机械原点是指刀具退离至一个固定不变的极限点。对车床而言，是指车刀退离主轴端面和中心线最远而且是固定的点，如图3-12中的 A 点。该点在机床出厂时已调好，并记录在机床使用说明书中供用户编程使用。换刀点是指刀架转位换刀时的位置。该点可以是某一固定点（如加工中心机床，其换刀机械手的位置是固定的，故换刀时主轴必须退到这个位置），也可以任意设置（如车床，图3-12中的 B 点，以刀架转位时不碰工件及其他部件为原则）。其设定值可用实际测量方法或计算确定。

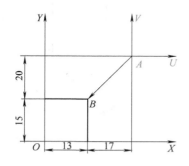

图 3-11　绝对坐标及增量坐标

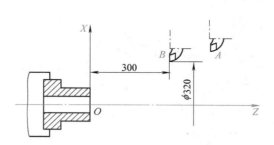

图 3-12　数控车床的坐标系设定实例

在程序编制中，用坐标系设定指令（ISO 代码中为 G92）来设定刀具相对于工件起始位置的坐标系。图 3-12 中，设刀具的初始位置在 B 点。其坐标系设定程序为

　　　　G92　X320　Z300

它表示刀尖 B 处在 OXZ 坐标系的 X320 和 Z300 处（通常规定车削的 X 坐标数据用直径值表示）。

图 3-13 所示为立式加工中心机械原点示意图。各坐标轴回零都比较直观：工作台回到 X 向的左端极限位置；滑座回到 Y 向前端极限位置；主轴箱上升回到 Z 向上端极限位置。机械原点则为三个极限位置的交点。

机械原点是机床固有的点，机床出厂后不能随意改变。工件坐标系的原点是由程序编制人员为编程方便自行设定的，是可以随意改变的。这是两个坐标系的重要区别，在编程时一定不要混淆。

数控机床加工过程中，不同坐标轴之间可以联动，这是和普通机床加工不同的。例如，数控车床加工时，可以实现 Z 轴和 X 轴联动，从而加工出成形回转体表面，这称为两轴联动。数控铣床加工过程中，可以实现 X、Y、Z 轴同时联动，以加工出复杂的空间曲面，这称为三（轴）联动。也有一些数控机床，虽然有 X、Y、Z 三轴，但在加工过程中，却只能实现两轴联动（如 X-Y、Y-Z 或 Z-X 联动），这称为三轴两联动。现代数控机床可以实现多达 10 个轴以上的联动，以加工非常复杂的空间成形表面。

三轴两联动加工空间曲面，采用分截面扫描的办法，如图 3-14 所示。设用立式加工中心或立式铣床装球形端面铣刀铣削顶面。可使 X-Z 轴联动，Y 轴在两端做间歇运动。扫描轨迹为 1—2—3—4—，…，1—2，3—4 等由 X-Z 轴联动完成，Y 轴不动。2—3，4—5 等时，X 和 Z 轴不动，Y 轴移动一个定距。这就把一个空间曲面离散为一系列曲线，由两坐标联动完成。

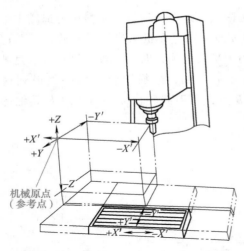

图 3-13　立式加工中心机械原点示意图

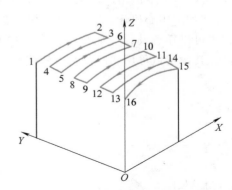

图 3-14　三轴两联动分截面扫描原理

## 二、手工编程

程序编制方法可以分手工编程和自动编程两大类。手工编程是用人工编写零件程序。对于几何形状较为简单的零件，计算工作量较少，程序又不长，用手工编程比较经济而及时。为了理解有关编程的基本内容，现选用车削加工编程为例，说明手工编程中所涉及的一些问题。

例 3-2　图 3-15 所示为一车削零件图，图中 φ85mm 不加工，要求编制其加工程序。

**1. 工艺分析**

零件安装在卡盘上，程序原点 O 设在卡盘端面的中心，图 3-15 中刀尖点 A 为起刀点，同时也是换刀点，其坐标位置如图 3-15 所示。加工路线与普通车削相同，所选刀具及其布置如图 3-16 所示，Ⅰ号刀车外圆，Ⅱ号刀切槽。采用对刀显微镜以Ⅰ号刀为准进行对刀。

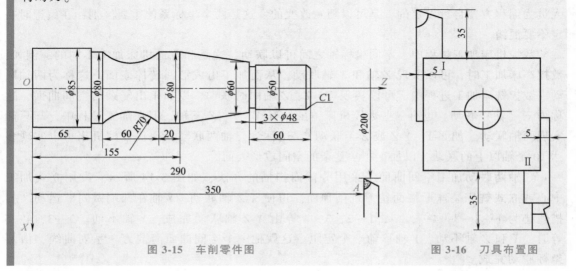

图 3-15　车削零件图　　　　　　　　　　图 3-16　刀具布置图

车外圆时进给量为 0.15mm/r，主轴转速为 630r/min，切槽时进给量为 0.10mm/r，主轴转速为 315r/min，切槽到尺寸时，用暂停程序（G04）使刀具做短时间的无进给光整加工。此槽空转 5r，用代码 U50 表示，即 U/F =（50/10）r = 5r。

**2. 坐标计算**

该机床有刀具补偿功能，可直接按零件图的几何尺寸编程，此处采用绝对坐标和增量坐标混合编程的方法，绝对值用 $X$、$Z$ 地址，增量值用 $U$、$W$ 地址（不采用 G90 和 G91 代码）。各几何元素的起点、终点等坐标计算比较简单，现对圆弧段程序和坐标计算加以说明。

圆弧程序应包括圆弧的顺逆、圆弧的终点坐标及圆心坐标（规定为相对于圆弧起点的增量值）。圆弧顺逆的判断方法是：沿圆弧所在平面（此例为 $XZ$ 平面）的另一坐标的负方向（即 $-Y$，从纸面向上）看去，顺时针（即此圆弧）方向插补指令为 G02，逆时针方向为 G03。圆弧右端点为起点，即增量坐标系（$U$、$W$）的原点，终点的增量坐标为 $U0$ 和 $W-60$，圆心的增量坐标规定用 $I$ 和 $K$ 表示，即 $I63.25$ 和 $K-30$。本例坐标尺寸数据用脉冲数表示，脉冲当量为 0.01mm，所以程序中尺寸字数据是图上标注尺寸的100 倍。

**3. 编写加工程序单**

在工艺分析和坐标计算的基础上，编写加工程序单见表 3-3。表 3-3 中，主轴转速代码 S31、S23 分别表示 630r/min、315r/min。进给量也用脉冲数表示，如 F15 为 0.15mm/r。T 功能字用两位数字表示，如 T11 为 Ⅰ 号刀具用 1 号刀补，T10 为 Ⅰ 号刀注销刀补，T22 与 T11 类同。对刀误差由数控面板上的键盘输入。辅助功能字 M 的意义与表 3-2 规定相同。

表 3-3 车削加工程序单

| N | G | X U | + − | Z W | + − | I | + − | K | + − | F | S | M | T | M | LF | 附 注 |
|---|---|---|---|---|---|---|---|---|---|---|---|---|---|---|---|---|
| N001 | G92 | X | | 20000 | Z | 35000 | | | | | | | | | | LF | 坐标设定 |
| N002 | G00 | X | | 4400 | Z | 29200 | | | | | | S31 | M03 | T11 | M08 | LF | |
| N003 | G01 | X | | 5000 | Z | 28900 | | | | | F15 | | | | | LF | 倒角 |
| N004 | | U | | 0 | Z | 23000 | | | | | | | | | | LF | φ50 |
| N005 | | X | | 6000 | W | 0 | | | | | | | | | | LF | 退刀 |
| N006 | | X | | 8000 | Z | 15500 | | | | | | | | | | LF | 锥度 |
| N007 | | U | | 0 | W | − | 2000 | | | | | | | | | LF | φ80 |
| N008 | G02 | U | | 0 | W | − | 6000 | I | | 6325 | K | − | 3000 | | | | LF | 圆弧 |
| N009 | G01 | U | | 0 | Z | 6500 | | | | | | | | | | LF | φ80 |
| N010 | | X | | 9000 | Z | 0 | | | | | | | | | | LF | 退刀 |
| N011 | G00 | X | | 20000 | Z | 35000 | | | | | | | | T10 | M09 | LF | 退至换刀点 |
| N012 | | X | | 6100 | Z | 23000 | | | | | | S23 | M03 | T22 | M08 | LF | |
| N013 | G01 | X | | 4800 | W | 0 | | | | | F10 | | | | | LF | 车槽 |
| N014 | G04 | U | | 50 | | | | | | | | | | | | LF | 延迟 |
| N015 | G00 | X | | 6100 | W | 0 | | | | | | | | | | LF | 退刀 |
| N016 | | X | | 20000 | Z | 35000 | | | | | | | | T20 | M09 | LF | 退至换刀点 |

**4. 制备信息载体**

按照规定的代码，将程序单的内容记录在信息载体上，也可直接通过键盘输入数控装置。

### 三、自动编程

对于形状复杂的零件，或者程序量很大的零件，手工编程相当烦琐，耗费时间长，效率低，并容易出错，甚至很难胜任，因而发展了应用计算机来编程的方法，这种方法就称为自动编程。

自动编程的过程如图 3-17 所示。零件程序编制员（程序员）根据零件图样的要求，用一种直观易懂的编程语言（按数控语言手册规定）手工编写一个相当简短的零件源程序，然后输给计算机，计算机经过对源程序的信息处理（即翻译、刀具轨迹计算和后置处理），即可生成符合具体数控机床要求的零件加工程序。该加工程序可以通过打印机打印成加工程序单，也可通过穿孔机自动穿出孔带，还可以通过计算机通信接口，将输出直接送至 CNC 的存储器予以调用。经计算机处理的信息还可通过 CRT 显示或绘图仪绘图检查，发现有错误时，根据错误性质修改源程序。

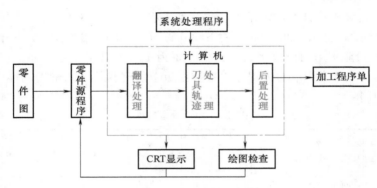

图 3-17　自动编程的过程

由此可见，在自动编程过程中，人工只需用数控语言编写零件源程序，源程序只描述零件图的几何形状、尺寸、几何要素间的相互关系以及运动顺序、工艺参数等，至于其他，如工步划分、运动轨迹计算、切削用量选择及加工程序单的编制等都由计算机及其外围设备自动完成。

程序员必须熟悉数控语言才能编写零件源程序。国际标准化组织在美国研制的 APT（automatically programmed tools）语言的基础上制订了 ISO 4342—1985 数控语言标准，我国以此制定了 GB/T 12646—1990《数字控制机床的数控处理程序输入　基本零件源程序参考语言》国家标准，该标准规定了一个高级的零件源程序语言，这个程序经过计算机处理产生数控加工程序。编写源程序时可查阅。

用数控语言编写的零件源程序，计算机是不能直接识别和处理的，必须事先由计算机或数控设备等生产科研单位研制一套系统处理程序（编译程序）存入计算机内，机床用户只需编写零件源程序输入计算机，计算机就能进行如图 3-17 所示的工作过程：首先对零件源程序进行翻译，然后计算刀具轨迹的一系列坐标值。翻译处理和刀具轨迹处理统称为前置处理，它对所有数控机床具有通用性。前置处理输出的刀具运动轨迹经后置处理转变成适合于特定数控机床用的零件加工程序和指令带。

上述的数控语言编程称为语言程序自动编程系统，这种编程技术发展较早，受当时计算机图形处理能力的限制，存在许多缺点。由于采用某种特定语言来描述直观的工件几何形状及加工过程，致使直观性差，编程过程比较复杂抽象；同时，缺少对零件形状、刀具运动轨迹的直观图形显示，不便阶段性检查；而且也不能和制造业中迅速发展并推广使用的 CAD 和 CAPP 系统有效连接。

随着计算机技术的迅猛发展，计算机图形处理能力显著提高，从而开发出图形交互式自动编程系统，直接将工件的几何形状信息自动转换为数控加工程序，如美国的 Master CAM 和 Pro/ENGINEER 等自动编程系统。它是建立在 CAD 和 CAM 基础上的，以加工件的 CAD 模型为基础，集加工工艺规划及数控编程为一体。它利用 CAD/CAM 软件进行零件的设计、生成几何图形，采用人机交互的实时对话方式，在计算机屏幕上指定被加工部位，输入相应的加工参数，计算机自动进行数学处理并编制出数控加工程序，同时在计算机屏幕上动态显示出刀具的加工轨迹，从而完成加工程序的自动编程。这种自动编程方法不需要编写零件源程序，只需把加工件的图形信息输送给计算机，通过系统软件的处理，就能自动生成数控加工程序。这种图形交互式自动编程系统，也称为 CAD/CAM 集成数控编程系统。

CAD/CAM 集成数控编程的主要特点是，将零件加工的几何造型、刀位计算、图形显示和后置处理等作业过程结合在一起，零件的几何形状可在零件设计阶段采用 CAD/CAM 软件的几何设计模块在图形交互方式下进行定义、显示和修改，最终得到零件的几何模型，有效地解决了编程的数据来源、图形显示、走刀模拟和交互修改问题，弥补了数控语言编程的不足。与 APT 语言自动编程相比，这种编程方法具有速度快、精度高、直观性好、使用方便和便于检查等优点。

CAD/CAM 集成数控编程软件是和 CAD 软件集成为一体的软件系统，它既用于计算机辅助设计，又可以直接调用工件图形，进行自动编程，实现产品 CAD 与数控加工编程的集成，而且还便于与工艺过程设计（CAPP）、刀具量具设计等其他生产过程的集成，有利于实现制造系统的集成，推动 CAD 和 CAM 向一体化方向的发展。

随着计算机技术和软件的发展，图形交互式自动编程方法必将广泛应用，语言程序自动编程系统将逐渐被图形交互式自动编程系统取代。

## 第五节　加工中心

### 一、加工中心概述

在机械零件中，箱体类零件占相当大的比重，例如变速箱、气缸体、气缸盖等。这类零件往往质量较大，形状复杂，加工的工序多。如果能在一台机床上，一次装夹自动地完成大部分工序，对于提高生产率，提高加工质量和自动化程度将有很大的意义。箱体类零件的加工工序，主要是铣端面和钻孔、攻螺纹、镗孔等孔加工。因此，这类机床集中了钻床、铣床和镗床的功能，与普通数控机床相比，具有下列特点：

（1）工序集中　工件一次装夹后可以实现多表面、多工序的连续加工，将数控铣床、数控镗床、数控钻床的功能集成在一台机床上，集中完成铣削和不同直径的孔加工工序。

（2）自动换刀　装有刀库和换刀机械手等，可以按预定的加工程序自动选刀，并把各种刀具从刀库换到主轴上去，把用过的刀具从主轴上换下来，送回到刀库。依次进行多表面各种工序的连续加工。

（3）加工精度高　各孔的中心距全靠各坐标的定位精度保证，不用钻、镗模。有的机床，还有自动转位工作台，用来保证各面各孔间的角度。镗孔时，还可先镗这个壁上的孔，然后工作台转180°，再镗对面壁上的孔（称为"掉头镗"），两孔可以保证达到一定的同轴度。工件一次安装加工出大部分待加工表面，减少了工件多次装夹产生的安装误差。

由于这种机床具有镗削、铣削等多种功能，所以称为镗铣加工中心。镗铣加工中心有立式（竖直主轴）的和卧式（水平主轴）的。此外，还有钻削加工中心等。钻削加工中心主要进行钻孔，也可进行小面积的端铣。机床多为小型、立式。工件不太复杂，所用的刀具不多，故常用转塔来代替刀库。转塔常为圆形，径向有多根主轴，内装各种刀具，使用时依次转位。

继镗铣加工中心之后，又研制出了车削加工中心，主要用来加工轴类零件。除车削工序外，还集中了铣（如铣扁方、铣六角等）、钻（钻横向孔等）等工序。此外，还出现其他类型的加工中心，镗铣加工中心最先出现，当时就称之为"加工中心"。这个名称延续至今，本书根据习惯，简称"自动换刀的数控铣镗床"为"加工中心"（Machining Center）。可见，加工中心是一种具有刀库，能自动更换刀具，对一次装夹的工件进行多工序加工的数控机床。本节主要介绍立式加工中心。

## 二、BV75 型立式加工中心

BV75 型立式加工中心基本配置为 X、Y、Z 三轴联动，机床上附有盘式刀库或机械手式刀库，配备各种类型和不同规格的刀具。工件一次装夹后，可自动连续地对工件各加工面完成铣、镗、钻、锪、铰和攻螺纹等多种工序，不仅能完成半精加工和精加工，还可进行粗加工，适用于小型板类、盘类、模具类和箱体类等复杂零件的多品种小批量加工。此型加工中心可选配多种数控系统进行控制，可在主机基础上选择增加数控转台及其他形式运动部件，实现四轴联动。机床自动化程度高，适应面广。

### （一）机床布局

现代加工中心为了环保和安全，防止切屑和切削液到处飞溅，都装有防护罩，并对外形进行艺术造型设计，BV75 型加工中心的外观如图 3-18a 所示。为了看清机床的组成和各大部件的布局，有必要去掉机床的大部分防护罩，给出机床整机的布局图，如图 3-18b 所示。机床是三坐标的：装在床身 1 上的滑座 2 做横向（前后）运动（Y 轴）；工作台 3 在滑座 2 上做纵向（左右）运动（X 轴）；在床身 1 的后部装有固定的框式立柱 5，主轴箱 6 在立柱导轨上做升降运动（Z 轴）。在立柱左侧装有盘式刀库 4（不带机械手），刀库的容量是 21 把刀具；也可装机械手式刀库（带换刀机械手），刀库的容量是 24 把刀具，可以完成各种孔加工和铣削加工。在立柱右侧装有电控柜 7，内有数控系统、主轴伺服驱动器和 X、Y、Z 轴伺服驱动器，及机床各种电源装置，电气控制元件。电控柜内还预留有第四轴驱动器、各选择项功能所必需的电器元件的安装位置。操作面板 8 在机床的右前方护罩上，操作者通过面板上的按键和各种开关按钮实现对机床的控制；同时机床的各种工作状态信号也可在操作面板上显示出来。

（二）机床的运动和传动原理图

1. 表面成形运动

立式加工中心数控机床的表面成形运动比较复杂。除立式主轴（刀具）的旋转运动外，还有工作台在 $X$、$Y$ 向的直线移动以及主轴箱在垂直方向（$Z$ 向）的升降运动，本机床可以实现 $X$、$Y$、$Z$ 三轴联动，用以加工空间曲线。机床的这些运动都可由计算机实现数字控制。$X$、$Y$、$Z$ 三个坐标轴中任意两个坐标都可实现联动加工（如 $X$ 轴和 $Y$ 轴联动），用以铣削曲面。这种控制方式称为三轴两联动。在用立铣刀加工曲面时，形成导线（曲线）的方法是相切法，这时需要两个成形运动，一个是加工中心主轴（立铣刀）的旋转运动，另一个是工作台在 $X$ 和 $Y$ 两个方向的联动，即工件相对刀具中心做曲线运动。图 3-19 所示为立式加工中心传动原理图。

由图可知，在立式加工中心机床上，主轴的旋转运动 $B_1$，工作台的左右（$X$ 向）移动 $A_2$，前后（$Y$ 向）移动 $A_3$ 和主轴箱的升降（$Z$ 向）移动 $A_4$ 用计算机数控系统 P 联系起来。这种联系不是机械联系，而是电信号，用这种联系实现坐标轴之间的联动。

（1）刀具的旋转运动　这是加工中心的主运动。运动由主电动机 $M_1$，经变速（如带轮）传动 $u_{v2}$（5—6）传至主轴，使刀具旋转（$B_1$）。主电动机的起停和转速由计算机控制。计算机起主变速机构的作用，相当于传动原理图中的 $u_{v1}$（2—3）。主运动传动链中双列虚线 1—2 和 3—4 表示电信号传递通道。

（2）工作台的移动　当需要工作台纵向（$X$ 向）移动时，由数控装置向工作台纵向伺服电动机 $M_2$ 发出电信号（17—20），伺服电动机的转速由数控装置来控制。在这里计算机相当于一个电子交换齿轮，如图 3-19 中的 $u_{c1}$（18—19）。电动机 $M_2$ 的旋转运动带动纵向丝杠，从而使工作台纵向移动 $A_2$。同理，当数控装置向工作台横向（$Y$ 向）移动电动机 $M_3$ 发出电信号时（12—15），工作台实现横向移动。$u_{c2}$（13—14）相当于电子交换齿轮，用来控制工作台横向移动的速度。

a)

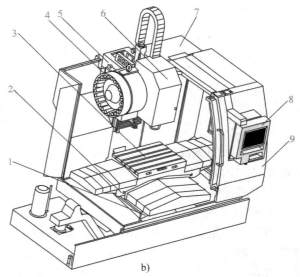

b)

图 3-18　BV75 型立式加工中心

a）机床外观　b）机床布局

1—床身　2—滑座　3—工作台　4—盘式刀库　5—框式立柱
6—主轴箱　7—电控柜　8—操作面板　9—防护罩

107

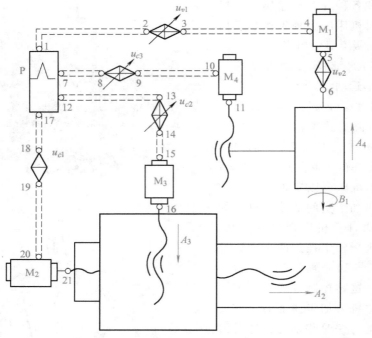

图 3-19　立式加工中心传动原理图

（3）主轴箱升降移动　主轴箱升降移动也是由数控装置控制的。当数控装置向升降移动电动机 $M_4$ 发出电信号时（7—10），主轴箱实现升降移动，$u_{c3}$（8—9）相当于电子交换齿轮，用来控制主轴箱升降移动的速度。

**2. 辅助运动**

加工中心是高度自动化的机床，除装卸工件外，一切辅助运动（如切入运动，快进和快退）都在计算机控制下自动完成。本机床装有刀库，换刀循环全部自动化。

**（三）传动系统**

这台机床传动系统有主运动、三个方向伺服进给运动和刀库圆盘旋转运动。各种运动的驱动电动机均为无级调速，所以加工中心机床的传动系统比普通机床简单得多。该机床的传动系统图如图 3-20 所示。

**1. 主运动传动链**

主运动电动机采用 FANUC 交流伺服电动机，连续额定输出功率为 11kW，最大功率为 15kW，但工作时间不得超过 30min，称为 30min 过载功率。电动机无级调速，相当于传动原理图 3-19 中 $u_{v1}$（2—3），转速范围为 $60\sim 8000\mathrm{r/min}$。电动机的运动经传动比为 1∶1 的

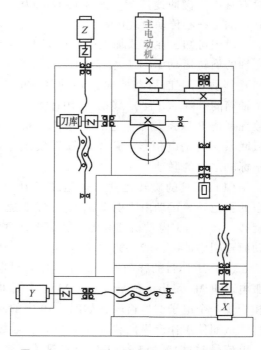

图 3-20　BV75型立式加工中心传动系统图

同步带轮，驱动主轴进行正、反向运转，使主轴完成主运动（$B_1$），获得 $60 \sim 8000\text{r/min}$ 变速范围的无级调速。有的加工中心用两级带轮变速，使主轴获得高、低两档调速，对应于传动原理图 3-19 中 $u_{v2}$（5—6）。主轴旋转运动由计算机控制，对应于传动原理图 3-19 中 1—4。电动机的额定转速为 $750\text{r/min}$，从额定转速至最高转速范围内为恒功率调速。从最高转速开始，随着转速的下降，最大输出转矩递增，保持最大输出功率为额定功率不变。最低转速为 $60\text{r/min}$，从额定转速至最低转速，为恒转矩调速。电动机的最大输出转矩，维持为额定转速时的转矩不变，不随转速的下降而上升。

**2. 伺服进给传动链**

机床三个轴各有一套基本相同的伺服进给系统。纵向（$X$）、横向（$Y$）和垂向（$Z$）都用伺服电动机拖动，可以三轴联动，任意两轴也可以联动。每个伺服电动机经联轴器直接带动滚珠丝杠。伺服电动机功率均为 $3\text{kW}$，无级调速。$X$、$Y$、$Z$ 轴的进给速度均为 $3 \sim 15000\text{mm/min}$；快速移动速度均为 $24\text{m/min}$，分别由数控指令通过计算机控制，相当于传动原理图中的 $u_{c1}$、$u_{c2}$ 和 $u_{c3}$。

**3. 刀库圆盘旋转传动链**

刀库电动机也采用伺服电动机，经联轴器、蜗杆副驱动盘式刀库。刀库是个圆盘，刀具装在标准刀柄上，置于圆盘的周边，刀库旋转的角度由数控指令控制。

**（四）主轴组件**

主轴组件如图 3-21 所示。主轴支承采用高精度（C 级）的角接触球轴承，以保证主轴的工作精度和适应较高的转速。为了保证主轴组件的刚度，前支承为四个角接触球轴承，前面两个大口朝下，后面两个大口朝上，承受径向和轴向双向载荷，前端定位。后支承为成对安装角接触球轴承（背靠背）。后支承仅承受径向载荷，故外圈轴向不定位。

加工中心机床与普通数控机床的一个显著区别就是具有自动换刀功能，为此，其主轴组件还必须具有下列特点：加工中心主轴内必须有自动夹紧刀柄的机构；为了清除主轴孔内可能进入的切屑，应有切屑清除装置；为了使主轴上的端面键能进入刀柄上的键槽，主轴必须停止在一定的位置上使之对准，即主轴应有旋转定位机构。

**1. 主轴内的刀柄自动夹紧机构和切屑清除装置**

主轴孔内有刀柄的自动夹紧机构，它由气缸活塞 1、拉杆 2、碟形弹簧 3 和头部的四个钢球 5 等组成。标准的刀具夹头 6 是拧紧在刀柄内的。当需要夹紧刀具时，活塞 1 的上端无气压，弹簧力使活塞 1 向上移至图 3-21 所示位置。拉杆 2 在碟形弹簧 3 的压力下也向上移至图 3-21 所示位置，钢球 5 被迫收拢，卡紧在刀具夹头 6 的环槽中使刀具夹紧。放松刀具时，压缩空气进入活塞 1 的上端，气压使活塞 1 下移，推动拉杆 2 也向下移动。此时，碟形弹簧 3 被压缩。钢球 5 随拉杆 2 一起向下移动，当移至主轴孔径较大处时，便松开了刀具夹头 6，使刀具连同刀具夹头 6 一起可被刀库（无机械手换刀）或机械手（有机械手换刀）取下。

刀柄夹紧机构用弹簧夹紧，气压放松，以保证在工作中如果突然停电，刀柄不会自行松脱。在活塞杆孔的上端接有压缩空气，当刀具从主轴中拔出后，压缩空气通过活塞杆和拉杆的中孔，把主轴锥孔吹净，使刀柄与锥孔紧密贴合。

行程开关 7 和 8 用于发出夹紧和放松刀柄的信号。

本机床用钢球 5 夹紧刀具夹头 6，这种夹紧方法接触应力太大，易将主轴孔和刀柄压出坑来。新式的刀柄夹紧机构已改用弹力卡爪，它由两瓣组成，装在拉杆 2 的下端，如图 3-21b 所示。

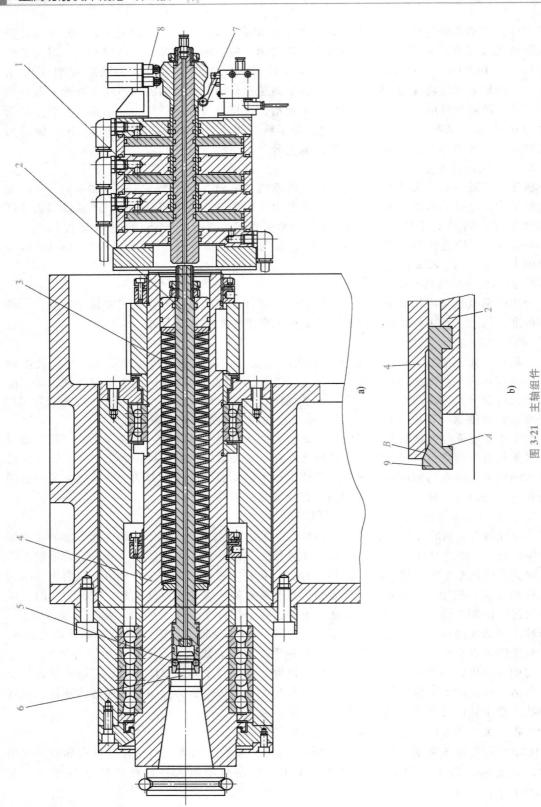

图 3-21 主轴组件

1—活塞 2—拉杆 3—碟形弹簧 4—主轴套 5—钢球 6—刀具夹头 7、8—行程开关 9—卡爪

夹紧刀具时，气缸活塞 1 处于上端位置，碟形弹簧 3 使拉杆 2 带动弹力卡爪 9 上移，卡爪 9 下端的外周是锥面 $B$，与主轴套 4 的锥孔相配合，锥面 $B$ 使卡爪 9 收紧，夹紧刀柄。松开刀具时，气缸的活塞 1 下移，克服碟形弹簧的弹力向下推拉杆 2，使弹力卡爪 9 外周与主轴套 4 的接合锥面下移，当移至主轴孔径的较大处时，便松开刀具。这种卡爪与刀柄的接合面 $A$ 与拉力垂直，故夹紧力较大，卡爪与刀柄为面接触，接触应力较小不易压溃。目前，采用这种刀柄夹紧机构的加工中心逐渐增多。

**2. 主轴定向准停机构**

自动换刀时，刀柄上的键槽必须对准主轴端部的端键，这就要求主轴能准确地停止在一定的周向位置上。

目前主轴定向准停装置主要分为机械方式和电气方式两种。电气准停装置也有多种，其中一种加工中心的主轴定向准停机构工作原理图如图 3-22 所示。在带轮 1 的上端面，安装一个垫片 4，在垫片 4 上装一个体积很小的发磁体 3。在主轴箱壳体的准停位置上装一个磁传感器 2。当系统接到主轴停转信号之后，主轴立即减速，再继续回转 $1/2 \sim 2\frac{1}{2}$ 转后，当发磁体 3 对准磁传感器 2 时，磁传感器 2 发出准停信号。此信号经放大后，由定向电路使电动机准确地停止在规定的周向位置。准确的位置精度是 ±1°。这种装置的机械结构简单，定位迅速而准确。

**（五）进给机构**

进给运动是机床成形运动的重要组成部分，进给机构的传动质量直接关系到机床的加工性能。图 3-23 所示为工作台纵向（$X$）

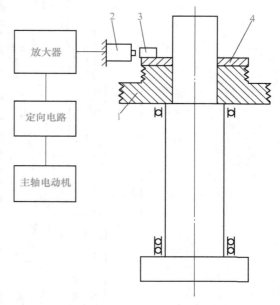

图 3-22 主轴定向准停机构工作原理图
1—带轮 2—磁传感器 3—发磁体 4—垫片

进给机构。工作台 3 装在滑座 7 的上面，左右两端均装有伸缩式防护罩 2。工作台底面安装滚珠丝杠螺母座 4。螺母座中安装两个滚珠螺母。左螺母固定在螺母座中，右螺母可轴向调整位置。在左右螺母之间安装两个适当厚度的半圆垫圈，以消除丝杠螺母间的间隙，并适当地预紧，从而提高传动刚度和灵敏度。为了消除低速爬行现象，采用了直线滚动导轨。$X$ 轴伺服电动机 1 旋转，驱动滚珠丝杠 5，使工作台沿 $X$ 轴直线运动。工作台下面装有 2 个行程挡块，和行程开关 6 配合，控制 $X$ 轴校准点位置（$X = 0$）和 $X$ 轴行程的极限位置（超程断电）。

横向滑座通过直线滚动导轨装在床身上，滑座 7 底部与 $Y$ 轴直线导轨的滑块固联。滑座下部还安装 $Y$ 轴滚珠丝杠螺母副。滑座的上面与 $Y$ 轴垂直方向，安装 $X$ 轴的直线滚动导轨。图 3-24 所示为横向（$Y$）滚珠丝杠副结构图。该机构由伺服电动机 1 驱动，经联轴器 2、滚珠丝杠 4 驱动机床滑座横向（$Y$）运动。联轴器 2 与电动机轴，靠锥形锁紧环摩擦连接。锥形锁紧环是两套互相配合的锥环，内环为内柱外锥，外环为外柱内锥，其放大图见左下边小

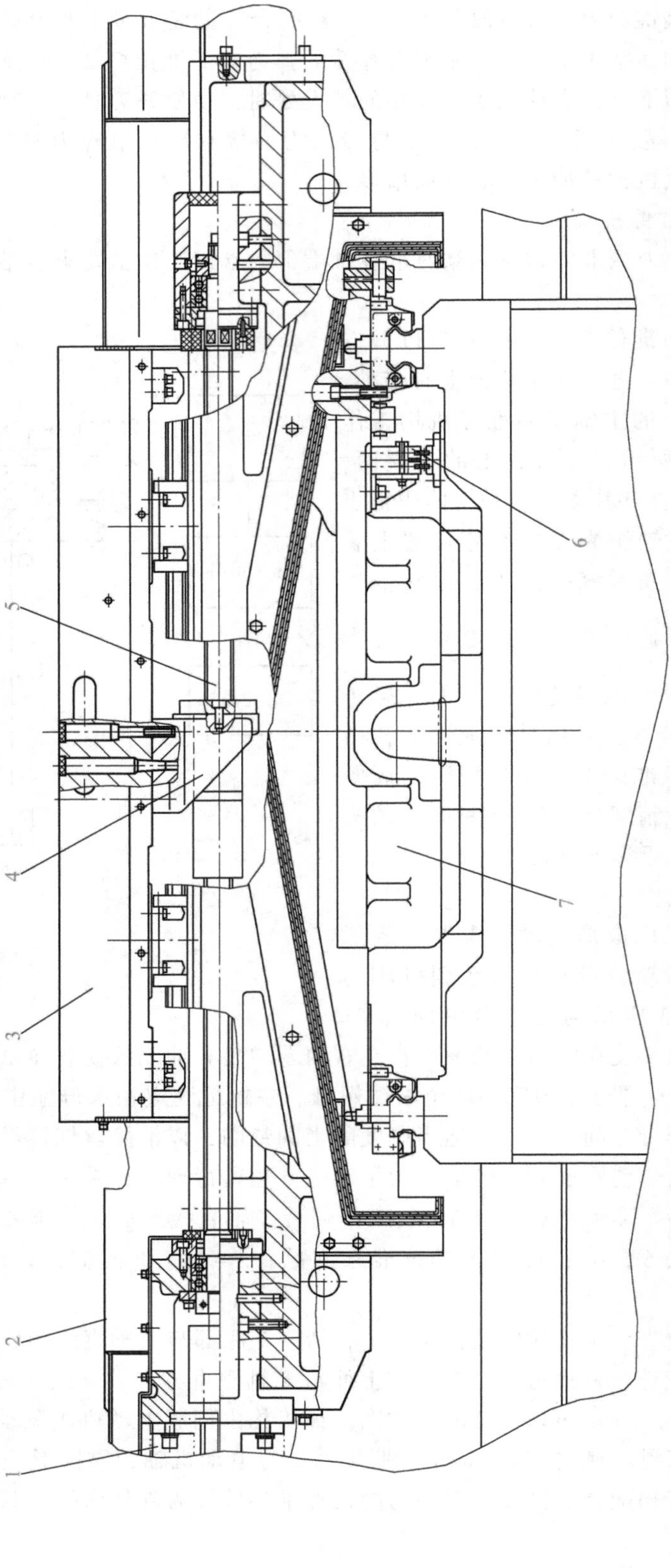

图 3-23 工作台纵向（X）进给机构

1—伺服电动机 2—伸缩式防护罩 3—工作台 4—滚珠丝杠螺母座 5—滚珠丝杠 6—行程开关 7—滑座

图。拧紧螺钉（图 3-24 中未示出）推动压环 8 右移，把锁紧环 7 的内、外环轴向压紧，外环因锥面而胀大，内环因锥面而收缩。靠摩擦把轴与联轴器外套 6 连在一起。用这个办法不用开键槽，没有间隙，电动机轴与丝杠可相对转任意角。

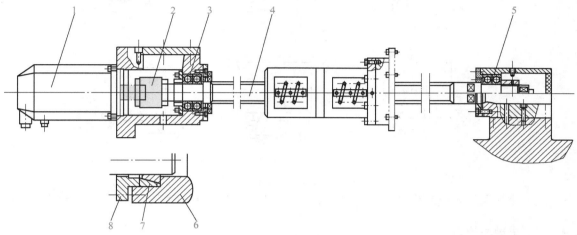

图 3-24　横向（Y）滚珠丝杠副结构图

1—伺服电动机　2—联轴器　3—角接触球轴承（左支承）　4—滚珠丝杠

5—角接触球轴承（右支承）　6—联轴器外套　7—锁紧环　8—压环

滚珠丝杠左支承为成对安装角接触球轴承 3（背靠背），承受径向和双向轴向载荷。右支承成对安装的角接触球轴承 5，外圈轴向不定位，仅承受径向载荷。

反馈装置安装在电动机轴上，因此本机床的伺服进给系统是半闭环系统。纵向（X）、横向（Y）和竖向（Z）伺服进给机构基本相同。

### （六）自动换刀装置

刀具交换装置是实现刀库与机床主轴之间传递和装卸刀具的装置，是加工中心实现多工序集中加工的基本条件。刀具的交换方式通常分为两类：无机械手换刀和有机械手换刀。本机床根据需要既可配备盘式刀库，实现无机械手换刀，又可配备机械手刀库，实现机械手换刀。

#### 1. 无机械手换刀

无机械手换刀是利用刀库与机床主轴的相对运动实现刀具交换，机床仅配备盘式刀库，没有机械手。换刀过程如图 3-25 所示。上一工序结束后执行换刀指令，主轴定向准停，主轴箱带动主轴快速上升运动到换刀位置，做好换刀准备，如图 3-25a 所示；刀库向右运动，上一把刀具进入刀库交换刀具的空位，刀具被刀库夹紧，主轴内的刀具夹紧装置放松，刀具被松开，如图 3-25b 所示；主轴箱上升，从主轴锥孔中将刀拔出，主轴上的刀具放回刀库的空刀座中，如图 3-25c 所示；刀库转位，按照程序指令要求将选好的刀具转到下一个工序所要用的刀具位置，主轴孔吹气进行清洗，如图 3-25d 所示；主轴箱下降，将新刀插入主轴锥孔，主轴内刀具夹紧装置将刀柄夹紧，如图 3-25e 所示；刀库快速向左返回，将刀库从主轴下面移开，如图 3-25f 所示。主轴箱从换刀位置下行到工作位置，进行下一工序的加工。

无机械手换刀结构简单，换刀可靠，缺点是换刀时间较长，在中小型加工中心中应用较多。

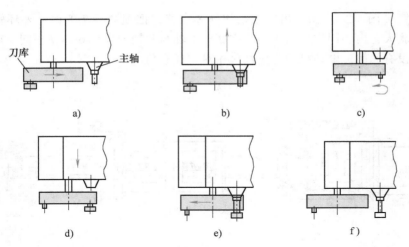

图 3-25 无机械手换刀过程

a) 做好换刀准备　b) 刀库向右运动　c) 主轴箱上升　d) 刀库转位　e) 主轴箱下降　f) 刀库向左返回

### 2. 机械手换刀

机械手换刀由刀库和换刀机械手组成自动换刀装置，用于存储刀具和自动换刀。一道工序结束，主轴箱退回立柱顶部换刀点，主轴减速、定位和制动。在此之前，刀库转位，把下一工序所用的刀具转至机械手附近。机械手把下一工序的刀具装入主轴，把上一工序的刀具从主轴中拔出送进刀库。刀库有多种形式，如盘式刀库、链式刀库等。本机采用盘式刀库，刀库上有多个刀座，图 3-26 所示为刀座的结构。刀库由专门的伺服电动机经联轴器和蜗杆副传动（传动系统图），可以使刀库上任意一个刀座转到最下方的换刀位置。刀座在刀库上处于水平位置，但主轴是立式的。因此，应使处于换刀位置的刀座旋转 90°，使刀头向下。这个动作是气动的，气缸的活塞杆带动拨叉上升（图 3-26 中未画出），拨叉向上拉动滚轮 1，使刀座 4 连同刀具 3 绕转轴 2 逆时针转到竖直向下的位置。这时，此刀座中的刀具正好和主轴中的刀具处于等高的位置。对称布置的机械手可同时取下这两把刀具，转动 180°之后，将刀座上的刀具装在主轴上，换下来的刀具装在刀座中。

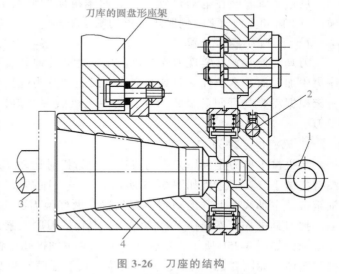

图 3-26 刀座的结构

1—滚轮　2—转轴　3—刀具　4—刀座

机械手的手臂和手爪如图 3-27 所示。手臂两端各有一个手爪。刀具被活动销 4 借助弹簧 1 顶靠在固定爪 5 中。锁紧销 2 被弹簧 3 弹起，使活动销 4 被锁住，不能后退，这就保证了在机械手运动过程中，手爪中的刀具不会被甩出。当手臂处于 75°位置时，锁紧销 2 被挡块压下，活动销 4 就可以活动，使得机械手可以抓住（或放开）主轴或刀座中的刀具。

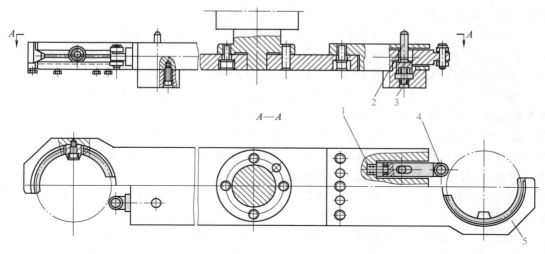

图 3-27 机械手的手臂和手爪
1、3—弹簧 2—锁紧销 4—活动销 5—固定爪

自动换刀的动作过程如下：在机床加工时，刀库预先按程序中的刀具（T）指令，将准备更换的刀具转到换刀位置；当完成一个工步需要换刀时，按换刀指令，将刀库上最下方的刀座逆时针转动 90°，向下转到换刀位置；当主轴箱上升到换刀位置时，机械手转动 75°，两个手爪分别抓住主轴和刀座中的刀具；待主轴组件内的拉杆下移，主轴中的刀具自动夹紧机构松开后，机械手向下移动，将主轴和刀座中的刀具拔出；机械手回转 180°，向上移动，将新刀插入主轴，旧刀插入刀座；在装入刀具的同时，主轴拉杆内吹出压缩空气，清洁锥孔和刀柄；刀具装入后，拉杆上移，夹紧刀具；机械手反向转动 75°，回到原始位置；刀座向上（顺时针）转动 90°，转到水平位置，机床开始下一道工序的加工，刀库又一次回转，下一把待换刀具停在换刀位置，这样就完成了一次换刀循环。

整个换刀过程的动作由可编程序控制器（programmable controller，PC）控制。刀具在刀库中的位置是任意的，由 PC 中的随机存储器（RAM）寄存刀具编号，故刀套（或刀柄）上无需任何识别开关和挡块，换刀机构简单。此系统工作时，把预先编好的程序指令从存储器中调出。输出的高位码送给 CPU（中央处理单元），作为控制指令用；把低位码输入选择器，选择某一通道的地址。被选出的通道，将来自控制对象的信号送到 CPU 进行逻辑运算，并把运算结果又按给定的地址送出去控制执行部分（这里是刀库）。

采用机械手换刀方式，刀库的布置和刀具数量，不像无机械手那样受结构的限制；通过刀具预选还可以减少换刀时间，机械手换刀在加工中心上应用非常广泛。

## 三、加工中心的发展动向

近些年来，加工中心正在向高速度、高精度和高自动化程度方向发展。

### 1. 高速度

加工中心向高速度发展的主要目的是提高生产率，提高生产率的主要措施是提高主轴转速、提高进给速度和缩短辅助时间等。

（1）提高主轴转速　这是提高加工效率的基本措施，近些年来，加工中心的主轴转速普遍提高。中小型加工中心主轴最高转速大部分提高到 5000～8000r/min，有的加工中心已达到了 54000r/min。为此，对主轴轴承的材料、结构、润滑方式以及主轴部件的结构、电动机及其轴承的冷却防振措施等方面都做了大量工作，例如许多加工中心采用了陶瓷轴承、磁浮轴承；润滑方式采用了油雾润滑；主轴系统进行严格的动平衡等。

（2）提高进给速度　一般的加工中心机床在加工过程中，进给速度可达 1～2m/min，快速进给速度已达 100m/min，逐步靠近 200m/min。为了实现高速进给，数控装置采用快速处理方式，例如采用数控高速转换器，将数据快速传递，以及采用 32bit 的计算机数控装置等。在机械结构方面，相应地采取措施，例如采用大导程滚珠丝杠和滚动导轨等。驱动元件采用交流伺服电动机也有利于提高伺服进给的速度。

（3）缩短辅助时间　缩短辅助时间包括换刀时间、刀具移近或离开工件的时间、工件装卸时间等。

现在许多小型加工中心的换刀时间达到了 1～2s，有的已缩短到 0.5s。在缩短刀具接近和离开工件的时间方面，除了提高快移速度外，在机械结构方面也采取了措施。例如，采用移动式立柱结构，使工作台面与操作者距离更近，操作者操纵机床时更加方便。采用传感器测量工件尺寸，有利于节省时间和提高精度。采用工序更加集中的加工中心，使工件在一次装夹中完成更多的工序，从而减少工件装卸的时间，例如，有的加工中心，其主轴既可立式加工，又可卧式加工，配有回转工作台，一次装夹可加工五个表面。切削加工时，采用合适的冷却方式，防止切屑进入机床的运动部位，使机床运转可靠等，都是充分发挥机床性能的措施，从而提高生产率。

**2. 高精度**

在工厂的一般环境下，加工中心的加工精度可达 IT7 级，经过努力可以达到 IT6 级。镗孔加工时，如提高主轴部件的刚度和精度，其加工孔径公差可达 IT4 级。提高加工中心精度的主要措施是提高编程时的圆弧补偿精度、机床定位精度和精度补偿技术。世界许多国家都在进行机床运动和负载变形误差以及机床热误差的软件补偿技术的研究，有的可消除此类误差的 60%。

精密加工中心采用的数控系统，其最小设定单位（分辨率）目前可达到 0.1μm，因此，加工中心的位置精度有可能进一步提高。精密加工中心必须在恒温、恒湿的加工环境中操作，以保证较高的加工精度。

**3. 高自动化**

提高加工中心的自动化程度不仅可以改善操作条件，减轻工人的劳动强度，而且可以明显提高加工效率。

为了提高自动化程度，加工中心的硬件和软件采用了多种多样的改进措施，例如，加工中心采用对话系统，操作方便，操作时间短，检验及时，差错率小。为了进一步提高自动化程度，可在加工中心上增加自动交换托盘等辅助设备，工件用人工装在托盘上。工作时，把托盘送到工作台上，定位、夹紧，进行加工。托盘至少有两个，一个在工作台上工作，另一个在机外装卸工件，工作结束后交换，这就可使装卸工件的时间与加工时间重合。有的加工中心有 6 个或 8 个托盘，一次装好，依次自动交换，机床可长期无人看管，自动地工作。

现代加工中心配备越来越多的附件，进一步增加加工中心的功能。例如，新型的加工中心配备有：工件自动测量装置、尺寸调整装置和镗刀检验装置、刀具破损监测装置等。刀具破损监测装置是应用声发射的检测方法，利用刀具在断裂瞬间发生的超声波便可判知刀具是否破损，从而及时采取措施，保证加工不间断。

# 第六节　数控车床和车削中心

## 一、数控车床

数控车床（NC lathe）是数控机床中产量较大、使用较广泛的机床，它集中了卧式车床、转塔车床、多刀车床、仿形车床、自动和半自动车床的功能，主要用于加工各种轴类、盘类回转体零件，车削内外圆柱面、圆锥面、圆弧、端面、各种螺纹及回转体的内外曲面，适合汽车、摩托车、电子、航天、军工等行业对回转体类零件进行高效、大批量、高精度的加工。

### （一）机床布局

主机生产厂通常采用模块化设计，根据加工范围（长度、直径等）、床身形式、主轴形式、导轨形式、刀架布局形式、控制系统等可组合成多种形式的机床，形成系列产品。本节内容以量大面广的通用型产品为例，介绍数控车床的典型机构及其特点。图 3-28a 所示为卸掉机床防护罩以后的主要部件布局图，数控车床多数采用这种布局形式。图 3-28b 所示是HTC32 系列数控车床的外观图。

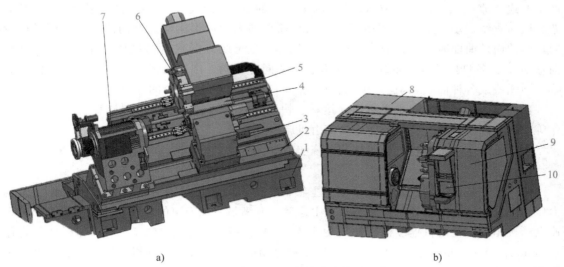

a)　　　　　　　　　　　　　　　　　　b)

图 3-28　HTC32 系列数控车床的外形图

a）部件布局　b）数控车床的外观

1—床身　2—滑动导轨　3—尾座　4—溜板　5—滚动导轨　6—转塔刀架　7—主轴箱

8—电控柜　9—防护罩　10—显示器及操作面板

数控车床在零件加工的程序段内不需人工操作，也没有机械操作元件，如手柄、摇把等。机床在防护罩的保护下工作，是通过防护罩上的玻璃窗或显示器观察工作情况。因此，数控车床的布局有如下特点：

斜置45°的床身1上设有滑动导轨2和滚动导轨5，尾座3和溜板4分别在其上运行，主轴箱7固定在床身1左端，转塔刀架6安装在主轴箱7右上方处的溜板4上。这显然是只有不需人工操作时才能采用的布局。刀架的位置决定了主轴的转向，此种布局与卧式车床相反。防护罩9的配备使数控车床不用担心切屑飞溅伤人，可最大限度地提高切削速度，以充分发挥刀具的切削性能。高刚性、高精度的数控车床可将粗、精加工集中在一台设备完成，切削力大且切屑多。斜置45°的床身采用整体箱形结构，刚度比水平卧式车床床身高。滑动导轨2为镶钢导轨，耐磨。床身左端固定有主轴箱7，床身右端装有尾座3，尾座3可以根据工件长度，在滑动导轨2上纵向移动。数控车床一般是两坐标的，溜板4分为两层。底层为纵向溜板，可沿床身滚动导轨5做纵向（$Z$ 向）移动，上层为横向溜板，可沿纵向溜板的上导轨做横向（沿床身倾斜方向，即 $X$ 向）移动。横向溜板上装有转塔刀架6。刀架有8个工位，可根据零件的加工需求合理布置刀具数量，在加工过程中，可按照零件加工程序自动转位，将所需的刀具转到加工位置。

在机床后面左侧装有电控柜8，内有数控系统、主轴伺服驱动器和 $X$、$Z$ 轴伺服驱动器，及机床各种电源装置，电气控制元件。显示器及操作面板10在机床的右前方防护罩9上，操作者通过面板上的按键和各种开关按钮实现对机床的控制；同时机床的各种工作状态信号也可在操作面板上显示出来。

### （二）机床的运动和传动系统

数控车床的运动同样有表面成形运动和辅助运动。数控车床的传动原理图如图1-16所示。车削内外圆柱面时，主轴的旋转运动 $B_1$，产生母线（圆）；刀架的纵向直线运动 $A_2$，产生导线（直线），运动 $B_1$ 和 $A_2$ 就是两个简单的表面成形运动。主轴的旋转运动 $B_1$ 和刀架的横向直线运动 $A_3$，是加工端面时的两个简单的表面成形运动。车削圆锥面、圆弧面及回转体的内外曲面时，主轴的旋转运动 $B_1$ 同样产生母线（圆），而刀架的纵向移动 $A_2$ 和横向移动 $A_3$，各自按照数控系统发出的指令速率同时运动，产生所需要形状的导线（倾斜直线、圆弧线或各种曲线），这是由纵向运动 $A_2$ 和横向运动 $A_3$ 复合的表面成形运动。

数控车床的辅助运动主要是切入运动、快进和快退运动以及转塔刀架转位（换刀）动作等。除装卸工件外，一切辅助运动都由机床本身完成。

表面成形运动是通过机床的传动系统实现的，图3-29所示为数控车床传动系统图。

### 1. 主运动传动链

两末端件是主电动机与数控车床的主轴，它的功用是把动力源（电动机）的运动及动力传给主轴，使主轴带动工件旋转实现主运动，并满足主轴变速的要求。机床主轴由交流调速电动机驱动，电动机连续额定输出功率为11kW，最大功率为15kW，但工作时间不得超过30min，称为30min过载功率。也可用变频电动机驱动主轴。电动机无级调速，转速范围为50~6000r/min。电动机的额定转速为750r/min，从额定转速至最高转速范围内为恒功率调速。从最高转速范围开始，随着转速的下降，最大输出转矩递增，保持最大输出功率为额定功率不变。最低转速为50r/min，从额定转速至最低转速为恒转矩调速。电动机的最大输出转矩维持为额定转速时的转矩不变，不随转速的下降而上升。

主电动机通过同步带轮传动副 $\phi130/\phi195$ 带动主轴，使主轴获得 35~500r/min、500~4000r/min 变速范围的无级调速。在主轴 35~500r/min 之间为恒转矩调速，在 500~4000r/min 之间为恒功率调速。在切削端面和阶梯轴时，希望随着切削直径的变化，主轴转速也

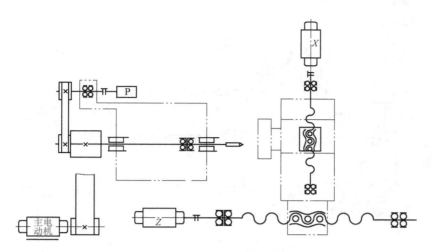

图 3-29 数控车床传动系统图

随着变化，以维持切削速度不变。这时切削不能中断，主轴转速的变化由电动机无级调速来实现。

**2. 进给传动链**

进给传动链的功用是实现刀具纵向（Z 向）或横向（X 向）的进给运动。Z 轴交流伺服电动机通过滚珠丝杠驱动纵向溜板，沿床身在 Z 轴方向移动。X 轴交流伺服电动机通过滚珠丝杠驱动横向溜板上的刀架，在纵向溜板上沿 X 轴方向移动。Z 轴、X 轴伺服电动机通过联轴器直接连接到每一个滚珠丝杠上。编码器装在伺服电动机后端，所以本数控车床属于半闭环控制。

数控车床切削螺纹时，主轴与刀架间为内联系传动链，数控车床是用电脉冲实现的。主轴经传动比为 1∶1 的同步带轮驱动主轴脉冲发生器，每转发 1024 个脉冲。经数控系统根据加工程序处理后，输出一定数量的脉冲，再通过伺服系统，即 Z 轴伺服电动机或 X 轴伺服电动机、联轴器以及滚珠丝杠，驱动刀架的纵向或横向运动。这就可切削任意导程的螺纹或进行进给量以 mm/min 计的车削。如果根据加工程序，主轴每转数控系统输出的脉冲数是变动的，就可切削变导程螺纹。如果脉冲同时输往 X 和 Z 轴，脉冲频率又根据加工程序是变化的，则可加工任意回转曲面。螺纹往往需多次车削，一刀切完后刀架退回原处，下一刀必须在上次的起点处开始才不会乱牙。因此，脉冲发生器还发出另一组脉冲，每转一个脉冲，显示工件旋转的相位，以避免乱牙。

**（三）主轴箱**

从上面车床传动系统图可以看出，数控车床的机械结构与传统车床相比，明显简化。已经不再有机构复杂的车床进给箱和溜板箱，进给的速度和方向变化，完全被机构简单的 X 轴和 Z 轴伺服电动机和直连滚珠丝杠所代替。仅存的数控车床主轴箱，由于用主电动机无级调速，不再有繁杂的机械变速系统，去掉了用于变速和变向的大量的传动轴和变速齿轮，所以它的主轴箱结构比卧式车床简单得多。图 3-30 所示为 HTC32 型数控车床主轴箱的展开图。

由图 3-30 可以看出，主轴箱的结构具有明显的特色。主轴箱内只有一根主轴 4，主电动机经主轴尾部的带轮 1，直接驱动主轴，加工时工件夹持在主轴上，并由它直接带动旋转。

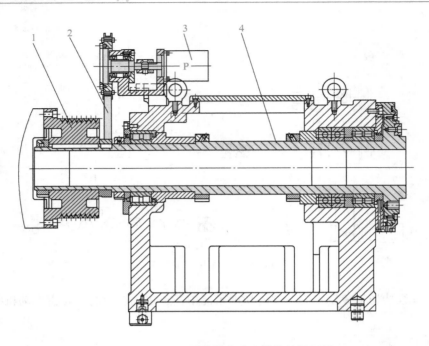

**图 3-30　HTC32 型数控车床主轴箱的展开图**
1—带轮　2—同步带　3—主轴脉冲发生器　4—主轴

主轴箱的重要部分就是主轴及其轴承，主轴的旋转精度、刚度和抗振性对工件的加工精度和表面质量有直接影响。这种机床主轴的轴径较大，主轴的前后径向支承采用高精度的双列圆柱滚子轴承，由于这种轴承的刚度和承载能力大，旋转精度高，因而可保证主轴组件有较高的旋转精度和刚度。在前支承处还装有成对安装的角接触球轴承，用于承受左右两个方向的轴向力。轴承的间隙直接影响主轴的旋转精度和刚度，主轴轴承应在无间隙（或少量过盈）条件下进行运转，即要进行预紧。这种数控车床的主轴箱，不仅机构简单，而且可以实现大功率、高刚度、高精度和自动变速等要求。

数控车床的主运动和进给运动之间，是依靠电脉冲信号进行联系的。在主轴箱的上方，装有主轴脉冲发生器 3，主轴经同步带 2 驱动主轴脉冲发生器。

## 二、车削中心

### （一）车削中心的工艺范围

车削中心（turning center）是数控车床在扩大工艺范围方面的发展。不少回转体零件常常还有钻孔、铣削等工序，例如钻油孔、钻横向孔、铣键槽、铣扁方以及铣油槽等，最好能在一次装夹下完成。一次装夹，完成尽可能多的工序，对降低成本、缩短加工周期有重要的意义。车削中心就是为了满足复杂机械零件加工、适应其加工工艺复合的需要而在数控车床基础上发展起来的。

车削中心除具有数控车床的切削加工功能外，还可在工件的端面、侧面或斜面上，进行铣削、钻削和攻螺纹等。车削中心能完成的除车削外的其他工序如图 3-31（该图为俯视）所示。图 3-31a 所示为铣端面槽。机床主轴不转，装在刀架上的铣主轴旋转，上装铣刀。如

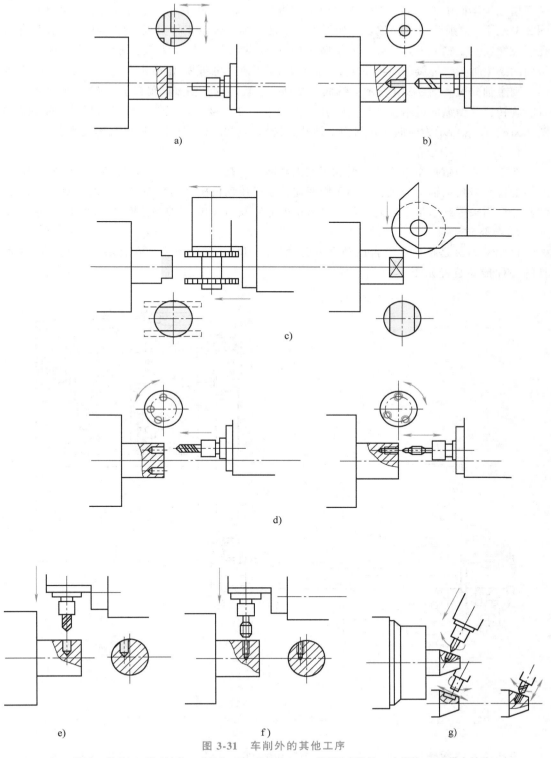

图 3-31　车削外的其他工序

a）铣端面槽　b）端面钻孔，攻螺纹　c）铣扁方　d）端面分度钻孔、攻螺纹　e）横向钻孔

f）横向攻螺纹　g）斜面上钻孔、铣槽、攻螺纹

端面槽位于端面中央，则刀架带铣刀做 X 向进给，通过工件中心。如端面槽不在端面中央，如图 3-31a 所示，则铣刀 Y 向偏置。如不止一条槽，则主轴带工件分度。图 3-31b 所示为端面钻孔、攻螺纹。主轴或刀具旋转，刀架做 Z 向进给。图 3-31c 所示为铣扁方。机床主轴不转，刀架内的铣主轴带铣刀旋转。可以做 Z 向进给（左图），也可做 X 向进给（右图）。如需铣多边形，则主轴分度。图 3-31d 所示为端面分度钻孔、攻螺纹。钻（攻螺纹）主轴装在刀架上，偏置、旋转，并做纵向进给。每钻完一孔，主轴带工件分度。攻螺纹主轴还需反转以退出丝锥。图 3-31e、f、g 所示为横向或在斜面上钻孔、铣槽、攻螺纹。此外，还可铣螺旋槽。

（二）车削中心的特点

车削中心与数控车床比较，增加了两大功能：一是自驱动刀具。在数控车床的多工位转塔刀架上备有刀具主轴电动机，自动无级变速，通过传动机构驱动装在刀架上的刀具主轴，如铣削头、钻削头等。二是主轴能按程序要求精确分度及与 X 或 Z 轴进行插补联动伺服控制。

**1. 自驱动刀具**

自驱动刀具是指那些有自己独立的驱动源的刀具，通常也安装在转塔刀架上。自驱动刀具的一种传动装置如图 3-32 所示。

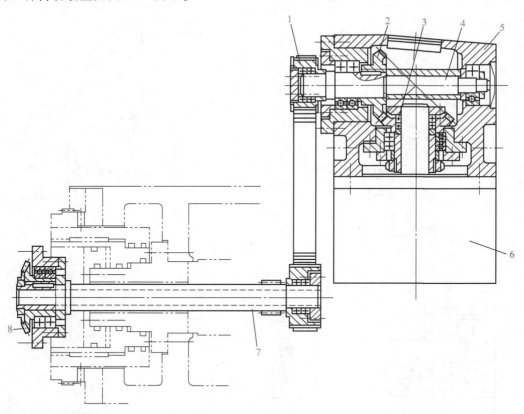

图 3-32　自驱动刀具传动装置

1—带轮　2—被动锥齿轮　3—锥环　4—轴　5—传动箱　6—伺服电动机　7—空心轴　8—中央锥齿轮

传动箱 5 装在转塔刀架体的上方。伺服电动机 6 经锥环 3 无键连接传动主动锥齿轮；被动锥齿轮 2 通过轴 4 和锥环无键连接传动同步带轮 1。然后，经同步带、位于转塔回转中心的空心轴 7，驱动中央锥齿轮 8。在各种自驱动刀具附件中，也有一个锥齿轮与中央锥齿轮8 啮合，从而把伺服电动机 6 的运动传给自驱动刀具。

自驱动刀具附件有许多种，这里仅举两例。

图 3-33 所示是高速钻孔附件。轴套的 A 部装入转塔的刀具孔中。刀具主轴 3 的右端装有锥齿轮 1，它与图 3-32 的中央锥齿轮 8 啮合。主轴 3 的前（左）端支承在三个一套的向心推力球轴承 4 内，后端用滚针轴承 2 支承。主轴头部有弹簧夹头 5 夹紧钻头。

图 3-34 所示为铣削附件。轴 2 右端的锥齿轮 1 与图 3-32 中的中央锥齿轮 8 啮合，运动

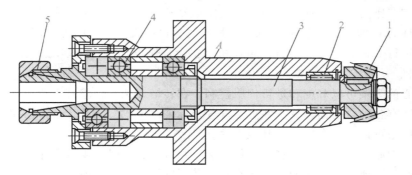

图 3-33　高速钻孔附件

1—锥齿轮　2—滚针轴承　3—主轴　4—球轴承　5—弹簧夹头

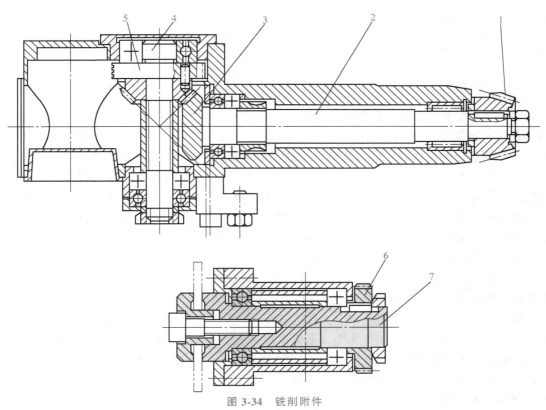

图 3-34　铣削附件

1—锥齿轮　2、4—轴　3—锥齿轮副　5、6—圆柱齿轮　7—铣主轴

由锥齿轮 1 经轴 2 左端的锥齿轮副 3 传至轴 4。在中心线 $A$—$A$ 处，可装铣主轴（也可装其他刀具的主轴）。圆柱齿轮 5 与圆柱齿轮 6 啮合，运动传至铣主轴 7，从而使铣刀旋转。显然，铣主轴 7 与图 3-33 中的主轴 3，在空间相差 90° 角。两种附件用于工件上不同部位的加工。

**2. 主轴的分度与伺服控制**

在车削中心机床上，装夹工件的主轴也与普通数控车床不同。在主轴的尾端装有主轴分度装置，用于加工零件圆周上按某种角度分布的径向孔或零件端面上分布的轴向孔。同时主轴也可像数控车床的刀架一样，用单独的伺服电动机进行控制，按数控车床坐标系的规定，这样的主轴称为 $C$ 轴，当 $C$ 轴和 $Z$ 轴联合控制时，可以铣零件上的螺旋槽。

分度和进行 $C$ 轴控制时，脱开主电动机，接合伺服电动机；车削时，脱开伺服电动机，接合主电动机。

车削中心的主轴可以分度和进行伺服控制。在转塔刀架上，除装有普通数控车床的刀具外，同时还装有各种自驱动刀具，并可实现各坐标轴（$X$、$Z$、$C$ 轴）之间的联合伺服控制，所以在车削中心可以实现车削外的其他工序。

有的车削中心应用的刀具较多，转位刀架不敷应用，这时，采用刀库和机械手。

车削中心与普通数控车床的基本区别在于前者的转塔刀架上能安装带旋转刀具的动力刀座，且主轴能按程序要求精确分度及与 $X$ 或 $Z$ 轴进行插补联动，主轴这种控制称 $C$ 轴功能。车削中心是可以对三个坐标（$X$、$Z$ 和 $C$）轴进行伺服控制的数控机床。

# 第七节　车铣复合加工中心

## 一、车铣复合加工技术 （combined machining technologies）

数控车床主要用于加工各种轴类、盘类回转体零件，数控铣床主要用于加工各类平面、曲面和壳体类零件，这两类机床的加工原理和加工范围都不相同。形状复杂的工件，如以叶轮、叶片为代表的自由曲面形状的模具及航空零件等，传统工艺需要采用多种加工方法和多道生产工序，涉及的机床种类繁多，既需要数控车床加工，也需要加工中心加工，以往是先用数控车床进行车削加工，然后用加工中心进行铣削加工，工件需要在多台机床间传递，还要准备多种工装夹具。配套工装设计和制造繁杂，产品生产准备周期长；零件的多次装夹和基准转换，有时带来不必要的工序，也使零件加工精度难以有效控制。

随着产品结构和工件复杂程度的提高，追求一次装夹完成工件的全部加工，已经成为机床技术发展的需求，多工序复合加工技术应运而生。近些年来，已相继开发出各种类型的复合加工机床，将车削、铣削功能融合在一台机床上，发展成为一种加工范围更加广泛的新型数控机床，即复合加工中心，在一台机床上，自动完成一个工件的大部分或所有工序。这样工序更为集中，功能更加完善。由于工序集中，不但工件的定位误差小、加工精度高、加工时间缩短，而且能够缩短生产准备周期，提高整体生产效率。复合加工中应用最广、难度最大的就是车削和铣削的复合加工，相当于一台数控车床和一台加工中心的复合，可以使工件在一次装夹中完成全部车、铣、钻、镗、攻螺纹等不同方法的加工，是机械加工领域目前最流行的机械加工设备之一。复合加工机床可以分为两大类：第一类是以数控车床为设计基础增添铣削等功能的复合加工机床，称为车铣复合加工中心；另一类是以加工中心为设计基础增添车削等功能的复合加工机床，称为铣车复合加工中心，本书重点介绍车铣复合加工中心。

车铣复合加工中心使得原本要在车床和铣床上先后分别加工的形状复杂的工件，可以在一台机床上完成多种工序。车铣复合加工技术包括"车铣技术"和"复合加工技术"两个方面。所谓车铣技术，是利用铣刀和工件旋转的合成运动，进行工件各类表面的切削加工。车铣属于断续切削，可以获得较好的断屑效果，切屑较短，自动排屑容易；断续切削使刀具冷却时间较长，刀具温度相对较低，易于实现高速切削。可见，车铣技术不是车削与铣削的简单结合，而是利用车铣合成运动来完成多种工序的一种高新切削技术，并使工件的形状精度、位置精度、表面粗糙度及残余应力等多方面达到使用要求。所谓复合加工技术，包含工艺复合和工序复合两个方面。工艺复合是工件装夹在机床上以后，用车、铣、镗、刨、磨、研、抛等不同的制造方法，顺序地或并行地完成工件的表面加工。工序复合指用同类加工方法对不同工序进行顺序或并行地完成工件各个表面的加工。例如用不同类型铣刀完成工件的顶面、端面、侧面、成形面甚至底面等不同工序的铣削以及粗、精铣等不同工步的加工。

车铣复合加工的主要特点可以归纳如下：

（1）提高工序集中度 加工任务只交给一个工作岗位，一台机床完成了多台机床的加工任务，减少了加工设备的数量和车间占地面积。同时也缩短了物流长度，简化了生产过程和生产管理，且减少了在制品储存量，相对于传统的工序分散生产方法来说，工件越复杂，优势越明显。

（2）提高加工精度 工件在整个加工过程中只有一次装夹，减少了工件安装次数，避免了由于基准转换产生的安装误差，加工精度容易保证。

（3）减少工装夹具数量 工序集中在一台机床上，加工过程仅需一次装夹，使工装夹具数量减少，缩短了生产准备周期。

（4）提高加工效率 车铣复合加工可以进行高速切削，缩短了切削时间；同时避免或减少了工件在不同机床间进行工序转换而增加的工序间输送和等待时间，减少了多工序加工中零件的上下料装卸时间，即又可减少辅助时间。

目前车铣复合加工中心机床的单台设备价格较高，初始投入较大，但由于缩短了生产过程链，减少了工装夹具数量，加工设备数量，车间占地面积和设备维护费用等也随之减少，从而降低了总体固定资产的投资，节省了生产运作和管理的成本。

## 二、HTM63150iy 型车铣复合加工中心

### （一）机床布局和用途

HTM63150iy 型车铣复合加工中心是在三轴车削中心基础上发展起来的，相当于一台车削中心和一台加工中心的复合，简称车铣中心。它集成了车削、铣削、钻削和镗削等功能，因此可以在一台车铣中心上，经过一次装夹，完成全部车、铣、钻、镗、攻螺纹等加工。机床型号 HTM63150iy 中的 HTM 表示卧式车铣中心，63 表示机床最大切削直径为 630mm（床身上最大回转直径可达 800mm），150 表示最大切削长度为 1500mm，iy 表示插补 $Y$ 轴。图 3-35 所示为 HTM63150iy 型车铣复合加工中心的外观和主要部件的布局。

图 3-35a 所示是装有防护罩 22 的机床外观图，图 3-35b 所示是卸掉防护罩后的机床主要部件的布局图。机床总体布局采用数控车床布局形式，60°斜角的斜平床身 16，内部采用斜

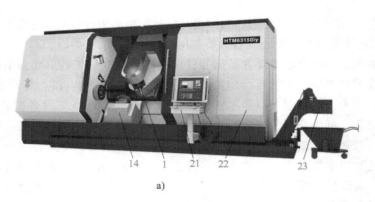

a)

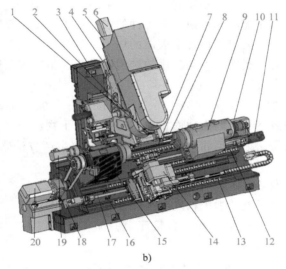

b)

图 3-35　HTM63150iy 型车铣复合加工中心

a）机床外观　b）主要部件的布局

1—上刀架　2—机械手　3—刀库　4—$Y$轴滑台　5—$X$轴滑板　6—$X$轴伺服电动机　7—$Z$轴床鞍

8—$Z$轴导轨　9—第二主轴箱　10—$Z$轴伺服电动机　11—$W$轴伺服电动机　12—$W$轴导轨　13—$Z_2$轴导轨

14—下刀架　15—主轴箱　16—斜平床身　17—$Z_2$轴　18—$Z_2$轴伺服电动机　19—$C$轴伺服电动机

20—主电动机　21—操作台　22—防护罩　23—排屑器

拉式肋形布局，6 导轨分布。第二主轴箱 9 和下刀架 14 运行在 60° 导轨面上，$Z$ 轴床鞍 7 运行在上后部的水平导轨面上。此机床配置有主副双主轴和上下双刀架。斜床身左端装有车削主轴箱 15，由主电动机 20 通过同步带直接驱动主轴。主轴具有 $C$ 轴（绕 $Z$ 轴旋转）功能，由 $C$ 轴伺服电动机 19 通过单独的传动机构，实现主轴 $C$ 轴分度。斜床身右端装有第二主轴箱 9，其主轴也具有 $C$ 轴功能（$C_2$ 轴）；第二主轴箱可以在斜床身的 $W$ 轴导轨 12 上纵向移动，由 $W$ 轴伺服电动机 11 通过滚珠丝杠直接驱动。该车铣中心的主、副主轴均为伺服主轴，既可同步运转，又可分别在任意角度定向停车和与其他伺服轴进行插补。斜床身下部装有下刀架 14，选用德国 SAUTER 公司生产的卧式 12 工位伺服刀架，安装车削状态用的各种刀具。下刀架可以在斜床身的 $Z_2$ 轴导轨 13 上纵向移动，由 $Z_2$ 轴伺服电动机 18 通过滚珠丝杠直接驱动；下刀架还可以由 $X_2$ 轴伺服电动机，通过单独的传动机构实现横向（$X_2$ 轴）

移动。

斜平床身 16 上部平床身部位装有上刀架系统，它装在可沿纵向（Z 向）、横向（X 向）、径向（Y 向）直线移动的刀架载体上。刀架载体分为三层：底层床鞍（Z 轴）7、中间层滑台（Y 轴）4 和上层滑板（X 轴）5。Z 轴床鞍 7 沿床身 Z 轴导轨 8 做纵向（Z 向）移动，由 Z 轴伺服电动机 10 通过滚珠丝杠直接驱动。中间层滑台（Y 轴）4 在 Z 轴床鞍 7 的导轨上沿着 YT 轴（与 X 向形成倾角）方向移动；上层滑板（X 轴）5 在中间层滑台（Y 轴）4 的导轨上做横向（X 向）移动。X 轴滑板上面装有上刀架 1，是具有 B 轴功能的 ATC 单主轴刀架，动力主轴上可以安装铣削状态用的各类旋转刀具。刀具主轴旋转由功率为 19kW 的电动机驱动，B 轴（绕 Y 轴旋转）伺服插补由功率为 15.7kW 的 B 轴伺服电动机单独驱动（图 3-35 中未示出）。铣削状态用旋转刀具的品种和规格较多，在床身后面备有刀库 3（容纳 40 个刀位），通过机械手 2 进行自动换刀，将所需的刀具转到加工位置。

防护罩 22 的配备使车铣复合加工中心在加工过程中，不用担心切屑飞溅伤人，可最大限度地提高切削速度，以充分发挥刀具的切削性能。高刚性、高精度的车铣复合加工中心可将粗、精加工集中在一台设备完成，切削力大且切屑多。斜置式床身可使切屑方便地排除在排屑器 23 中。在机床后部左面装有电控柜（图 3-35 中未示出），内有数控系统、主轴伺服驱动器和各坐标轴伺服驱动器，及机床各种电源装置，电气控制元件。操作台 21 在机床的右前方，操作者通过面板上的按键和各种开关按钮实现对机床的控制；同时机床的各种工作状态信号也可在操作面板上显示出来。

这样，铣削状态用的各类旋转刀具可以实现在 Z、Y 和 X 三个坐标轴方向的移动和 B 轴的摆动回转运动，与机床主轴的 C 轴功能配合，可以实现五轴联动。

可见，机床加工工艺范围广，不仅具有车床的全部功能，还能够进行铣、钻、磨，甚至滚齿加工，该车铣中心的显著特点是铣削加工叶片螺旋面、加工偏心零件、铣削斜面等，特别适用于军工、航空航天、汽车、石油、能源等加工制造行业的复杂零件的加工，工件一次装夹可加工完成全部或大部分工序，大大提高了工作效率，保证零件的加工精度。

### （二）机床的运动和伺服控制轴

HTM63150iy 型车铣中心有车削、铣削等多种加工状态，有工件旋转的车削主轴和刀具旋转的铣削主轴。有 Z、$Z_2$、W、Y、X、$X_2$、B、C 和 $C_2$ 九个伺服控制轴，具备 Z、Y、X、B 和 C 轴的五轴插补联动功能，具有多任务通道，多轴控制，可以同时进行不同任务的加工。

### 1. 机床主运动

本机床的主运动分为车削状态下的主运动和铣削状态下的主运动。车削状态下的主运动是机床的车削主轴带动工件旋转，机床有两个车削主轴。第一车削主轴装在床身左端的主轴箱（第一主轴箱）内，由 30kW 的主电动机经同步带直接驱动，无级变速，主轴最高转速达 3000r/min。

第二车削主轴（车副主轴）为内装电动机式主轴，装在床身右端的第二主轴箱内，由 23.6kW 的内装电动机直接驱动，无级变速，第二主轴最高转速达 3200r/min。

铣削状态下的主运动是装在上刀架系统动力主轴上各类刀具的旋转，刀具动力主轴采用电主轴，电动机功率为 19kW，刀具最高转速达 12000r/min。也有些车铣复合加工中心的刀具动力主轴，采用典型机械式主轴，目前最高转速达 9000r/min，比电主轴转速低，可以满足大多数切削条件的要求，适合于大转矩切削。

**2. 伺服进给运动**

（1）直线移动控制轴　机床 9 个伺服进给控制轴中，有 6 个直线移动轴：$Z$、$Z_2$、$W$、$Y$（$YT$）、$X$ 和 $X_2$ 轴。图 3-36 所示为机床的 6 个直线轴传动系统。

安装车削状态刀具的下刀架，有 2 个直线伺服进给运动控制轴：$Z_2$ 轴和 $X_2$ 轴。$Z_2$ 轴伺服电动机通过联轴器直接连接滚珠丝杠，驱动下刀架，使其在斜床身的纵向（$Z$ 向）导轨上移动，实现 $Z_2$ 轴控制。$X_2$ 轴伺服电动机，通过齿轮传动和滚珠丝杠，驱动下刀架，使刀具在刀架滑板上做横向（$X$ 向）移动，实现 $X_2$ 轴控制。

$W$ 轴伺服电动机通过联轴器直接连接滚珠丝杠，驱动第二主轴箱，使其在斜床身的纵向（$W$ 轴）导轨上移动，当第二主轴箱移动到某一位置时，由液压锁紧装置将其固定，实现 $W$ 轴控制。

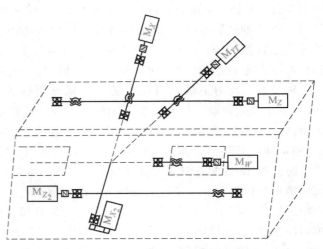

图 3-36　机床的 6 个直线轴传动系统

安装铣削状态刀具的上刀架，有 3 个直线伺服进给运动控制轴：$X$ 轴、$Y$ 轴和 $Z$ 轴。$X$ 轴和 $Z$ 轴的伺服驱动，分别由 $X$ 轴和 $Z$ 轴伺服电动机，通过联轴器直接连接到每一个滚珠丝杠，实现伺服进给运动的横向和纵向控制。在加工中，$X$ 轴、$X_2$ 轴形成回转体的径向尺寸或复杂曲面的插补铣加工；$Z$ 轴、$Z_2$ 轴形成回转体的轴向尺寸或可用于平面的 $Z$ 向铣削复杂曲面的插补加工。

$Y$ 轴是虚拟轴，通过 $X$ 轴和一个与 $X$ 轴有一定夹角的 $YT$ 轴插补来实现。$Z$ 轴垂直于 $XY$ 平面，$Y$ 坐标与 $X$ 坐标的垂直关系由插补精度决定。在实现 $Y$ 坐标方向运动时，$X$ 轴和 $YT$ 轴同时运动，如图 3-37 所示。

HTM63150iy 型车铣中心 $Y$ 轴功能的实现是在机床的床鞍和滑板之间加一个滑台，床鞍 1 及上面的滑台 2 和滑板 3 沿床身在 $Z$ 轴方向的移动是由 $Z$ 轴伺服电动机通过滚珠丝杠驱动的，滑板及上面的刀架沿 $X$ 轴方向移动是由 $X$ 轴伺服电动机通过滚珠丝杠驱动的。中间滑台的移动方向称为

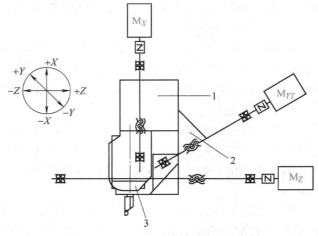

图 3-37　$X$、$YT$、$Z$ 轴结构示意图
1—床鞍　2—滑台　3—滑板

$YT$ 轴，它与 $X$ 轴滑板的移动方向有个倾斜角。滑台沿 $YT$ 轴方向移动是由 $YT$ 轴伺服电动机通过滚珠丝杠驱动的。$X$ 轴和 $YT$ 轴的伺服电动机通过滚珠丝杠进行联合驱动插补，利用滑

板和滑台倾斜移动的运动合成形成虚 $Y$ 轴，从而实现 $Y$ 轴方向（径向）移动的伺服控制。$Y$ 轴形成刀具与主轴中心的偏离，可用于钻偏心孔、平面的 $Y$ 向铣削或复杂曲面的插补加工。

虚 $Y$ 轴对 $X$ 轴和 $YT$ 轴两轴运动的动态特性要求较严格，这种形式 $X$ 轴拖动重力轻，易于控制，但受布局影响，$Y$ 轴行程较小。目前国内外有些车铣复合加工中心产品，用机械保证 $Y$ 坐标与 $X$、$Z$ 坐标的垂直关系，即实 $Y$ 轴。显然，这种结构的优点是 $Y$ 轴运动是直接的，不需要任何插补合成运动。实 $Y$ 轴可达到较高精度，这在铣削 $Y$ 坐标方向平面时易于达到理想的平面质量。这种布局 $Y$ 坐标方向行程比虚 $Y$ 轴大，但机床结构尺寸也较大。

（2）圆周进给控制轴（回转轴）　机床 9 个伺服控制轴中，有 3 个圆周进给轴：$B$、$C$ 和 $C_2$ 轴。

$B$ 轴是指上刀架铣削状态的旋转刀具绕 $Y$ 轴旋转。本机床选用具有 $B$ 轴功能的单主轴刀架，$B$ 轴的功能是带动刀具主轴在 $\pm120°$ 范围内摆动。$B$ 轴伺服电动机通过机械机构减速，利用三齿盘结构（定齿盘、动齿盘、锁紧齿盘）和转盘以及液压缸（定位锁紧液压缸、任意位置锁紧液压缸和插补液压缸）的动作，使 $B$ 轴呈现以下三种工作状态：

1）带动刀具主轴每 5° 转位。这时定位锁紧液压缸动作，将锁紧齿盘脱开啮合，转动转盘，刀具到达预定位置后电动机停止，定位锁紧液压缸动作将锁紧齿盘与定齿盘和动齿盘啮合，使刀具主轴精确定位并锁紧。

2）带动刀具主轴任意位置转位。首先定位锁紧液压缸动作将锁紧齿盘脱开啮合，转动转盘，刀具到达预定位置后电动机停止，任意位置锁紧液压缸动作将转盘锁紧，使刀具主轴在任意位置定位并锁紧。

3）带动刀具主轴做插补运动。首先定位锁紧液压缸动作将锁紧齿盘脱开啮合，任意位置锁紧液压缸动作将转盘松开，插补液压缸动作，使转盘向上移动 0.05mm，施加一定的预压力，使刀具主轴在 $B$ 轴方向上插补运动时平稳工作。

$B$ 轴绕 $Y$ 轴旋转，形成刀具与主轴回转中心的夹角，当连续插补加工复杂曲面时，刀具可以保持连续垂直于工件轨迹的切线方向。$B$ 轴可以偏斜加工，也可以进行机械分度。$B$ 轴功能使机床有能力进行五轴定位铣削和三到五轴的联动铣削。

$C$ 轴是指主轴箱和第二主轴箱车削状态的主轴绕 $Z$ 轴伺服旋转。装在斜床身左端主轴箱的主轴，其 $C$ 轴有单独的传动机构，由功率为 4.9kW 的伺服电动机通过减速器和一对降速齿轮与主轴连接，实现 $C$ 轴分度。装在斜床身右端第二主轴箱的主轴，称为副主轴，其 $C$ 轴功能称为 $C_2$ 轴。副主轴由内装 $C$ 轴的主轴电动机直接驱动，即 $C_2$ 轴用电子控制直接驱动代替了传统的机械传动机构。

$C$ 轴绕 $Z$ 轴旋转，在回转体上实现周向进给、分度和定向停车，用于端面钻孔和插补铣削加工。

（三）主轴箱和第二主轴箱

1. 主轴箱

车铣中心的主轴箱（第一主轴箱）装在斜床身左端，与普通数控车床的类似，主电动机无级调速，不再有繁杂的机械变速系统，主轴箱结构比较简单。图 3-38 所示是 HTM63150iy 型车铣中心主轴箱的展开图，主轴箱体 4 内只有一根主轴，主电动机经主轴尾部的带轮 8，直接驱动主轴 1，加工时工件夹持在主轴上，并由它直接带动旋转。机床主轴的轴径较大，主轴的前支承 3 采用 C 级精度的双列圆柱滚子轴承，承受径向载荷。由于这种轴承的刚度和承载能力大，旋转精度高，因而可保证主轴组件有较高的旋转精度和刚度。在前支承 3 处还装有成对安装的角接触球轴承，用于承受左右两个方向的轴向力。主轴轴承应在无间隙（或少量过盈）条件下进行运转，通过角接触球轴承左边的螺母进行预紧，保证轴承所要求的预负荷。主轴的后支承 5 采用 C 级精度的双列圆柱滚子轴承，仅承受径向载荷，主轴属于前端定位，受热变形向后伸展，保证工件的加工精度。这种车铣中心的主轴箱，不仅机构简单，而且可以实现大功率、高刚度、高精度和自动变速等要求。

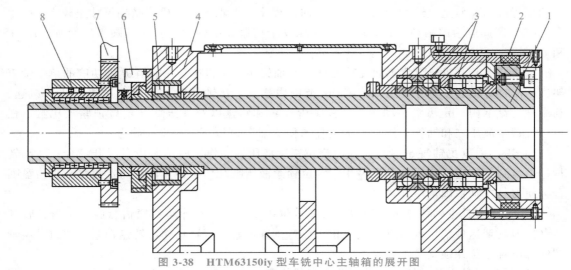

图 3-38　HTM63150iy 型车铣中心主轴箱的展开图

1—主轴　2—制动片　3—前支承　4—主轴箱体　5—后支承　6—角度编码器　7—分度齿轮　8—带轮

机床主轴具有 C 轴功能。C 轴由伺服电动机通过减速器和分度齿轮 7 与主轴连接，在铣削状态实现 C 轴功能，在主轴车削状态下可以和主轴脱开，这样既可以实现大的主轴输出转矩，也能实现 C 轴分度的高精度。主轴前端装有制动片 2，主轴分度时用于定位主轴。主轴后端带有一个高分辨率的角度编码器 6，用于 C 轴操作、螺纹加工或主轴定位。

**2. 第二主轴箱**

第二主轴箱装在斜床身的右端，主轴系统采用内装电动机式主轴结构，如图 3-39 所示。

箱体 8 内装有主轴 1，称为副主轴，其前支承 3 和后支承 9，与第一主轴箱的主轴一样，前端（左端）是一对背对背安装的角接触球轴承和一个双列圆柱滚子轴承，承受轴向和径向载荷，后端是一个双列圆柱滚子轴承，承受径向载荷，前端定位。为了使电主轴旋转部件达到更高的动平衡精度，电动机转子 7 和主轴 1 之间取消了一切形式的键连接和螺纹连接，采用热装方法安装在主轴上，电动机的转子位于前后轴承之间，工作时由压配合产生的摩擦力来传递转矩。

电动机的定子 6 由定子铁心绕组和铝质冷却套组成，并通过铝质冷却套固装在电主轴的壳体中。因为主轴电动机 2/3 以上的热量是由定子传递的，在螺旋槽的冷却套与主轴壳体所构成的冷却通道内通以冷却水，通过由冷却水入口 5 到冷却水出口 11 的内部冷却水通道，采用水热交换冷却系统对定子进行冷却，解决主轴电动机的发热问题。

使用具有一定压力的压缩空气对电主轴轴承进行冷却，压缩空气经进气口 4 到出气口 12 的流动过程中，向轴承内圈和滚动体的接触点喷射，达到"压缩空气进行冷却"的效果。

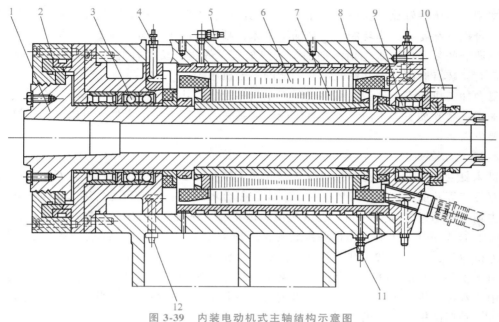

图 3-39　内装电动机式主轴结构示意图

1—主轴　2—制动片　3—前支承　4—进气口　5—冷却水入口　6—定子　7—转子
8—箱体　9—后支承　10—角度编码器　11—冷却水出口　12—出气口

电主轴本身具有 C 轴功能，主轴后端带有一个高分辨率的角度编码器 10，用于 C 轴操作。主轴前端带有制动片 2，制动盘上有两种油压作用，对制动片施加一个低压阻尼压力，实现 C 轴的插补运动，施加一个高压完成 C 轴的定位锁紧。

这类车铣复合加工中心把夹持工件的主轴做成 2 个，既可同时对 2 个工件进行相同的加工，也可通过在 2 个主轴上交替夹持，完成对夹持部位的加工。

### 三、车铣复合加工中心的发展趋势

随着产品更新换代步伐的加快，加工制造正在向多品种、小批量、个性化方向发展，为了适应缩短工件的生产周期、提高工件加工精度的需求，在同一台机床上实现复杂形状工件的完全加工，成为机床技术发展的重点之一。从 20 世纪 80 年代开始，日本、意大利、奥地利和德国等一些国家的机床公司，陆续推出各种类型的复合加工机床。2001 年我国研制出第一台车铣复合加工中心，复合加工技术成为近年来发展最活跃的技术之一，充分展现出复合化、高效和高精度、模块化和智能化的数控机床发展方向。

**1. 复合化**

最先进的复合加工中心除了可以进行车、铣、钻、镗、攻螺纹等加工外，还可以实现更多工序和加工工种的复合。以车削加工为主的复合加工机床，除车削加工外还装有铣削加工、磨削加工等各种功能模块，实现铣削和磨削加工，如在刀架上装有自驱动装置的回转刀具，可以在圆形工件和棒状工件上加工沟槽和平面。以铣削为主的复合加工机床，实现五轴或更多轴的控制，使所有的控制轴做连续运动，即五轴或更多轴的联动，可以对叶轮等具有外延伸曲面形状的工件进行加工。除铣削加工外，还装有一个能进行车削的动力回转工作台，是在集中车削和铣削功能基础上，与齿轮加工功能、磨削功能等复合的加工机床。以磨削为主型的磨床多轴化，在一台机床上能完成内圆、外圆、端面磨削的复合加工，在欧洲开发了综合螺纹和花键磨削功能的复合加工机床，具有不同工种加工的复合化特点，如车削与磨削、研磨的复合，用激光功能把加工后热处理、焊接、切割合并，加工和组装同时实施等。还有，装有磨削功能和激光淬火功能的复合机床等。

复合加工机床不会停留在目前仅限于车削和铣削的功能上。淬火、磨削、冷压成形、超声波加工、激光加工等不同工种都将可能组合到一台机床上，复合加工机床是未来机床发展的重要方向。

**2. 高效和高精度**

机床复合化是当今提高数控机床效率和加工精度的主要措施，通过配置双主轴、双动力头、双刀架等功能，实现多刀同时加工。车铣复合加工中心主轴转速高达12000r/min，有的铣削主轴转速超过30000r/min。进给速度一般都是15m/min以上，最高达36m/min，提高了20%，减少了加工工时。工件一次装夹，完成大部分或全部加工部位，减少了工序间运输和等待时间，大大节省了辅助时间，提高了工作效率。

由于工件安装次数减少，消除了装夹位置误差，减少了由于工序转换带来的精度损失；车铣中心基本采用全闭环控制，还可以进行在线测量、误差补偿、刀具在线实时监控和适应控制等，确保高精度加工的实现。

**3. 模块化**

车铣中心的许多产品都已实现结构模块化设计，利用基本模块和各种功能部件灵活配置，组成各式车铣复合加工中心机床，正在向如何实现功能快速重组的方向发展，以便快速响应市场的需求。在硬件功能上，除了标准的功能模块配置外，还有一些可选模块，如副主轴模块、下刀塔模块、长镗刀轴模块和对刀尖的ATC更换模块、带径向自动进给的镗刀轴模块、角度头模块等。另一方面，在模块化、通用化的基础上，还可以按用户用途要求，剔除那些用户不需要的多余功能模块，按用户需求进行机床模块组合，实现所谓"价格任选"。

**4. 智能化**

复合加工机床内装有储存、运输、加工一体化、工件识别、工件夹持控制、适应控制等功能模块，有些车铣复合机床实现了计算机联网，可实现远程诊断、远程服务和人机对话编程等，正在向智能化方向发展，使车铣复合加工中心成为智能化的机床。

# 第八节 柔性自动化的发展

## 一、柔性加工单元

柔性加工单元（flexible manufacturing cell，FMC），可以看作是扩大功能的镗铣或车铣加工中心。加工中心和车削中心虽然实现了柔性自动化——工件灵活多变，调整快速方便，但装卸工件和测量监控仍离不开人。各种加工中心配上了自动装卸工件、自动测量监控装置，就成了FMC。FMC实现了完全的自动化，可以在一段时间内无人看管地独立工作。FMC是柔性自动化发展过程中一个重要的里程碑。FMC有下列种类：

（1）加工回转体零件的FMC  这种FMC以车削中心或数控车床为核心，配以装卸工件的机器人（robot）和储存台。机器人从毛坯储存台上取工件，装上机床；加工完毕后取下，放入成品储存台。有的 FMC 还配有刀具监控装置，发现磨损或破损，自动停车或换刀。有的还配有工件的测量装置，发现超差能报警、停车，有的还能自动补偿。

（2）加工非回转体零件的 FMC　这种 FMC 以加工中心为核心，配以自动装卸和存储装置。工件由人工装在托盘上。事先装好一批，由机器人或托盘更换装置连同工件一起自动地装卸和存储。有的也配有刀具和工件尺寸的监控装置。

（3）更换主轴箱式 FMC　这种 FMC 的主轴箱是可以更换的。可以看作是组合机床向柔性化方向的发展，属于专用机床类型的 FMC。

图 3-40 所示是 FMC 的工作原理示意图。数控机床是柔性加工单元的主体，由它实施对零件的加工。工业机器人或可换工作台负责从数控机床和工件台架上装卸工件。工件台架用来存放等待加工的或已经加工的工件。它具有自动循环的功能，将堆列的工件移动到所需的位置。监控装置仅是对机床的刀具和主轴等工作状态进行监视和控制，发现故障（如过载、刀具折断等）立即停车。检验装置则要根据传感器对工件检测的数据与系统的检验信息进行比较，判断是否合格，是否要反馈数据给机床，以修正加工信息（如补偿刀具磨损）。单元控制器将 FMC 中的数控机床、工业机器人等自动化设备联系在一起，使其有机地动作，即实现对整个加工单元的控制。

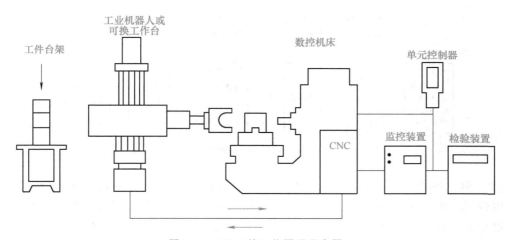

图 3-40　FMC 的工作原理示意图

柔性加工单元可以在整个系统中执行自动化的加工过程，本身又自成子系统，能完整地完成大系统中的一个规定功能，即作为柔性加工系统（FMS）的加工模块。但更多的是作为独立运行的生产设备进行自动加工。

总之，FMC 在计算机控制下，将数控机床、工业机器人等自动化设备联系在一起，它们的工作协调，具有自动加工、自动换刀、自动装卸工件以及自动检测、自动补偿和自动监控等功能。

FMC 作为独立生产设备时，又称小型柔性制造系统（小型 FMS）。它与通常的 FMS 相比，具有规模小、成本低、占地面积小、便于扩充等特点，特别适用于中、小批量和多品种生产。

## 二、柔性加工系统

有些复杂零件，需经多台数控机床才能完成全部加工。为适应这种需要并在现代科学技术的推动下，研制成功了柔性加工系统（flexible manufacturing system，FMS）。柔性加工系统是由多台数控单机组成的，由计算机控制和管理的柔性自动化加工系统。它可以在加工一批某种零件后，不停机，自动地转换为加工另一种零件。FMS的功能，相当于自动线。但是，传统的自动线是专用的，加工对象是固定的，缺乏柔性，只适用于大批大量生产。将传统的自动线与数控的柔性结合起来，开发一种柔性加工系统（FMS），从单机柔性自动化过渡到加工系统柔性自动化。FMS没有固定的加工对象、加工程序和节拍（自动线的循环时间）。改变程序，更换刀具和测量传感器，就可变换加工对象和节拍。FMS是一种柔性较大、无人化（实际上是少人化）的自动加工系统。FMS可以使劳动生产率大幅度提高，并大大降低劳动强度和改善劳动条件。

FMS由加工、物流和信息流三个子系统组成。每个子系统还有分系统，如图3-41所示。

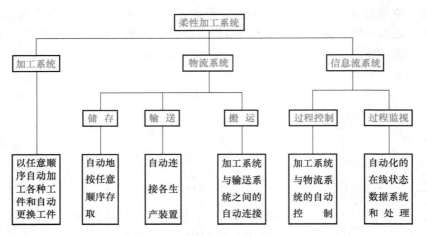

图 3-41　柔性加工系统的组成

（1）加工系统　它实施对产品零件的加工。现有FMS的加工系统由FMC组成的还较少，多数还是由CNC机床组成。所用的CNC机床主要是具有刀库和自动换刀的加工中心，如镗铣加工中心、车削中心等。这些机床必须具有很高的可靠性，保证在较长时间内可连续无故障运行。

（2）物流系统　它是指将零件从一处传送至另一处，送入仓库或下一加工车间的系统，即实现对毛坯、夹具、工件等的出入库和装卸等工作。由它们组成了物质流。所需的设备主要是仓库和自动上、下料装置，如传送带、机器人、自动小车和随行夹具系统等。

（3）信息流系统　它实施对整个FMS的控制与监督。这实际上是由中央管理计算机与各设备的控制装置组成的分级控制网络，由它们组成了信息流。少至对加工设备、传输系统和中央刀库的管理与控制，多至对整个车间的设备和人事档案、生产计划的调度与控制。除了上述的过程控制外，还必须实施过程监视，即对机床、刀具和工件的监控，利用专用的传感器和信息网络监控刀具状态，计算和监控刀具寿命，监控工件的实际加工尺寸等。

图3-42所示为用于FMS的三级计算机控制系统：第一级由过程控制器（现场运行计算机）控制数控机床和工件装卸机器人，包括控制各种加工作业和监测；第二级由管理计算

机进行整个系统运转的管理、零件流动的控制、零件程序的分配以及第一级生产数据的收集；第三级由主计算机负责生产管理，主要编制进度计划，把生产所需要的信息送到第二级系统管理计算机。主计算机也可以与计算机辅助设计（computer-aided design，CAD）相连，可以直接利用 CAD 的零件设计数据进行数控编程，然后把程序送到第二级计算机，还可以从第二级接收来自加工过程产生的各种信息及有关数据。

FMS 适用于中批量、多品种生产。

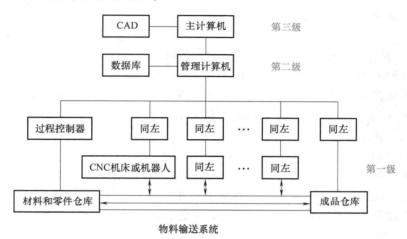

图 3-42　用于 FMS 的三级计算机控制系统

### 三、计算机集成制造系统（CIMS）

传统的机械生产过程具有离散、间断和随机的特征，并有大、中、小批量之分。机械生产过程自动化首先是从大批量生产开始的。数控机床的出现，使中小批量生产自动化获得了突破。近些年来，数控机床向工艺及功能集成方向发展，相继出现了加工中心、车削中心等。特别是可以长时间无人看管运行的柔性加工单元（FMC），已成为当前机床技术发展的主流。随着柔性自动化的发展，以计算机技术为核心，把自动化设备集成为一个整体——柔性加工系统（FMS）出现并发展起来。

计算机技术除用于生产过程外，还广泛用于企业的其他活动，如成本管理、财务管理、作业计划和调度管理以及订货管理等。近年来计算机辅助工程发展最快，它包含计算机辅助设计（CAD）、计算机辅助制造（computer-aided manufacture，CAM）及计算机辅助质量管理（computer-aided quality control，CAQ）系统。现在计算机辅助存储管理系统可以对库存进行检索与存取，对进库物料检查和运输。

将上述这些局部而孤立的自动化技术和子系统通过计算机和通信技术灵活而有机地集成为一个完整的系统，必将使柔性自动化和企业生产出现质的飞跃。所以在 20 世纪 70 年代后期，国外便纷纷着手解决系统集成技术问题。20 世纪 80 年代以来，随着柔性加工技术、计算机辅助技术以及信息技术的发展，世界机械制造业进入了全面自动化阶段，柔性自动化由 FMS 转移到更高阶段——计算机集成制造系统 CIMS（computer integrated manufacturing system），它是在 FMS 技术进一步发展，并在生产中推广应用之后出现的。CIMS 实质上是一种使企业实现整体优化和自动化的理想模式。

CIMS 借助于计算机进行集成化制造、生产和管理，是一种新型制造模式。CIMS 中的 computer（计算机）是一个工具，manufacturing（制造）是目的，Integrated（集成）是核心。它是以信息集成为特征的技术集成和功能集成，计算机网络是集成的工具，计算机辅助的各单元技术是集成的基础，信息交换是桥梁，信息共享是关键。

CIMS 的主要特征是信息流自动化和机器的智能化。在高度自动化的 CIMS 内部，信息流和物料流按一定规律传递、处理和交换，整个系统可以用图 3-43 说明。

CIMS 的核心是一个公用的数据库，对信息资源进行存储与管理，并与 3 个计算机系统进行通信。

图 3-43 计算机集成制造系统

**1. 计算机辅助设计与计算机辅助制造系统**（CAD/CAM）

它用计算机进行产品设计与工艺设计，使机械制造自动化技术发展为设计、制造一体化。它可以对产品进行三维几何造型，然后进行性能分析与仿真，还可以自动绘制零件图，编制技术文件以及为零件自动编程，甚至进行工艺设计。

**2. 计算机辅助生产计划与计算机生产控制系统**（computer-aided processing planing/computer-aided control，CAPP/CAC）

它对加工过程进行计划、调度与控制，FMS 是这个系统的主体。当它与 CAD/CAM 系统连接起来时，就可实现从设计到产品零件制造的无图样自动加工。

**3. 工厂自动化系统**（factory automation，FA）

它可以实现产品的自动装配与测试，材料的自动运输与处理等。

在上述 3 个计算机系统外围，还需要利用计算机进行市场预测，编制产品发展规划，分析财政状况和进行生产管理与人员管理。

由此可见，CIMS 涉及的领域相当广泛，它是以多品种小批量产品为对象，以计算机技术为核心，具有集成化、自动化、模块化及柔性化等特点的集成生产系统。

在当前全球经济环境下，CIMS 被赋予了新的含义，即现代集成制造系统。将信息技术、现代管理技术和制造技术相结合，并应用于企业全生命周期各个阶段，通过信息集成、过程优化及资源优化，实现物流、信息流、价值流的集成和优化运行，达到人（组织及管理）、经营和技术三要素的集成，以加强企业新产品的开发，从而提高企业的市场应变能力和竞争能力。

当然，CIMS 是一个长远目标，需要一个长期的逐步升级的逼近过程。它为未来的机械制造工厂提出了一幅蓝图，它是机械制造厂发展的战略目标。

显而易见，CIMS 最基本的不可缺少的工作单元仍然是数控机床。在柔性生产自动化发展过程中，从 CNC 机床到加工中心（MC）、柔性加工单元（FMC）、柔性加工系统（FMS）直到计算机集成制造系统（CIMS），进一步看到数控机床的重要发位。因此对数控机床的功能也提出了新的更高的要求，例如，要求数控机床具有较强的联网通信能力、完美的监控和自诊断能力、在线测量和反馈补偿的能力以及人工智能等。

总而言之，今后的数控机床是机电一体化的、有一定人工智能的加工设备，它在柔性自动化发展过程中将有更广阔的应用前途。

## 习题和思考题

3-1 何谓数控机床？与普通机床相比数控机床具有哪些优点？

3-2 什么是点位控制及轮廓控制？所用的数控机床有何不同？

3-3 什么是开环控制系统、闭环控制系统和半闭环控制系统？它们各有何特点？

3-4 试述数控机床加工的基本工作原理。

3-5 什么是数控编程？

3-6 什么是数控机床的工件坐标系和机床坐标系？二者的重要区别是什么？

3-7 说出下列准备功能 G 代码和辅助功能 M 代码的含义：

  G00，G01，G03，G04，G17，G41，G90，G91，G92，M03，M08，M09

3-8 从控制工件加工尺寸的角度，分析普通机床和数控机床的差异？

3-9 什么是加工中心机床？它与普通数控机床相比，具有哪些特点？

3-10 加工中心机床自动交换刀具的方式分为几类？每种换刀方式的特点是什么？

3-11 根据数控车床的传动系统图（图 3-44）

（1）指出各传动链的名称、传动机构和各传动链的功用。

（2）在两个伺服电动机后端里面装有编码器，说明它的功用。它属于何种伺服控制？

（3）图中有字母 P 的方框是脉冲发生器，指出它在数控车床加工回转曲面和螺纹时的作用。

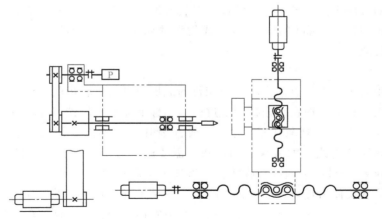

图 3-44 数控车床的传动系统图

3-12 HTC32 型数控车床主轴箱结构具有哪些特点？

3-13 什么是车铣复合加工中心机床？

3-14 简述车铣复合加工技术的主要内容，车铣复合加工的主要特点是什么？

# 第四章

# 齿轮加工机床

## 第一节　齿轮加工机床的工作原理和分类

　　齿轮是最常用的传动件，在现代各种工业部门得到了广泛的应用。常用的有直齿、斜齿和人字齿的圆柱齿轮，直齿和弧齿锥齿轮，蜗轮以及应用很少的非圆形齿轮等。加工这些齿轮轮齿表面的机床称为齿轮加工机床。随着现代科学技术和工业水平的不断提高，对齿轮制造质量的要求也越来越高。齿轮的需要量也日益增加。这就要求机床制造业生产出高精度、高效率和高自动化程度的齿轮加工设备，以满足生产发展的需要。

### 一、齿轮加工的方法

　　制造齿轮的方法很多，虽然可以铸造、热轧或冲压，但目前这些方法的加工精度还不够高。精密齿轮现在仍主要靠切削法。按形成齿形的原理分类，切削齿轮的方法可分为两大类：成形法和展成法。

#### 1. 成形法

　　成形法是用与被切齿轮齿槽形状完全相符的成形刀具切出轮齿的方法。

　　成形法加工齿轮时一般在普通铣床上进行，用标准盘形齿轮铣刀加工直齿齿轮的情况如图 4-1a 所示。轮齿的表面是渐开面，形成母线（渐开线）的方法是成形法，不需要表面成形运动；形成导线（直线）的方法是相切法，需要两个成形运动，一个是盘形齿轮铣刀绕自己的轴线旋转 $B_1$，另一个是铣刀旋转中心沿齿坯轴向移动 $A_2$。当铣完一个齿槽后，齿坯退回原处，用分度头使齿坯转过 $360°/z$ 的角度（$z$ 是被加工齿轮的齿数），这个过程称为分度。然后，再铣第二个齿槽，这样一个齿槽一个齿槽地铣削，直到铣完所有齿槽为止。分度运动是辅助运动，不参与渐开线表面的成形。

　　在加工模数较大的齿轮时，为了节省刀具材料，常用指形齿轮铣刀（模数立铣刀），如图 4-1b 所示。用指形齿轮铣刀加工直齿齿轮所需的运动与用盘形齿轮铣刀时相同。

　　用成形法加工齿轮也可以用成形刀具在刨床上刨齿，或在插床上插齿。

　　由于齿轮的齿廓形状取决于基圆的大小，如图 4-2 中的线 1、2 和 3 所示。图中 $r_{j1}$ 和 $r_{j2}$

分别是基圆 $O_1$ 和 $O_2$ 的半径，当动直线从基圆 $O_1$ 上的点 $a_1$ 开始滚动，滚动到点 $C_1$ 时，形成渐开线 3；当动直线从基圆 $O_2$ 上的点 $a_2$ 开始滚动，滚动到点 $C_2$ 时，形成渐开线 2。可见基圆越小，渐开线弯曲越厉害；基圆越大，渐开线越伸直，基圆半径为无穷大时，渐开线就成了直线 1。而基圆直径 $d_j = mz\cos\alpha$（$m$ 为齿轮的模数，$z$ 是齿轮齿数，$\alpha$ 是压力角），所以对于一定模数和压力角的一套齿轮，如欲制造精确，则必须每一种齿数就有一把铣刀，这是很不经济的。因此为了减少刀具数量，实际上采用 8 把一套或 15 把一套的齿轮铣刀，其每一把铣刀可切削几个齿数的齿轮，8 把一套的齿轮铣刀分号见表 4-1。

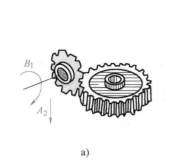

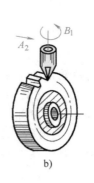

图 4-1 成形法加工齿轮

a）盘形齿轮铣刀加工直齿齿轮 b）指形齿轮铣刀加工直齿齿轮

图 4-2 渐开线形状与基圆关系

表 4-1 齿轮铣刀分号

| 铣刀号数 | 1 | 2 | 3 | 4 | 5 | 6 | 7 | 8 |
|---|---|---|---|---|---|---|---|---|
| 能铣制的齿数范围 | 12～13 | 14～16 | 17～20 | 21～25 | 26～34 | 35～54 | 55～134 | 135 以上 |

为了保证加工出来的齿轮在啮合时不会卡住，每一号铣刀的齿形都是按所加工的一组齿轮中齿数最少的齿形制成的，因此，用这把铣刀切削同组其他齿数的齿轮时其齿形是有一些误差的。因此，成形法加工齿轮的缺点是精度低。这种方法采用单分齿法，即加工完一个齿退回，工件分度，再加工下一齿，因此生产率不高。但是这种加工方法简单，不需要专用的机床，所以适用于单件小批生产和加工精度要求不高的修配行业中。

**2. 展成法**

展成法加工齿轮是利用齿轮啮合的原理，其切齿过程模拟某种齿轮副（齿条、圆柱齿轮、蜗轮、锥齿轮等）的啮合过程。这时，把啮合中的一个齿轮做成刀具来加工另外一个齿轮毛坯。被加工齿的齿形表面是在刀具和工件包络（展成）过程中由刀具切削刃的位置连续变化而形成的，在后面几节中将通过滚齿加工和插齿加工等进行较详细的介绍。用展成法加工齿轮的优点是，用同一把刀具可以加工相同模数而任意齿数的齿轮。生产率和加工精度都比较高。在齿轮加工中，展成法应用最为广泛。

## 二、齿轮加工机床的类型

齿轮加工机床（gear cutting machine）的种类繁多，一般可分为圆柱齿轮加工机床和锥齿轮加工机床两大类。

圆柱齿轮加工机床主要有滚齿机、插齿机等；锥齿轮加工机床又分为直齿锥齿轮加工机床和曲线齿锥齿轮加工机床两类。直齿锥齿轮加工机床有刨齿机、铣齿机、拉齿机等；曲线齿锥齿轮加工机床有加工各种不同曲线齿锥齿轮的铣齿机和拉齿机等。

用来精加工齿轮齿面的机床有研齿机、剃齿机、磨齿机等。

# 第二节　滚齿机的运动分析

滚齿机（gear hobbing machine）主要用于滚切直齿和斜齿圆柱齿轮和蜗轮，还可以加工花键轴的键。

## 一、滚齿原理

滚齿加工是根据展成法原理来加工齿轮轮齿的。用齿轮滚刀加工齿轮的过程，相当于一对交错轴斜齿轮副啮合滚动的过程（图 4-3a）。将其中的一个齿数减少到一个或几个，轮齿的螺旋倾角变得很大，成了蜗杆（图 4-3b）。再将蜗杆开槽并铲背，就成了齿轮滚刀（图 4-3c）。因此，滚刀实质就是一个斜齿圆柱齿轮，当机床使滚刀和工件严格地按一对斜齿圆柱齿轮的速比关系做旋转运动时，滚刀就可在工件上连续不断地切出齿来。

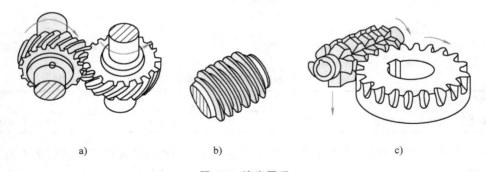

a)　　　　　　　　　b)　　　　　　　　　c)

**图 4-3　滚齿原理**

a）斜齿轮副啮合　b）蜗杆　c）齿轮滚刀加工齿轮

## 二、滚切直齿圆柱齿轮

### （一）机床的运动和传动原理图

用滚刀加工齿轮是根据交错轴斜齿轮副啮合原理进行的，所以，滚齿时滚刀与齿坯两轴线间的相对位置应相当于两个交错轴斜齿轮副相啮合时轴线的相对位置。在滚切直齿圆柱齿轮时，可以把被加工齿轮看作是螺旋角为零的特殊情况。

用滚刀加工直齿圆柱齿轮（spurgear）必须具有以下两个运动：一个是为形成渐开线（母线）所需的展成运动（$B_{11}$ 和 $B_{12}$），另一个是为形成导线

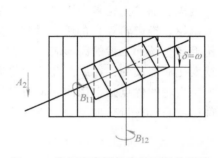

**图 4-4　滚切直齿圆柱齿轮所需的运动**

所需的滚刀沿工件轴线的移动（$A_2$），如图4-4所示。

**1. 展成运动传动链**

展成运动是滚刀与工件之间的啮合运动，这是一个复合的表面成形运动，可以被分解为两个部分：滚刀的旋转运动 $B_{11}$ 和工件的旋转运动 $B_{12}$。$B_{11}$ 和 $B_{12}$ 相互运动的结果，形成了轮齿表面的母线——渐开线。由"机床的运动分析"一章可以知道，复合运动的两个组成部分 $B_{11}$ 和 $B_{12}$ 之间需要有一个内联系传动链。这个传动链应能保持 $B_{11}$ 和 $B_{12}$ 之间严格的传动比关系。设滚刀头数为 $K$，工件齿数为 $z_g$，则滚刀每转一转，工件应转过 $K/z_g$ 转。在图4-5中，联系 $B_{11}$ 和 $B_{12}$ 之间的传动链是：滚刀—4—5—$u_x$—6—7—工件。这条内联系传动链称为展成运动传动链。

**2. 主运动传动链**

如"机床的运动分析"一章所述，每一个表面成形运动，不论是简单运动，还是复合运动，都有一个外联系传动链与动力源相联系。在图4-5中，展成运动的外联系传动链为：电动机—1—2—$u_v$—3—4—滚刀。这条传动链产生切削运动，根据金属切削原理的定义，这个运动是主运动。滚刀的转速 $n_d$（r/min）可根据切削速度 $v$（m/min）及滚刀外径 $D$（mm）来选择，

$$n_d = \frac{1000v}{\pi D}。$$

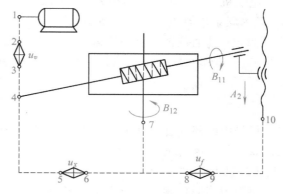

图4-5 滚切直齿圆柱齿轮的传动原理图

**3. 竖直进给传动链**

为了切出整个齿宽，即形成轮齿表面的导线，滚刀在自身旋转的同时，必须沿齿坯轴线方向做连续的进给运动 $A_2$。这种形成导线的方法是相切法。对于常用的立式滚齿机，工件轴线是竖直方向的，滚刀需做竖直进给运动。竖直进给量 $f$ 以工件每转滚刀竖直移动的毫米数来表示（mm/r），这个运动是维持切削得以连续的运动。根据切削原理的定义，这是进给运动。

刀架沿工件轴线平行移动 $A_2$ 是一个简单的成形运动，因此，它可以使用独立的动力源来驱动。但是，工件转速和刀架移动快慢之间的相对关系，会影响到齿面加工的粗糙度，因此，可以把加工工件（也就是装工件的工作台）作为间接动力源，传动刀架使它做轴向运动。在图4-5中，这条传动链为：工件—7—8—$u_f$—9—10—丝杠。这是一条外联系传动链，称为进给传动链。刀架移动的速度只影响加工表面的表面粗糙度，不影响导线的直线形状。

综上所述，滚切直齿圆柱齿轮时，用展成法和相切法加工轮齿的齿面。用展成法形成渐开线（母线），需要一个复合的成形运动，这个运动需要一条内联系传动链（展成运动传动链）和一条外联系传动链（主运动链）。用相切法形成直线（导线），需要两个简单的成形运动。一个是滚刀的旋转，与展成法成形运动的一部分——$B_{11}$ 重合；另一个是直线运动，这个运动只需一条外联系传动链（进给传动链）。

以上各种运动及其各传动链之间的联系在传动原理图（图4-5）中已简明地表示出来，共有三条传动链。主运动链（点1至点4）把运动和动力从电动机传至滚刀，实现主运动。

其中点 2 至点 3 为主运动的换置器官，传动比 $u_v$ 用来调整渐开线成形运动速度的快慢。显然，这个调整换置属于渐开线成形运动速度参数的调整。它取决于滚刀材料及其直径、工件材料、硬度、模数、精度和表面粗糙度。

传动原理图中的各条传动链可以用结构式表示：

（1）产生渐开线的展成运动

$$电动机 \rightarrow 1 \rightarrow 2 \rightarrow u_v \rightarrow 3 \rightarrow 4 \rightleftarrows 滚刀（B_{11}）$$
$$\downarrow$$
$$5 \rightarrow u_x \rightarrow 6 \rightarrow 7 \rightarrow 工件（B_{12}）$$

电动机经点 4 至滚刀旋转 $B_{11}$ 为外联系传动链（主运动链），滚刀旋转 $B_{11}$ 至工件转动 $B_{12}$ 是内联系传动链（展成传动链）。

（2）产生直线的竖直进给运动

$$（电动机 \rightarrow 1 \rightarrow 2 \rightarrow u_v \rightarrow 3 \rightarrow 4 \rightarrow 5 \rightarrow u_x \rightarrow 6 \rightarrow）7 \rightleftarrows 工件（B_{12}）$$
$$\downarrow$$
$$8 \rightarrow u_f \rightarrow 9 \rightarrow 10 \rightarrow 刀架（A_2）$$

括号内的部分（电动机至点 7）为借用的动力源传入路线，工件转动 $B_{12}$ 至刀架移动 $A_2$ 是外联系传动链（进给传动链）。

（二）滚刀的安装

滚刀刀齿是沿螺旋线分布的，螺旋升角为 $\omega$。加工直齿圆柱齿轮时，为了使滚刀刀齿排列方向与被切齿轮的齿槽方向一致，滚刀轴线与被切齿轮端面之间被安装成一个角度 $\delta$，称为滚刀的安装角，它等于滚刀的螺旋升角 $\omega$。用右旋滚刀加工直齿圆柱齿轮的安装角如图 4-4 和图 4-6a 所示，用左旋滚刀时如图 4-6b 所示。图中虚线表示滚刀与齿坯接触一侧的滚刀螺旋线方向。

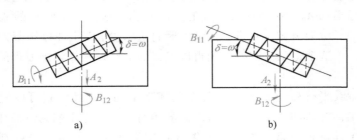

a)　　　　　　　　　　　　b)

图 4-6　滚切直齿圆柱齿轮时滚刀安装角

### 三、滚切斜齿圆柱齿轮

**1. 机床的运动和传动原理图**

斜齿圆柱齿轮（helical gear）和直齿圆柱齿轮一样，端面上的齿廓都是渐开线。但斜齿圆柱齿轮的齿长方向不是直线，而是一条螺旋线。它类似于圆柱螺纹的螺旋线，只不过加工螺纹时的导程相对斜齿圆柱齿轮螺旋线导程小，看起来比较明显。而斜齿圆柱齿轮的螺旋线导程通常都超过 1m 以上，齿宽一般都不大（常用齿宽一般在 50mm 以内）。我们看到的只是螺旋线导程中的一小段，看起来齿轮的螺旋线不太明显。因此，加工斜齿圆柱齿轮仍需要两个运动：一个是产生渐开线（母线）的展成运动，这个运动与加工直齿圆柱齿轮时相同，也分解为两部分，即滚刀旋转 $B_{11}$ 和工件（齿坯）旋转 $B_{12}$；另一个是产生螺旋线（导线）的成形运动，但这个运动已不是像滚切直齿圆柱齿轮时的简单运动了，而是复合运动，它也分解为两部分，即刀架（滚刀）的直线移动 $A_{21}$ 和工件附加转动 $B_{22}$。

这个运动与车削螺纹时产生螺旋线的运动有相同之处，即为了形成螺旋线都需要刀具沿工件轴向移动一个导程时，工件必须转一转。但这两种加工形成母线的方法是完全不同的。车削螺纹时用成形法，不需要成形运动；而滚齿时用展成法，滚刀与工件做连续的展成运动，即滚刀转一周时，工件必须转过一个齿（使用单头滚刀时），这就是说，形成渐开线时工件必须进行旋转运动 $B_{12}$。为了形成螺旋线，工件还必须在 $B_{12}$ 的基础上再补充一个转动 $B_{22}$，它是附加在 $B_{12}$ 上的，称为工件附加转动。滚切斜齿圆柱齿轮所需的运动如图 4-7 所示。

滚切斜齿圆柱齿轮时形成渐开线和螺旋线时的运动都是复合运动，都分解为两部分，故每个运动都需一条内联系传动链和一条外联系传动链，如图 4-8 所示。展成运动的内联系传动链为：滚刀—4—5—$u_x$—6—7—工件，这条传动链称为展成链。展成运动的外联系传动链为：电动机—1—2—$u_v$—3—4—滚刀，这条传动链称为主运动链。滚切斜齿圆柱齿轮时的展成链和主运动链与滚切直齿圆柱齿轮时相同。

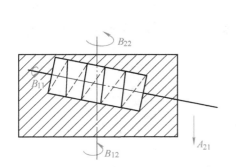

图 4-7 滚切斜齿圆柱齿轮所需的运动

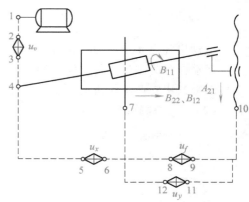

图 4-8 滚切斜齿圆柱齿轮的传动链

产生螺旋线运动的外联系传动链为：工件—7—8—$u_f$—9—10—丝杠，这条传动链称为进给链，它也与加工直齿圆柱齿轮时相同。产生螺旋线需要一条内联系传动链，连接刀架移动 $A_{21}$ 和工件附加转动 $B_{22}$，以保证当刀架直线移动距离为螺旋线的一个导程时，工件的附加转动正好转过一转，这条内联系传动链称为差动传动链。图 4-8 中，差动传动链是：丝杠—10—11—$u_y$—12—7—工件。传动链中的换置器官（点 11—点 12）的传动比 $u_y$ 应根据被加工齿轮的螺旋线导程调整，这是属于螺旋线成形运动的轨迹参数调整。

由图 4-8 可以看出，展成运动传动链要求工件转动 $B_{12}$，差动传动链又要求工件附加转动 $B_{22}$，这两个运动同时传给工件，在图 4-8 中的点 7 必然发生干涉，因此，在传动链中必须采用合成机构。图 4-9 所示为滚切斜齿圆柱齿轮传动原理图。图中 $\Sigma$ 即合成机构，它把来自滚刀的运动（点 5）和来自刀架的运动（点 15）通过合成机构同时传给工件。

传动原理图中所示的运动及其传动链也可用结构式表示出来。

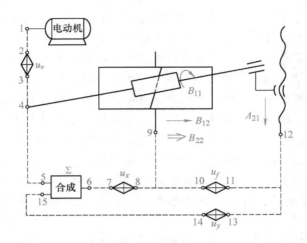

图 4-9　滚切斜齿圆柱齿轮传动原理图

（1）产生渐开线的展成运动

$$电动机\to 1\to 2\to u_v\to 3\to 4\to 滚刀（B_{11}）$$
$$5\to \Sigma\to 6\to 7\to u_x\to 8\to 9\to 工件（B_{12}）$$

电动机经点 4 至滚刀旋转 $B_{11}$ 为展成运动的外联系传动链，用于连接动力源，使滚刀产生主运动，称为主运动传动链。滚刀旋转 $B_{11}$ 经点 4、5 至工件转动 $B_{12}$ 是展成运动的内联系传动链，由它产生轮齿的渐开线，称为展成运动传动链。

（2）产生螺旋线的差动运动

$$\left[ 电动机\to 1\to 2\to u_v\to 3\to 4 \atop 5\to \right] \Sigma\to 6\to 7\to u_x\to 8$$

工件至点 5）为借用动力源的传入路线。当借用动力源使工件（工作台）转动后，经点 9、10 至刀架移动 $A_{21}$ 是产生螺旋运动的外联系传动链，这条传动链称为轴向进给传动链。

由刀架移动 $A_{21}$ 经过点 12、13、14、15，通过合成机构 $\Sigma$ 及点 6、7、8、9 至工件附加转动 $B_{22}$ 是形成螺旋线的内联系传动链。由于这个传动联系是通过合成机构的差动作用，使工件得到附加的转动，所以这个传动联系一般称为差动传动链。由此可见，除差动传动链外，滚切斜齿圆柱齿轮的传动联系和实现传动联系的各条传动链，都与滚切直齿齿轮时相同。

滚齿机既可用来加工直齿圆柱齿轮，又可用来加工斜齿圆柱齿轮，因此，滚齿机是根据滚切斜齿圆柱齿轮的传动原理图设计的。当滚切直齿圆柱齿轮时，就将差动传动链断开（换置器官不挂交换齿轮），并把合成机构通过结构调整成为一个如同"联轴器"的整体。

**2. 滚刀的安装**

像滚切直齿圆柱齿轮那样，为了使滚刀的螺旋线方向和被加工齿轮的轮齿方向一致，加工前，要调整滚刀的安装角。它不仅与滚刀的螺旋线方向及螺旋升角 $\omega$ 有关，而且还与被加工齿轮的螺旋线方向及螺旋角 $\beta$ 有关。当滚刀与齿轮的螺旋线方向相同（即两者都是右旋，或者都是左旋）时，滚刀的安装角 $\delta = \beta - \omega$，图 4-10a 表示用右旋滚刀加工右旋齿轮的情况。当滚刀与齿轮的螺旋线方向相反时，滚刀的安装角 $\delta = \beta + \omega$，图 4-10b 表示用右旋滚刀加工左旋齿轮的情况。

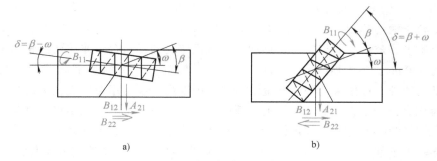

图 4-10　滚切斜齿圆柱齿轮时滚刀的安装角

**3. 工件附加转动的方向**

滚切斜齿圆柱齿轮时，为了形成螺旋线，工件附加转动 $B_{22}$ 的方向也同时与滚刀的螺旋线方向和被加工齿轮的螺旋线方向有关。例如，当用右旋滚刀加工右旋齿轮时（图 4-10a），形成齿轮螺旋线的过程如图 4-11a 所示。图 4-11a 中 $ac'$ 是斜齿圆柱齿轮轮齿齿线，滚刀在位置 I 时，切削点正好是 $a$ 点。

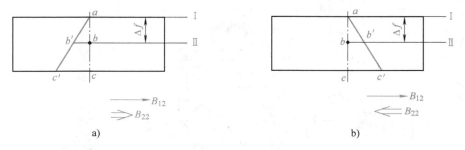

图 4-11　滚切斜齿圆柱齿轮时工件附加转动的方向

当滚刀下降 $\Delta f$ 距离到达位置 II 时，要切削的直齿圆柱齿轮轮齿的 $b$ 点正对着滚刀的切削点。但对滚切右旋斜齿齿轮来说，需要切削的是 $b'$ 点，而不是 $b$ 点。因此在滚刀直线下降 $\Delta f$ 的过程中，工件的转速应比滚切直齿齿轮时要快一些，也就是把要切削的 $b'$ 点转到现在图 4-11 中滚刀对着的 $b$ 点位置上。当滚刀移动一个螺旋线导程时，工件应在展成运动 $B_{12}$ 的基础上多转一周，即附加 $+1$ 周（$B_{22}$）。同理，用右旋滚刀加工左旋斜齿圆柱齿轮时（图 4-10b），形成轮齿齿线的过程如图 4-11b 所示。由于旋向相反，滚刀竖直移动一个螺旋线导程时，工件应少转一周，即附加 $-1$ 周。

通过类似的分析可知，滚刀竖直移动工件螺旋线导程的过程中，当滚刀与齿轮螺旋线方向相同时，工件应多转一周；当滚刀与齿轮螺旋线方向相反时，工件应少转一周。工件做展成运动 $B_{12}$ 和附加转动 $B_{22}$ 的方向如图 4-11 中箭头所示。

# 第三节　YC3180 型淬硬滚齿机

## 一、机床的用途和外形

YC3180 型淬硬滚齿机是国内研制出的机床，该机床结构优良，动静刚性好，工作精度高，特别适合于滚切淬硬（50~60HRC）的直齿和斜齿圆柱齿轮。也可用来滚切蜗轮，同时也能进行小锥度、鼓形齿等齿轮的仿形加工。该机床也同样适合于非淬硬齿轮的滚切。工件最大直径为 800mm，最大模数为 10mm，最小工件齿数为 8。由于这种滚齿机除具备普通滚齿机的全部功能外，还能采用硬质合金滚刀对高硬度齿面齿轮用滚切工艺进行半精加工或精加工，以滚代磨，所以它是提高齿轮加工精度、降低齿轮成本的理想制齿轮设备。

图 4-12 所示为 YC3180 型淬硬滚齿机外形图。图中立柱 2 固定在床身 1 上。刀架 3 可沿立柱上的导轨上下移动，还可以绕自己的水平轴线转位，以调整滚刀和工件间的相对位置（安装角），使它们相当于一对轴线交叉的交错轴斜齿轮副啮合。滚刀安装在主轴 4 上，做旋转运动。工件安装在工件心轴 6 上，随同工作台 7 一起旋转。后立柱 5 和工作台 7 装在同一溜板上，可沿床身 1 的导轨做水平方向移动，用于调整工件的径向位置或做径向进给运动。

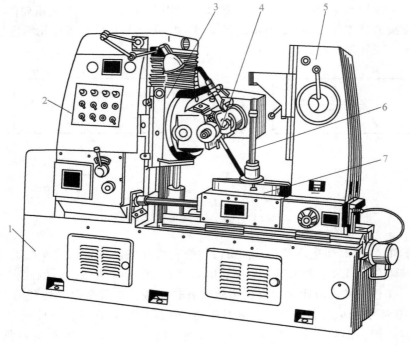

图 4-12　YC3180 型淬硬滚齿机外形图

1—床身　2—立柱　3—刀架　4—主轴　5—后立柱　6—工件心轴　7—工作台

## 二、机床传动系统分析

在上一节"滚齿机的运动分析"中，已明确了滚切直齿及斜齿圆柱齿轮时机床所必需的各种运动以及这些运动间的相互关系。下面以 YC3180 型淬硬滚齿机的传动系统为例，进一步说明加工直齿和斜齿齿轮时的各条传动链。

### （一）传动系统图

图 4-13 所示是 YC3180 型淬硬滚齿机的传动系统图。该滚齿机的传动系统比较复杂，对于这种运动关系复杂的机床，正确阅读传动系统图的方法，也就是通过正确阅读传动系统图去认识机床的方法，必须根据对机床的运动分析，结合机床的传动原理图，在传动系统图上对应地找到每一个运动的传动路线以及有关参数的换置器官。有些传动链的传动路线很长，看起来很复杂，但是，只要正确地掌握阅读传动系统图的方法，复杂的传动链也是可以理解的。

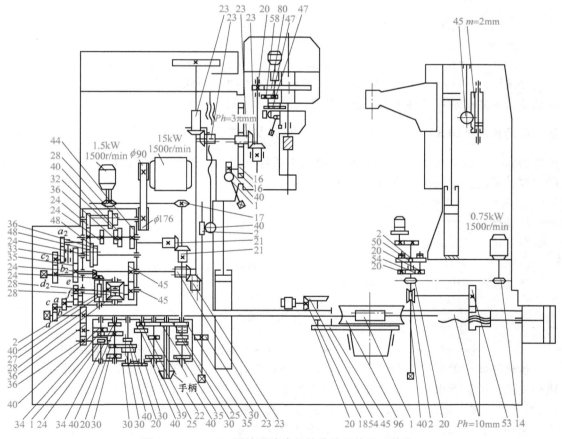

图 4-13　YC3180 型淬硬滚齿机的传动系统图（简化）

下面在该滚齿机的传动结构式的指导下，来读传动系统图，也就是从传动系统图中找出与传动结构式对应的传动路线，从中体会该滚齿机的传动原理如何通过传动系统图具体地体现出来。

**1. 主运动传动链**

主运动传动链的传动结构式（各条传动链的传动结构式均见上一节）为

电动机—1—2 ————— $u_v$ ————— 3—4—滚刀（$B_{11}$）
（定比）　　（换置器官）　　（定比）

由传动结构式可知，这条传动链是从电动机的旋转连接到滚刀的旋转 $B_{11}$，中间经过传动比固定的传动件（1—2、3—4）和传动比 $u_v$ 可变换的换置器官。在传动系统图中，可以很容易地找到相对应的传动链。首先找出这条传动链的两个末端件：一个是主电动机（$P=15kW$、$n=1500r/min$），另一个是滚刀（装在机床滚刀主轴上）。然后从主电动机开始，按传动先后顺序，列出这条传动链的传动路线为

$$
电动机 - \frac{\phi90}{\phi176} - \begin{Bmatrix}\frac{24}{48}\\\frac{28}{44}\\\frac{32}{40}\end{Bmatrix} - \begin{Bmatrix}\frac{24}{48}\\\frac{36}{36}\\\frac{48}{24}\end{Bmatrix} - \frac{33}{35} - \frac{23}{23} - \frac{23}{23} - \frac{23}{23} - \frac{20}{80} - 滚刀（B_{11}）
$$
$$(n=1500r/min)$$

|←—定比 1—2 —→|←— $u_v$ —→|←———定比 3—4 ————→|

在列出一条传动链的传动路线时，要找出与传动结构式的各个部分相对应的传动副，也就是要知道传动原理图中所要求的传动关系是通过哪些具体的传动副实现的。例如，在主运动链的传动结构式中，定比传动 1—2，在传动系统图中是通过带传动副 $\frac{\phi90}{\phi176}$ 来实现的；换置器官可变传动比 $u_v$ 是通过机床主轴箱中两组三联滑移齿轮副实现的，等等。两者之间的对应关系已标注在传动路线的下方。

**2. 展成运动传动链**（图 4-9）

传动结构式为

滚刀（$B_{11}$）—4—5—Σ—6——7——$u_x$———8——9—工件（$B_{12}$）
（定比）　　（定比）　　（换置器官）（定比）

传动系统图中对应的传动路线为

$$
滚刀（B_{11}）- \frac{80}{20} - \frac{23}{23} - \frac{23}{23} - \frac{23}{23} - \frac{45}{45} - 合成机构 - \frac{e}{f} - \frac{a}{b} - \frac{c}{d} - \frac{1}{96} - 工件（B_{12}）
$$

|←———定比 4—5 ———→|←—Σ—→| 定比 6—7 |←$u_x$→|定比 8—9|

传动路线中的合成机构用于滚切斜齿圆柱齿轮时给工件以附加的转动，也就是通过合成机构使工件的运动由展成运动和附加运动所合成。该机床的运动合成机构由模数 $m=3mm$、齿数 $z=28$、螺旋角 $\beta=0°$ 的四个弧齿锥齿轮组成。

当加工斜齿圆柱齿轮时，展成运动通过合成机构右端的齿轮 $z_{45}$ 传入合成机构，差动运动来自差动交换齿轮 $\frac{a_2}{b_2}$ 和 $\frac{c_2}{d_2}$，通过锥齿轮副 $\frac{24}{24}$ 和蜗杆副 $\frac{2}{40}$ 传入合成机构。合成的运动通过合成机构左端的分齿交换齿轮 $\frac{e}{f}$ 传出。由机械原理课程可以知道，当运动通过齿轮 $z_{45}$ 传入时（在展成传动链中），合成机构的传动比 $u_h=-1$，这说明使用合成机构后，轴的旋转方向

改变了，所以在分齿交换齿轮中，要根据具体情况使用惰轮（见机床说明书），当运动通过蜗轮 $z_{40}$ 传入时（在差动传动链中），合成机构的传动比 $u_h = 2$。

当加工直齿圆柱齿轮时，不需要差动运动，这时卸去差动交换齿轮 $\dfrac{a_2}{b_2}$ 和 $\dfrac{c_2}{d_2}$，使蜗杆副 $\dfrac{2}{40}$ 失去差动运动的动力源；同时，将合成机构的转臂锁死，以免壳体转动（见机床使用说明书），这样使合成机构就如同一个联轴器一样，这时合成机构的传动比 $u_h = 1$。

传动路线中 $\dfrac{e}{f}$、$\dfrac{a}{b}$、$\dfrac{c}{d}$ 是分齿交换齿轮，用于变换传动链中换置器官的传动比 $u_x$。

**3. 轴向进给传动链**

传动结构式为

$$\text{工件—9—10——} u_f \text{——11—12—刀架}$$
$$\text{（定比）（换置器官）（定比）}$$

对应的传动路线为

$$\text{工件}-\frac{96}{1}-\frac{27}{36}-\frac{36}{36}-\frac{1}{24}-\begin{Bmatrix}\dfrac{40}{34}\\[4pt]\dfrac{34}{40}\end{Bmatrix}\begin{Bmatrix}\dfrac{40}{20}\\[4pt]\dfrac{30}{30}\\[4pt]\dfrac{20}{40}\end{Bmatrix}-\frac{30}{30}-\begin{Bmatrix}\dfrac{39}{22}\\[4pt]\dfrac{25}{35}\end{Bmatrix}\begin{Bmatrix}\dfrac{40}{40}\\[4pt]\dfrac{35}{25}\dfrac{25}{35}\end{Bmatrix}$$

$$|\text{←——定比 9—10 ——→}|\text{←———————} u_f \text{————→}|$$

$$-\frac{30}{30}-\frac{2}{40}-\text{刀架丝杠（}Ph = 3\pi\text{mm）}$$

$$|\text{←定比 11—12→}|$$

进给链中换置器官传动比 $u_f$ 的变换是通过进给箱中三组滑移齿轮实现的，共有 12 级进给量。

**4. 差动传动链**

传动结构式为

$$\text{刀架（}A_{21}\text{）—12—13——} u_y \text{——14—15—Σ—6—7——} u_x \text{——8—9—工件（}B_{22}\text{）}$$
$$\text{（定比）（换置器官）（定比）　　（定比）（换置器官）（定比）}$$

对应的传动路线为

$$\text{刀架丝杠}-\frac{40}{2}-\frac{30}{30}-\frac{21}{21}-\frac{a_2}{b_2}\frac{c_2}{d_2}-\frac{24}{24}-\frac{2}{40}\text{————合成机构—}$$

$$|\text{←定比 12—13→}|\text{←} u_y \text{→}|\text{←———定比 14—15———→}|\text{←Σ→}|$$

$$\frac{e}{f}-\frac{a}{b}-\frac{c}{d}-\frac{1}{96}-\text{工件（}B_{22}\text{）}$$

$$|\text{定比 6—7}|\text{←}u_x\text{→}|\text{定比 8—9}|$$

差动传动链中换置器官传动比 $u_y$ 的变换是通过差动交换齿轮 $\dfrac{a_2}{b_2}$ 和 $\dfrac{c_2}{d_2}$ 来实现的。差动

运动通过蜗杆副 $\dfrac{2}{40}$ 传入合成机构，从而使工件得到附加的转动 $B_{22}$。

**5. 刀架快速升降的传动路线**

操作时，先将手柄（图 4-13）放在"快速移动"位置上，这个位置就是使进给箱中的离合器处于空档的位置，断开进给箱输出轴与动力源的联系，也就是断开了传动原理图（图 4-9）中点 12 与点 11 的联系，也就是形成导线所需的成形运动的外联系传动链被切断。这时起动轴向快速电动机（$P = 1.5\text{kW}$、$n = 1500\text{r/min}$），使刀架做快速升降运动，它的传动路线如下：

轴向快速电动机运动通过链轮传至进给箱的输出轴，再通过齿轮副 $\dfrac{30}{30}$、蜗杆副 $\dfrac{2}{40}$ 使刀架做快速升降运动。因此，使用快速电动机时，实际上就是用快速电动机代替原来的动力源，并以固定的转速（没有换置器官）使刀架快速移动。

刀架快速升降主要用于调整刀架位置以及加工时刀具快速接近工件或快速退回。此外，在加工斜齿圆柱齿轮时，起动轴向快速电动机，经差动传动链驱动工作台旋转，以便检查工作台附加运动的方向是否正确。

**（二）滚切直齿圆柱齿轮的传动链及其换置**

滚切直齿圆柱齿轮时，机床上共需两个成形运动，三条传动链。它们是：形成渐开线（母线）的展成运动 $B_{11} + B_{12}$（图 4-5）。为了实现这个复合运动，在机床传动中需要一条内联系传动链（展成链）和一条外联系传动链（主运动链）；形成直线（导线）的刀架轴向直线移动 $A_2$。为了实现这个简单运动，只需要一条外联系传动链（轴向进给链）。

**1. 分析传动链的方法**

在读懂传动系统图的基础上，可以把分析传动链的方法归纳为四个步骤：

（1）指出传动链两端的末端件　在分析机床某一条传动链时，首先要指出传动链两端有关的末端件，对于内联系传动链，传动链的两端都是运动件；对于外联系传动链，一端为运动件，另一端为运动源或借用的动力源。

（2）确定两端运动件的计算位移　在传动链中，既有传动比固定的传动副，又有传动比可以改变的换置器官。两末端件之间的相对运动量关系，习惯上称其为计算位移。计算位移量有不同的单位，如 r/min、mm/min、mm/r 等。

（3）列出运动平衡方程式　按计算位移量和传动副的传动比沿着传动的先后顺序列出运动平衡方程式。对于具有固定传动比的中间传动件，其传动比值应作为常数列入运动平衡方程式，换置器官的可变传动比则以 $u_v$、$u_x$、$u_f$ 或 $u_y$ 等表示。

（4）推导换置公式　传动链两个末端件的相对运动关系（计算位移量）是通过适当地选择换置器官的传动比 $u_v$、$u_x$、$u_f$ 或 $u_y$ 等实现的，这些可以改变的传动比必须从运动平衡方程式中推导出来。

**2. 分析和换置各条传动链**

前面用传动结构式分析并从传动系统图上找出了各种传动链的传动路线，下面按上述四个步骤来分析和换置各条传动链。

（1）主运动链

1）找末端件。

电动机—滚刀

2）定计算位移。

$$1500 \text{r/min} - n_{\text{d}}$$

3）列运动平衡式。根据计算位移关系及传动链的传动路线，可以列出运动平衡式为

$$1500 \times \frac{90}{176} u_v \times \frac{33}{35} \times \frac{23}{23} \times \frac{23}{23} \times \frac{23}{23} \times \frac{20}{80} = n_{\text{d}}$$

4）导出换置公式。整理上式可以推导出换置器官（变速箱）传动比 $u_v$ 的计算公式为

$$u_v = \frac{n_{\text{d}}}{180.8} \approx \frac{n_{\text{d}}}{180}$$

主运动传动链这里是外联系传动链。调整不需要很准确。前面已经指出，滚刀主轴转速 $n_{\text{d}}$ 根据切削速度 $v$ 及滚刀外径 $D$ 计算。当给定 $n_{\text{d}}$ 时，就可以按上式计算出 $u_v$。在机床标牌上或使用说明书中通常都提供滚刀主轴各种转速时操纵手柄的位置，不必计算。

（2）展成运动传动链

1）找末端件。

滚刀—工件

2）定计算位移。如果使用 $K$ 个头的滚刀加工齿数为 $z$ 的齿轮，则滚刀每转过（$1/K$）r（r 为转数）时，工件必须转过一个齿，计算位移可以写为

$$\frac{1}{K} \text{r} - \frac{1}{z} \text{r}$$

（滚刀）　　（工件）

3）列运动平衡式。

$$\frac{1}{K} \times \frac{80}{20} \times \frac{23}{23} \times \frac{23}{23} \times \frac{23}{23} \times \frac{45}{45} u_{\text{h}} \frac{e}{f} \frac{a}{b} \frac{c}{d} \times \frac{1}{96} = \frac{1}{z}$$

式中　$u_{\text{h}}$——通过合成机构的传动比，在 YC3180 型滚齿机上滚切直齿圆柱齿轮时，合成机构被锁住，$u_{\text{h}} = 1$。

4）导出换置公式。由上式可推导出分齿交换齿轮架（换置器官）传动比 $u_x$ 的计算公式为

$$u_x = \frac{a}{b} \frac{c}{d} = \frac{f}{e} \frac{24K}{z}$$

从换置公式可以看出，如果没有 $e$、$f$ 两齿轮，则 $u_x = 24K/z$，$K$ 通常为 1 或 2，如 $z$ 很大，则 $u_x$ 很小，就会出现交换齿轮 $u_x$ 中主动轮很小，被动轮很大，使交换齿轮架的结构庞大。如 $z$ 较小，例如小于 $24K$，则 $u_x$ 会出现升速，这也是不希望发生的。这里用交换齿轮 $e$、$f$ 来调整交换齿轮传动比 $u_x$ 的数值，它使交换齿轮传动比 $u_x$ 的分子、分母相差倍数不致过大。

$e$、$f$ 交换齿轮可根据被加工齿轮齿数选取：

当工件齿数 $8 \leqslant z \leqslant 20$ 时，取 $e = 56$，$f = 28$，这时，$u_x = \frac{24K}{2z} = \frac{12K}{z}$

当工件齿数 $21 \leqslant z \leqslant 161$ 时，取 $e = f = 42$，这时，$u_x = \frac{24K}{z}$

当工件齿数 $z>161$ 时，取 $e=28$，$f=56$，这时，$u_x=\dfrac{2\times24K}{z}=\dfrac{48K}{z}$

（3）轴向进给传动链

1）找末端件。进给以工作台作为间接动力源，故末端件为

工作台—刀架

2）定计算位移。进给以工作台每转时滚刀架的竖直移动量（mm）计，故计算位移为

1r ———————— f
（工作台）　　（刀架轴向移动）

3）列运动平衡式。

$$1\times\frac{96}{1}\times\frac{27}{36}\times\frac{36}{36}\times\frac{1}{24}u_f\times\frac{30}{30}\times\frac{2}{40}\times3\pi=f$$

4）导出换置公式。由上式可推导出换置器官（进给箱）传动比 $u_f$ 的计算公式为

$$u_f=\frac{f}{0.45\pi}$$

轴向进给量 $f$ 是根据工件材料、加工精度及表面粗糙度等情况选定的。在机床标牌上或使用说明书中通常都提供与各级进给量 $f$ 值相对应的进给箱变速手柄的位置，不必计算 $u_f$ 值。

（三）滚切斜齿圆柱齿轮的传动链及其换置

从前面的讨论中已知，直齿齿轮与斜齿齿轮的差别仅在于导线形状不同。在滚切斜齿齿轮时，进给是螺旋运动。在刀架直线移动 $A_{21}$ 与工件旋转 $B_{22}$ 之间还需要一条内联系传动链，以形成螺旋线。这条传动链称为差动传动链。除此之外，其他的传动链与滚切直齿齿轮时相同。

1. 展成运动传动链

滚切斜齿圆柱齿轮时的展成运动传动链的传动路线、两末端件之间的相对运动关系（计算位移）与滚切直齿圆柱齿轮时完全相同。但由于滚切斜齿齿轮时需要运动合成，所以，合成机构不能锁住。展成运动从合成机构的恒星轮传入，从另一恒星轮传出。两恒星轮转速相同，但转速相反，故在运动平衡式中，"通过合成机构的传动比" $u_h$ 是以 $u_h=-1$ 代入的，这与滚切直齿齿轮时不同。由于使用合成机构后轴的旋转方向改变，所以在安装展成运动传动链的分齿交换齿轮时，要按机床使用说明书的规定选用惰轮，使滚刀和工件的相对旋转方向与滚切直齿圆柱齿轮时相同。

2. 差动传动链

1）找末端件。螺旋线由滚刀架的竖直运动和工作台的附加转动来保障，故末端件为

刀架—工件

2）定计算位移。当滚切螺旋线导程为 $Ph$ 的斜齿圆柱齿轮时，如果滚刀与齿轮螺旋线方向相同，工件应多转一周；如果方向相反，工件应少转一周。刀架与工件的相对运动关系为

Ph ———————— 1r
（刀架轴向移动）　　（工件）

3）运动平衡式

$$\frac{Ph}{3\pi} \times \frac{40}{2} \times \frac{30}{30} \times \frac{21}{21} \frac{a_2}{b_2} \frac{c_2}{d_2} \times \frac{24}{24} \times \frac{2}{40} u_h \frac{e}{f} \frac{a}{b} \frac{c}{d} \times \frac{1}{96} = 1$$

4）计算换置公式。图 4-14 所示是螺旋线展开图，由图可得几何关系为

$$Ph = \frac{\pi m_d z}{\tan\beta}, \qquad m_d = \frac{m_f}{\cos\beta}$$

因而

$$Ph = \frac{\pi m_f z}{\tan\beta \cos\beta} = \frac{\pi m_f z}{\sin\beta}$$

式中  $m_d$——齿轮的端面模数；

$m_f$——齿轮的法向模数；

$\beta$——齿轮的螺旋角。

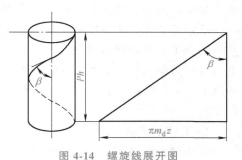

图 4-14  螺旋线展开图

在差动传动链中，通过合成机构的传动比 $u_h$。合成机构是一个锥齿轮差动机构，四个锥齿轮齿数都相等。差动链的蜗轮 $z = 40$ 与系杆（转臂）相联系。在差动链中，系杆为主动，恒星轮为被动，可根据机械原理课程的有关公式计算，这里 $u_h = 2$。

整理上列运动平衡式，得出

$$u_y = \frac{a_2 c_2}{b_2 d_2} = 6 \frac{\sin\beta}{m_f K}$$

由差动传动链传给工件的附加旋转运动的方向，可能与展成运动中的工件旋转方向相同，也可能相反（图 4-11），安装差动交换齿轮时，可按机床说明书的规定使用惰轮。

滚切斜齿圆柱齿轮时的主运动传动链和轴向进给传动链与滚切直齿齿轮时完全相同，读者可自行分析。

### 三、仿形装置

YC3180 型淬硬滚齿机备有仿形装置，它按照固定样板采用普通滚刀进行小锥度、鼓形齿以及修形齿的滚切，从而扩大了滚齿机的工艺范围。

#### 1. 工作原理

图 4-15 所示为机床仿形装置工作示意图。仿形支架 1 安装在机床刀架滑板 5 上，可随刀架滑板轴向移动。在仿形支架上装有仿形样板 2，在仿形加工过程中，拖板 4 上的传感器的触头 3 与仿形样板 2 的表面紧密接触。当刀架滑板轴向移动距离 $\Delta f_z$ 时，则传感器触头就在径向测得一个位移 $\Delta f_j$，并指示工作台进或退一个 $\Delta f_j$ 的量。这样，刀架轴向移动量 $\Delta f_z$ 和工作台径向移动量 $\Delta f_j$ 始终保持样板给定的比例关系。当其 $\Delta f_z$ 与 $\Delta f_j$ 尽可能小时，它们之间所表征的函数关系就是所要求的曲线。

传感器触头测得 $\Delta f_j$ 的信号，输送到装在机床内部的仿形加工自动控制仪，它的控制按钮装在机床的操纵盘上。自动控制仪按照测得的 $\Delta f_j$ 的值控

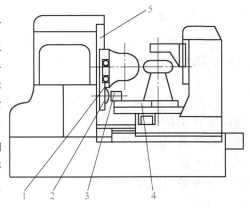

图 4-15  机床仿形装置工作示意图

1—仿形支架  2—仿形样板  3—触头
4—拖板  5—刀架滑板

制工作台的径向进给量。

在滚齿机上进行仿形加工，形成齿轮轮齿表面的方法仍然是展成法和相切法的组合。形成渐开线（母线）需要一个展成运动 $B_{11}+B_{12}$，这与滚切一般齿轮相同。形成导线需要一个复合的成形运动，这个复合运动也分解为两个部分：刀架的轴向进给运动 $f_z$ 和工作台的径向进给运动 $f_j$。这是内联系，在运动过程中两者之间始终要保持严格的比例关系。这条内联系传动链不是通过机械传动，而是通过传感器测得的机械位移转变为电信号建立起来。这个电信号在刀架做轴向进给 $f_z$ 的过程中，控制机床工作台（工件）随着样板曲线的变化做径向进给 $f_j$（伺服运动），从而把样板曲线两个坐标方向的函数关系复映到被加工齿轮的齿线上。

### 2. 滚切小锥度齿轮

小锥度滚切法用来加工小锥度齿轮、插齿刀、锥度花键轴等。一般可加工锥度 $\alpha = 1°54' \sim 27°$（图 4-16）。

在这种加工中要求两种进给运动，$f_z$ 是由刀架滑板执行的轴向进给运动，$f_j$ 是由工件所在的工作台执行的径向进给运动。而 $f_j$ 与 $f_z$ 的关系为

$$\tan \frac{\alpha}{2} = \frac{f_j}{f_z}$$

滚切锥度时，滚刀的超程量 $A_1$ 和 $A_2$ 由下式决定，即

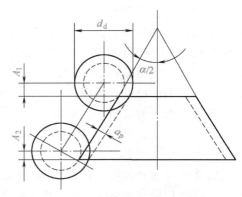

图 4-16　加工小锥度时 $f_j$ 与 $f_z$ 的关系

$$A_1 = \frac{1}{2}d_d \sin \frac{\alpha}{2}$$

$$A_2 = \left(\frac{1}{2}d_d - a_p\right)\sin \frac{\alpha}{2}$$

式中　$d_d$——滚刀外径；

$\quad \alpha$——工件的锥角；

$\quad a_p$——背吃刀量。

调整机床时，只需按一般齿轮加工方法选定轴向进给量 $f_z$。而径向进给量 $f_z$ 就由零件的样板曲线和轴向进给量 $f_z$ 唯一确定了。

### 3. 滚切鼓形齿轮

鼓形齿轮在齿长方向和在同一圆柱上的齿厚有小的凸度，凸出的高度称为鼓形齿轮的鼓形量。由于鼓形齿轮能显著提高齿轮的承载能力和寿命，所以，它在汽车、农机等许多机械制造部门得到越来越广泛的应用。

本机床用仿形法滚切鼓形齿轮。关键问题是在加工前必须按照所要滚切的鼓形齿设计和制造仿形样板。鼓形齿的仿形曲线和样板如图 4-17 所示。

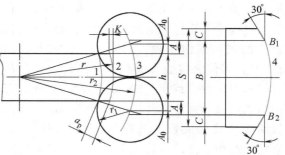

图 4-17　鼓形齿的仿形曲线和样板

设鼓形齿轮的宽度（齿轮轴向）为 $h$，鼓形量为 $K$，齿轮鼓形曲线 2 为圆弧，它的半径由几何关系可得

$$r = \frac{4K^2 + h^2}{8K}$$

滚刀的外圆半径为 $r_1$，背吃刀量 $a_p$ 应为鼓形齿轮的齿高，在滚切整个齿长（即轴向齿宽）的过程中，滚刀中心的运动轨迹为曲线 3，从而加工出鼓形齿的齿根曲线 1。在仿形加工中，滚刀中心的运动轨迹 3 是通过刀架的轴向移动和工作台的横向进给复合而成的，这条曲线就应该是所求的仿形样板曲线。由图可知，样板曲线也是一段圆弧，它的半径 $r_2$ 为

$$r_2 = r + r_1 - a_p$$

式中　$r$——齿轮的鼓形曲线半径；

　　　$r_1$——滚刀外圆半径；

　　　$a_p$——背吃刀量。

样板曲线的实际形状如图 4-17 中曲线 4 所示。为了切出鼓形齿的完整齿形，在样板曲线的切入边和离开边都要有超切量。理论超切量 $A_0$ 如图 4-17 所示，由几何关系可得

$$A_0 = \frac{r_1 h}{2(r_2 - r_1)} = \frac{r_1 h}{2(r - a_p)}$$

样板上仿形曲线部分的最小高度 $B_{\min}$ 为

$$B_{\min} = h + 2A_0 = h + \frac{r_1 h}{r_2 - r_1} = h + \frac{r_1 h}{r - a_p}$$

一般实际设计中，可将 $A_0$ 取得相对理论尺寸稍大一些，如图 4-17 中 $A$，以保证滚切更为完整。在样板的两端还要有触头保护行程 $C$，一般取 $C = 6mm$，从而可得样板的总高度 $S = h + 2A + 2C = B + 2C$。

## 四、滚切齿数大于 100 的质数直齿圆柱齿轮

YC3180 型淬硬滚齿机分齿交换齿轮的换置公式为

$$\frac{a}{b}\frac{c}{d} = \frac{24K}{z} \quad (21 \leqslant z \leqslant 161)$$

$$\frac{a}{b}\frac{c}{d} = \frac{48K}{z} \quad (z > 161)$$

当被加工齿轮的齿数 $z$ 为质数时，由于质数不能分解因子，由此 $b$ 和 $d$ 两个分齿交换齿轮中必须有一个齿轮的齿数选用这个质数或它的整倍数，才能加工出这个质数齿轮。由于滚齿机一般都备有 100 以下的质数交换齿轮，所以对于齿数为 100 以下的质数被加工齿轮，都可以选到合适的交换齿轮。但对于 100 以上的质数齿轮，如齿数为 101、103、107、109、113…就选不到所需要的分齿交换齿轮了。因此，要滚切齿数大于 100 的质数齿轮时，就得采用别的方法。

从上述滚切斜齿圆柱齿轮可以知道，形成螺旋线所要求的工件附加转动 $B_{22}$，是通过合成机构"附加"进去的。由此启示，当滚切齿数大于 100 的质数齿轮时，由于没有适当的交换齿轮，展成运动传动链不能保证得到在滚刀转动 $B_{11}$ 时工件转动 $B_{12}$〔即滚刀转过

$(1/K)r$ 时，工件转过 $(1/z)r$] 的相对运动关系，这时可以改由两条传动链并通过合成机构，用运动合成的方法来得到要求的相对运动关系。

按照这种想法把展成运动中的滚刀和工件之间的相对运动关系，由原来只有一条传动链联系改为由两条传动链联系。即由展成运动传动链按滚刀旋转 $(z/K)r$ 和工件旋转 $[z/(z+\Delta)]r$ 的相对运动关系进行换置交换齿轮；而工件旋转的"差额" $1-z/(z+\Delta)=\Delta/(z+\Delta')$，通过差动传动链由合成机构附加进去。也就是说形成渐开线的展成运动是通过两条传动链联系实现的。

这样滚切直齿圆柱齿轮时，滚刀、工件和刀架之间的运动关系由原来

$$滚刀\text{————————}工件\text{————————————}刀架$$
$$\frac{z}{K}r\xrightarrow{\quad 展成传动链\quad}1r\xrightarrow{\quad 轴向进给链\quad}f_z(\text{mm/r})$$

变成

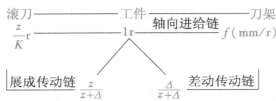

在确定滚刀、工件和刀架三者运动关系时，首先确定工件转一周，以便确定轴向进给量 $f$（工件），但工件转一周是由两部分运动合成的。其中，展成运动传动链中，本应该保证滚刀转 $(z/K)r$ 时工件转一周的关系才能形成正确的渐开线齿形，但为了使展成运动换置公式中分母能够分解，从而找到合适的交换齿轮，现在人为地让滚刀转 $(z/K)r$ 时，工件转不足一周，即 $[z/(z+\Delta)]r$，但也可以转一周多一点，即 $[z/(z-\Delta)]r$。那么剩下的工件不足一周部分，即 $[1-z/(z+\Delta)=\Delta/(z+\Delta)]r$，则通过差动运动传动链来加以补偿。这两个运动经过合成机构合成后，正好使工件转了一周。这就满足了滚刀转 $(z/K)r$ 时工件应转一周的运动关系，从而形成了正确的渐开线齿形。

下面具体分析并推导这两条传动链的换置公式。先看一下展成传动链，其两末端件运动关系为

$$滚刀\text{ — }工件$$
$$\frac{z}{K}r\text{ — }\frac{z}{z+\Delta}r$$

YC3180 型淬硬滚齿机按这种关系推导出展成运动换置公式为

$$u_x=\frac{a}{b}\frac{c}{d}=\frac{24K}{z+\Delta}\qquad\left(当\frac{e}{f}=\frac{42}{42}时\right)$$

$$u_x=\frac{a}{b}\frac{c}{d}=\frac{48K}{z+\Delta}\qquad\left(当\frac{e}{f}=\frac{28}{56}时\right)$$

分母中加 $\Delta$ 值的目的是使 $24K/(z+\Delta)$ 能够分解，以便在机床交换齿轮中能够找到合适的 $a$、$b$、$c$、$d$ 交换齿轮。通常取 $\Delta=1/50\sim1/5$。

差动传动链两末端件的运动关系为

刀架—工件

$$f（mm/r）= \frac{\Delta}{z+\Delta}r$$

根据 YC3180 型淬硬滚齿机传动系统图，差动传动链的运动平衡式为

$$\frac{f_z}{3\pi} \times \frac{40}{2} \times \frac{30}{30} \times \frac{21}{21}u_y \times \frac{24}{24}u_h \frac{e}{f}u_x \times 1/96 = \frac{\Delta}{z+\Delta}$$

其中，$u_h = 2$；$u_x = \frac{f}{e} \frac{24K}{z+\Delta}$。

代入上式，可得差动传动链的换置公式为

$$u_y = \frac{0.3\pi\Delta}{Kf_z}$$

差动传动链的"附加"运动是使工件"抵消"多加的转角或是"补回"减少的转角，这要根据展成运动中计算位移的情况而定。当在展成运动中，工件的计算位移大于 1 转时，则通过差动传动链使工件"抵消"多转的角度；当在展成链中工件计算位移不足 1 转时，通过差动传动链使工件多转一个相应的角度。实现工件多转或少转，是通过差动交换齿轮架上的惰轮改变"附加"运动的方向来达到的。

### 五、滚切蜗轮（worm wheel）

该机床可以用径向进给法滚切蜗轮。滚切蜗轮时，主运动链和展成链与滚切直齿齿轮时相同。床身溜板连同工作台和后立柱在床身的导轨上做水平的径向进给。径向进给行程较短（等于齿高加上开始切削前的一小段）。行程终点的要求较高（因为影响齿厚），故常用手摇。

此外，该机床还有其他一些功能，如滚刀架的快速升降、工作台的径向快速移动、窜刀传动，仿形装置传动等，见机床说明书。

## 第四节 内联系传动链换置器官的布局方案

内联系传动链是指两个末端件的计算位移之间有严格关系的传动链。例如，在车床上车削螺纹时，对于主轴至纵向丝杠之间的传动链，要求主轴带动工件每转过一周，丝杠带动车刀必须移动被加工螺纹的一个导程；在滚齿机上加工齿轮时，对于滚刀至工件间的传动链，要求滚刀每转过$(1/K)$r（$K$为滚刀头数），工件必须转过$(1/z)$r（$z$是工件齿数）；在滚切斜齿圆柱齿轮时，对于刀架至工件间的传动链，要求刀架每移动工件螺旋线的一个导程，工件必须附加多转或少转 1r。这些内联系传动链换置器官的位置和可变传动比的选择对于传动链末端件计算位移的精度有重要影响。

下面以滚齿机的传动原理图为例，对内联系传动链换置器官的布局方案进行分析与比较。

在滚齿机的传动原理图中，有两条内联系传动链，即展成链和差动链，它们的换置器官 $u_x$ 和 $u_y$ 可以安排在不同位置上，图 4-18 所示为滚齿机内联系传动链换置器官的布局方案。

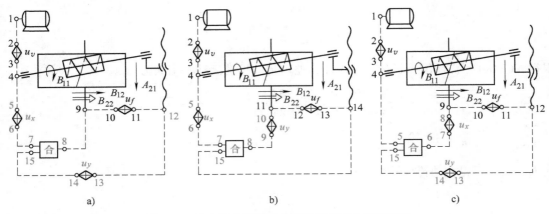

图 4-18 滚齿机内联系传动链换置器官的布局方案

## 一、$u_x$ 和 $u_y$ 均在合成机构的输入端（图 4-18a）

在这种布局中，展成链的运动平衡方程式可以写为

$$\frac{1}{K}u_{4-5}u_x u_{6-7}u_h u_{8-9}=\frac{1}{z}$$

式中　　　　　　　$K$——滚刀头数；

　　　　　　　　　$z$——齿轮齿数；

$u_{4-5}$、$u_{6-7}$、$u_h$、$u_{8-9}$——固定的传动比。

由上式可导出分齿交换齿轮传动比 $u_x$ 的换置公式为

$$u_x=\frac{1}{u_{4-5}u_{6-7}u_h u_{8-9}}\frac{K}{z}=C_{1x}\frac{K}{z}$$

其中

$$C_{1x}=\frac{1}{u_{4-5}u_{6-7}u_h u_{8-9}}=常数$$

差动传动链的运动平衡式为

$$\frac{Ph}{Ph_t}u_{12-13}u_y u_{14-15}u_h u_{8-9}=1$$

式中　　　　　　$Ph$——被加工斜齿轮螺旋线的导程，$Ph=\dfrac{\pi m_f z}{\sin\beta}$；

　　　　　　　　$Ph_t$——滚齿机刀架丝杠的导程；

$u_{12-13}$、$u_{14-15}$、$u_h$、$u_{8-9}$——固定的传动比。

整理上式可得差动交换齿轮传动比 $u_y$ 的换置公式为

$$u_y=\frac{Ph_1}{u_{12-13}u_{14-15}u_h u_{8-9}\pi m_f z}\sin\beta=C_{1y}\frac{\sin\beta}{m_f z}$$

式中　$C_{1y}$——常数。

## 二、$u_x$ 在合成机构的输入端，$u_y$ 位于输出端（图 4-18b）

差动传动链的计算与图 4-18a 方案相似，可以导出差动交换齿轮传动比 $u_y$ 的换置公

式为

$$u_y = C_{2y} \frac{\sin\beta}{\pi m_f z}$$

式中　$C_{2y}$——常数。

展成传动链的运动平衡式为

$$\frac{1}{K} u_{4-5} u_x u_{6-7} u_h u_{8-9} u_y u_{10-11} = \frac{1}{z}$$

$$u_x = \frac{1}{u_{4-5} u_{6-7} u_h u_{8-9} u_{10-11} u_y z} = C'_{2x} \frac{K}{u_y z}$$

式中　$C'_{2x}$——常数。

将 $u_y = C_{2y} \dfrac{\sin\beta}{m_f z}$ 代入上式得

$$u_x = C'_{2x} \frac{m_f z}{C_{2y} \sin\beta} \frac{K}{z} = C_{2x} \frac{m_f K}{\sin\beta}$$

式中　$C_{2x}$——常数代替两常数之比 $C'_{2x}/C_{2y}$。

### 三、$u_x$ 位于合成机构的输出端，而 $u_y$ 在输入端（图 4-18c）

展成传动链的计算与图 4-18a 方案相似，可导出分齿交换齿轮传动比 $u_x$ 的换置公式为

$$u_x = C_{3x} \frac{K}{z}$$

差动传动链的运动平衡式为

$$\frac{Ph}{Ph_t} u_{12-13} u_y u_{14-15} u_h u_{6-7} u_x u_{8-9} = 1$$

将 $u_x = C_{3x} \dfrac{K}{z}$，$Ph = \dfrac{\pi m_f z}{\sin\beta}$ 代入上式得

$$u_y = \frac{Ph_t}{u_{12-13}\ u_{14-15} u_h u_{6-7} u_{8-9} C_{3x} K \pi m_f z} z \frac{\sin\beta}{} = C_{3y} \frac{\sin\beta}{K m_f}$$

式中　$C_{3y}$——常数。

一对啮合的斜齿圆柱齿轮通常是使用头数相同的滚刀成对加工的。两个齿轮的模数相等，螺旋角也相等，但螺旋角方向不同，一个为右旋，另一个为左旋。

由上述三个方案推出的交换齿轮传动比的换置公式中可以看出：在分齿交换齿轮传动比 $u_x$ 的三个换置公式中，图 4-18b 方案的计算最复杂，式中含有无理数因子 $\sin\beta$，选配交换齿轮较烦琐，而且不容易得到准确齿数的交换齿轮。而图 4-18a、c 方案，分齿交换齿轮传动比 $u_x$ 的计算较简单，只有整数 $K$ 和 $z$，并且在机床设计中常取展成传动链的常数 $C_x$ 为 24 易于分解，能够得到齿数准确的交换齿轮。

在差动交换齿轮传动比 $u_y$ 的三个换置公式中，图 4-18ab 方案都含有被加工齿轮的齿数，在加工一对相啮合的斜齿轮时，需根据每个齿轮的齿数重新选配差动交换齿轮，致使两个齿轮的螺旋角很难完全相等，因而使啮合状态变坏。图 4-18c 方案的换置公式不包含齿数，即差动交换齿轮的传动比 $u_y$ 与齿数 $z$ 无关，这使加工一对相啮合的斜齿圆柱齿轮时，

不必因齿数不同而重新选配交换齿轮，保证相啮合的螺旋角角度是一样的；至于不同的旋向，可通过差动交换齿轮用不同惰轮来解决，从而保证了啮合质量。综上所述，目前带有差动机构的滚齿机均采用图 4-18c 方案的传动原理图。

用传动原理图分析和比较内联系传动链换置器官的布局方案，不仅适用于滚齿机，也适用于其他具有内联系传动链的机床，例如螺纹加工机床、铲背车床和其他齿轮加工机床等。

## 第五节　其他齿轮加工机床的运动分析

### 一、插齿机的运动分析

插齿机（gear shaping machine）用来加工内、外啮合的圆柱齿轮的轮齿齿面，尤其适合于加工内齿轮和多联齿轮中的小齿轮，这是滚齿机无法加工的（图 4-19）。但插齿机不能加工蜗轮。

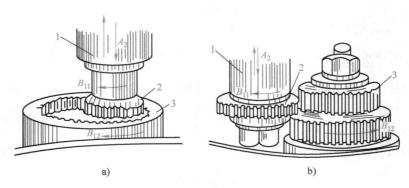

图 4-19　内外齿轮的插齿

a）内齿轮插齿　b）外齿轮插齿

1—插齿刀主轴　2—插齿刀　3—工件

#### 1. 插齿原理及所需的运动

插齿机加工原理类似一对圆柱齿轮相啮合，其中一个是工件，另一个是齿轮形刀具（插齿刀），它的模数和压力角与被加工齿轮相同。可见，插齿机同样是按展成法来加工圆柱齿轮的。

图 4-20 所示为插齿原理及加工时所需的成形运动。其中插齿刀旋转 $B_{11}$ 和工件旋转 $B_{12}$ 组成复合的成形运动——展成运动。这个运动用以形成渐开线齿廓。插齿刀上下往复运动 $A_2$ 是一个简单的成形运动，用以形成轮齿齿面的导线——直线（加工直齿圆柱齿轮时），这是切削主运动。当需要插削斜齿齿轮时，插齿刀主轴是在一个专用的螺旋导轮上移动，这样，在上下往复移动时，由于导轮的导向作用，插齿刀还有一个附加转动。

插齿开始时，插齿刀和工件以展成运动的相对运动关系做对滚运动，与此同时，插齿刀又相对于工件做径向切入运动，直到全齿深时，停止切入，这时插齿刀和工件继续对滚（即插齿刀以 $B_{11}$，工件以 $B_{12}$ 的相对运动关系转动），当工件再转过一圈后，全部轮齿就可切削出来。然后插齿刀与工件分开，机床停机。因此，插齿机除了两个成形运动外，还需要一个径向切入运动。此外，插齿刀在往复运动的回程时不切削，为了减少切削刃的磨损，机

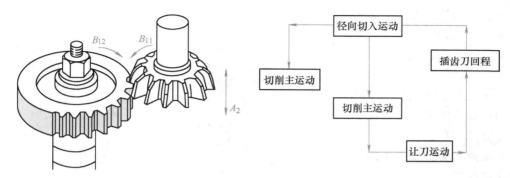

图 4-20 插齿原理及加工时所需的成形运动

床上还需要有让刀运动，使刀具在回程时径向退离工件，切削时再复原。

**2. 插齿机的传动原理图**

用齿轮形插齿刀插削直齿圆柱齿轮时机床的传动原理图如图 4-21 所示，图中仅表示成形运动。切入运动及让刀运动并不影响加工表面的成形，所以在传动原理图中没有表示出来。

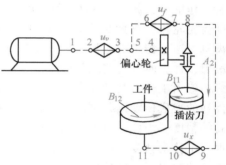

图 4-21 插齿机的传动原理图

图 4-21 中 $B_{11}$ 和 $B_{12}$ 是一个复合运动，它需要一条内联系传动链和一条外联系传动链，点 8 到点 11 之间的传动链是内联系传动链——展成链；点 4 到点 8 之间是其外联系传动链——圆周进给链，圆周进给运动以插齿刀的上下往复一次时其在节圆上所转过的弧长来表示。因此，这个传动链以传动插齿刀往复的偏心轮作为间接动力源。

插齿刀的往复运动 $A_2$ 是一个简单运动，它只有一个外联系传动链：由电动机轴处的点 1 至曲柄偏心盘处的点 4。根据定义，这条传动链是主运动传动链，由它确定插齿刀每分钟上下往复次数（速度）。

## 二、磨齿机的运动分析

磨齿机（gear grinding machine）常用来对淬硬的齿轮进行齿廓的精加工，但也有用来直接在齿坯上磨出轮齿的。由于磨齿能纠正齿轮预加工的各项误差，因而加工精度较高。磨齿后，精度一般可达 6 级以上。有的磨齿机可磨 3、4 级齿轮。

### （一）磨齿原理及所需的运动

磨齿机通常分为成形砂轮法磨齿和展成法磨齿两大类。成形法磨齿机应用较少，多数类型的磨齿机均以展成法磨齿。现将各类磨齿机的工作原理简介如下。

**1. 成形法的磨齿原理及运动**

成形砂轮法磨齿机的砂轮截面形状，可修整成与工件齿间的齿廓形状相同（图 4-22）。因此，这种磨齿机的工作精度是相当高的。但是，这种磨齿机通常用来磨削大模数齿轮。

磨削内啮合齿轮用的砂轮截面形状如图 4-22a 所示；磨削外啮合齿轮用的砂轮截面形状如图 4-22b 所示。磨齿时，砂轮高速旋转并沿工件轴线方向做往复运动。一个齿磨完后，分度一次，再磨第二个齿。砂轮对工件的切入进给运动，由安装工件的工作台径向进给运动得到。机床的运动比较简单。

**2. 展成法的磨齿原理及运动**

用展成法原理工作的磨齿机，根据工作方法不同，可分为连续磨削和单齿分度两大类，如图 4-23 所示，现分别介绍如下。

（1）连续磨削　用连续磨削展成法工作的磨齿机利用蜗杆形砂轮来磨削齿轮轮齿，因此称为蜗杆砂轮型磨齿机。该磨齿机的工作原理及加工过程与滚齿机相似，如图 4-23a 所示。蜗杆形砂轮相当于滚刀，加工时砂轮与工件做展成运动 $B_{11}$ 和 $B_{12}$，磨出渐开线；磨削直齿圆柱齿轮的轴向齿线一般由工件沿其轴向做直线往复运动 $A_2$。由于这种磨齿机砂轮转速很高，因而砂轮与工件间的展成传动链各传动件的转速也很高，如采用机械方式传动，则要求传动元件必须有很高的精度，因此，目前常采用两个同步电动机分别传动砂轮和工件，不但简化了传动链，也提高了传动精度。因为这种磨齿机连续磨削，所以在各类磨齿机中它的生产率最高。这种磨齿机的缺点是，砂轮修整成蜗杆较困难，且不易得到很高的精度。

（2）单齿分度　这类磨齿机根据砂轮的形状又可分为锥形砂轮型和碟形砂轮型两种（图 4-23b、c）。它们的基本工作原理相同，都是利用齿条和齿轮的啮合原理来磨削齿轮的。用砂轮代替齿条的一个齿（图 4-23b）或两个齿面（图 4-23c），因此砂轮的磨削面是直线。加工时，被切齿轮在想象中的齿条上滚动，每往复滚动一次，完成一个或两个齿面的磨削，因此需要经过多次分度及加工，才能完成全部轮齿齿面的加工。

碟形砂轮型磨齿机是用两个碟形砂轮来代替齿条上的两个齿侧面，如图 4-23c 所示。锥形砂轮型磨齿机是用锥形砂轮的侧面代替齿条一个齿的齿侧来磨削齿轮，如图 4-23b 所示。事实上，砂轮较齿条的一个齿略窄，一个方向滚动时，磨削一个面，另一个方向滚动时，齿轮略做水平窜动以磨削另一个齿面。

下面以锥形砂轮型磨齿机为例，说明单齿分度磨削方法所需的运动。采用展成法形成渐开线（母线）。工件完成展成运动，相当于齿轮在不动的齿条上滚动，即在与工件主轴轴线相垂直的方向做横向移动 $A_{32}$ 和工件本身的转动 $B_{31}$。为了形成导线（直线），采用相切法，由砂轮完成旋转运动 $B_1$ 和纵向移动 $A_2$，以便磨出整个齿宽。此外，在磨完一个齿后，工件应转过一个齿（分度运动）。

**（二）单齿分度展成法的传动原理图**

上述单齿分度展成法磨削原理所需的运动可用图 4-24 所示的传动原理图来实现。

**1. 主运动链**

主运动链是为磨出整个齿宽（导线），实现刀具（砂轮）旋转主运动 $B_1$ 的传动链。这是一条外联系传动链，它的两个末端件是电动机——砂轮，传动路线如图 4-24 中的 1—2—$u_v$—3—4 所示。由换置器官的传动比 $u_v$ 来调整砂轮的转速。

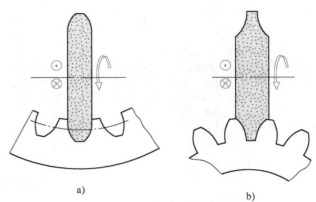

图 4-22　成形砂轮磨齿的工作原理
a）磨削内齿轮　b）磨削外齿轮

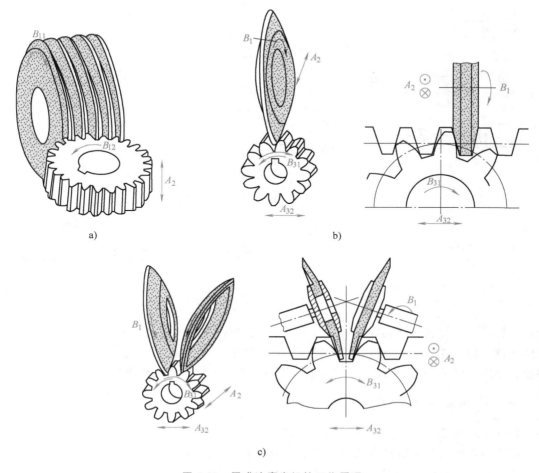

图 4-23 展成法磨齿机的工作原理

a）蜗杆形砂轮磨齿 b）锥形砂轮磨齿 c）碟形砂轮磨齿

**2. 砂轮轴向运动传动链**

砂轮轴向运动传动链是为了磨出整个齿宽（导线），实现砂轮轴向运动 $A_2$ 的传动链。它的两个末端件是电动机和砂轮，而传动路线如图 4-24 中的 5—6—$u_f$—7—8—9 所示，由换置器官的传动比 $u_f$ 来调整砂轮沿工件轴向的进给量。这是外联系传动链。

**3. 展成运动传动链**

展成运动传动链是展成运动的内联系传动链，它把工件的移动 $A_{32}$ 和转动 $B_{31}$ 联系在一起，传动路线如图 4-24 中的 10—11—12—$u_x$—13—14—合成机构—15—16 所示。

**4. 进给传动链**

进给传动链是展成运动的外联系传动链，传动路线如图 4-24 中的 17—18—$u_s$—19—11 所示，用来把动力源接入展成运动传动链。换置器官传动比 $u_s$ 用来调整渐开线成形运动速度的快慢。

**5. 分度运动传动链**

分度运动由分度盘（点 20 至点 21）控制。当磨完一个齿后，分度盘上的离合器合上，

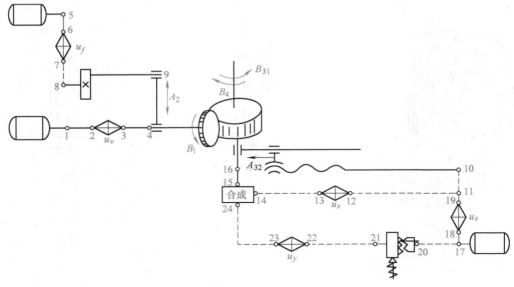

图 4-24 单齿分度展成法的传动原理图

分度盘转一定的转数，经换置器官 $u_y$（点 22 至点 23）和合成机构（点 24 至点 15）把运动传给工件，使工件转过一个齿。分度完毕，离合器脱开，分度盘定位。分度时，展成运动不停止，分度运动 $B_4$ 和展成运动中的 $B_{31}$ 都传给工件，故需合成机构先把它们合并起来。

### 三、锥齿轮加工机床的运动分析

#### （一）锥齿轮（bevel gear）的切齿原理及所需运动

制造锥齿轮的主要方法有两种：成形法和展成法。成形法通常是利用单片铣刀或指形齿轮铣刀，在卧式铣床上加工。锥齿轮沿齿线方向不同位置的基圆直径是变化的，也就是说沿齿线方向不同位置的法向齿形是变化的，而成形刀具的形状是一定的，因此难以达到要求的齿形精度。成形法仅用于粗加工或精度要求不高的场合。在锥齿轮加工机床中普遍采用展成法。这种方法的加工原理，相当于一对啮合的锥齿轮，将其中的一个锥齿轮转化成平面齿轮。

图 4-25 所示为一对相啮合的锥齿轮（节锥顶角分别为 $2\varphi_1$ 和 $2\varphi_2$）。当量圆柱齿轮分度圆半径分别为 $O_1a$ 和 $O_2a$，当锥齿轮 2 的节锥顶角 $2\varphi_2$ 逐渐变大并最终等于 180°时，当量圆柱齿轮的节圆半径 $O_2a$ 变为无穷大，当量圆柱齿轮就成了齿条，齿形就成了直线（图 4-26），锥齿轮 2 转化成平面齿轮——圆齿条，如图 4-27a 所示。两个锥齿轮若能分别同一个相同的平面齿轮相啮合，则这两个锥齿轮就能够彼此啮合。锥齿轮的切齿方法就是按照这个原理实现的。在锥齿轮加工机床上，必须使加工过程实现一个锥齿轮与一个平面齿轮的啮合过程，形成渐开线齿廓。齿廓的形状则取决于平面齿轮的齿线形状。如果齿线形状是过圆心

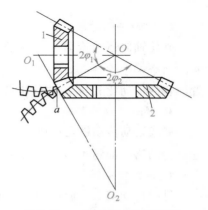

图 4-25 一对相啮合的锥齿轮

的直线，则加工出直齿锥齿轮；如果齿线是圆弧线，则加工出弧齿锥齿轮。平面齿轮的齿线形状如图 4-27b、c 所示。

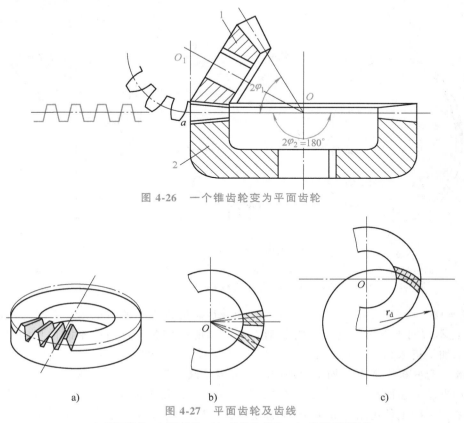

图 4-26　一个锥齿轮变为平面齿轮

　　a）　　　　　　　　　　b）　　　　　　　　　　c）

图 4-27　平面齿轮及齿线

a）平面齿轮——圆齿条　b）齿线是直线　c）齿线是圆弧线

　　平面齿轮在锥齿轮加工机床上实际并不存在，而是用刀具运动时的轨迹代替平面齿轮。平面齿轮的其余齿并不参加工作，这个平面齿轮是假想的。由于平面齿轮的齿形在任意位置上都是直线，因此切削刃也可做成直线。图 4-28a 所示为假想平面齿轮的形成。图 4-28 中 5 是机床的摇台，上装切齿刀盘 2。刀盘上装有刀头 3（图 4-28b），它们的切削刃是直的。切齿刀盘旋转时，切削刃的运动轨迹就构成假想平面齿轮 4（图 4-28a 中摇台平面上的虚线）的两个齿侧面，齿线的形状为圆弧形。这条圆弧线就是被加工轮齿的导线 7，显然，它是用轨迹法成形的，由切齿刀盘的旋转 $B_1$ 来实现。渐开线齿廓（母线）的成形是工件毛坯 1 同假想平面齿轮 4（摇台 5）按展成法加工原理得到的，因此机床需要有一个展成运动（图 4-28c），它是一个复合运动，可分解为两个部分：摇台摆动 $B_{21}$ 和工件转动 $B_{22}$。这种展成运动用含有交换齿轮 6 的展成运动传动链来保证。由于假想平面齿轮上只有一个"齿"，因此摇台的运动应能使刀盘上下摆动，每切削一个齿槽，摇台应来回摆动一次。当一个齿槽切削完毕后，工件做分度运动。

　　由于构成假想平面齿轮所用刀具的切削刃是直线形的，因而刀具制造容易，精度较高。然而，按照假想平面齿轮工作原理设计的机床，刀具（切削刃沿齿长方向运动的轨迹，相当于平面齿轮的轮齿齿侧面）的刀尖，必须沿工件齿根运动，也就是沿平面齿轮的面锥

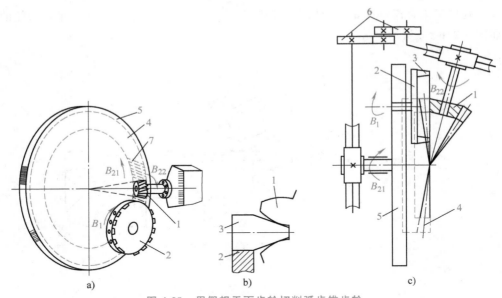

图 4-28 用假想平面齿轮切削弧齿锥齿轮

a）假想平面齿轮的形成　b）切齿刀盘的刀头　c）假想平面齿轮和齿轮毛坯的展成运动

1—工件毛坯　2—切齿刀盘　3—刀头　4—假想平面齿轮　5—摇台　6—交换齿轮　7—导线

（面锥角＝$180°+2\theta_f$）的表面移动。其中 $\theta_f$ 为被加工的锥齿轮的齿根角。不同的锥齿轮，齿根角 $\theta_f$ 也不相同，因而刀具的刀尖运动轨迹必须能够调整，以适应不同齿根角 $\theta_f$ 的需要。这样就增加了机床结构的复杂性。

因此，有些机床将上述加工原理中的平面齿轮改变为"近似的平面齿轮"，如图 4-29 所示。这种齿轮的顶面是平的，所以称之为平顶齿轮。采用平顶齿轮就可以把刀尖的运动轨迹固定下来，不随工件齿根角 $\theta_f$ 的改变而改变，这样，机床刀架的调整就可以减少，并可使机床结构简化。平顶齿轮的节锥角为 $180°-2\theta_f$，它的当量圆柱齿轮的齿廓仍应为渐开线，但为了刀具刃磨方便，仍然把切削刃磨成直线，此时虽有误差，但由于工件的齿根角 $\theta_f$ 都很小，因此对加工精度没有太大影响。

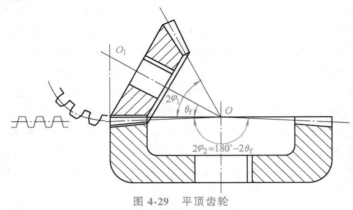

图 4-29 平顶齿轮

**（二）弧齿锥齿轮铣齿机的传动原理图和工作过程**

由于目前锥齿轮应用以弧齿较多，所以锥齿轮加工机床往往以弧齿锥齿轮铣齿机为基型，而以直齿锥齿轮加工机床为其变型。图 4-30 所示是弧齿锥齿轮铣齿机的传动原理图。图中包括成形运动及分度运动的传动联系。

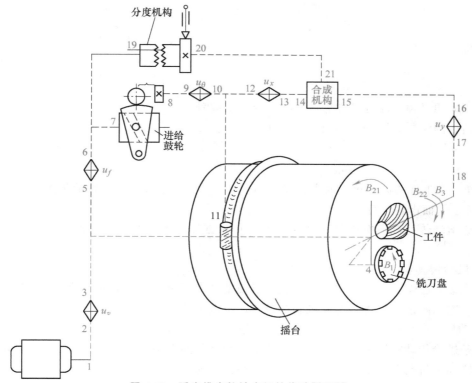

图 4-30 弧齿锥齿轮铣齿机的传动原理图

**1. 主运动传动链**

弧齿锥齿轮铣齿机用轨迹法形成轮齿的齿线（圆弧线），需要一个成形运动，即铣刀盘的旋转运动 $B_1$。这个简单运动只需要一条外联系传动链。它的两个末端件为电动机和摇台刀具主轴。由传动原理图可以列出这条链的传动结构式为

$$电动机—1—2—u_v—3—4—铣刀盘（B_1）$$

铣刀盘的旋转运动 $B_1$ 是切削主运动，所以，这条外联系传动链称为主运动链。铣刀盘所需的转速通过主运动链中换置器官的传动比 $u_v$ 来调整。

**2. 展成运动传动链**

这类机床用展成法形成渐开线齿形，需要假想平面齿轮和工件做展成运动（$B_{21}$ 和 $B_{22}$）。这个复合的成形运动需要一条内联系传动链和一条外联系传动链。内联系传动链就是展成运动传动链。它的两个末端件为摇台和工件，由传动原理图可列出传动结构式为

$$摇台（B_{21}）—11—10—12—u_x—13—14—\Sigma—15—16—u_y—17—18—工件（B_{22}）$$

两个末端件必须保持严格的运动关系，即摇台（假想平面齿轮）转过一个齿 $[（1/z_{jp}）r]$ 时，工件也应转过一个齿 $[（1/z_g）r]$。这里 $z_{jp}$ 是假想平面齿轮的齿数，实际上并不存在，因此必须通过计算才能得到。它与被加工锥齿轮的齿数 $z_g$、节锥半角 $\varphi$ 等有关，可由图 4-31 求出。图中 $R_1$ 和 $R_2$ 分别为工件和平面齿轮的节圆半径。由图可知

$$R_1 = R_2 \sin\varphi$$

又因为

$$R_1 = \frac{mz_g}{2}, \quad R_2 = \frac{mz_{jp}}{2}$$

由此可得

$$z_{jp} = \frac{z_g}{\sin\varphi}$$

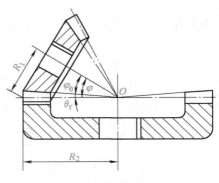

图4-31  计算平面齿轮齿数

当用假想平顶齿轮与工件做展成运动时，需要计算平顶齿轮的齿数 $z_{pd}$。采用类似方法，可以得到

$$z_{pd} = \frac{z_g \cos\theta_f}{\sin\varphi}$$

式中   $\theta_f$——工件的齿根角，通常很小，$\cos\theta_f \approx 1$，所以假想平顶齿轮的齿数，一般可按平面齿轮计算。

展成运动传动链中换置器官的传动比 $u_x$ 应根据被加工锥齿轮的齿数 $z_g$ 和节锥角 $\varphi$ 等来调整。

**3. 进给传动链**

展成运动还需要一条外联系传动链，以便把动力源引入展成运动传动链中，这就是进给传动链。它的两个末端件是电动机和摇台。这条链的传动结构式为

电动机—1—2—$u_v$—3—5—$u_f$—6—7—进给鼓轮—齿扇—8—9—$u_\theta$—10—11—摇台

这条进给传动链用来控制展成运动的速度和行程的大小，它可分为两部分：由电动机至进给鼓轮和由齿扇至摇台，前一部分的传动结构式为

电动机—1—2—$u_v$—3—5—$u_f$—6—7—进给鼓轮

当进给鼓轮转一周时，通过鼓轮上的曲线槽和滚子使齿扇摆动一次，通过后续的传动件使摇台也往复摆动一次，正好加工完一个齿间。因此，进给鼓轮转动的快慢，也就决定了展成运动速度的快慢。所以这是一条控制展成运动速度的传动链。通常进给速度以每一个齿间的加工时间来计算，从而可求得它的两个末端件的运动关系为：电动机转过 $(tn_e/60)$ r 时 [$n_e$ 是电动机转速（r/min）]，进给鼓轮转 1r。此时加工完一个齿间。根据加工一个齿间所需的时间 $t$ 来调整进给链换置器官的传动比 $u_f$，从而控制展成运动的速度。

由齿扇至摇台的传动结构式为

齿扇—8—9—$u_\theta$—10—11—摇台

齿扇往复运动，经过一系列的传动件，使摇台摆动，摇台摆角 $\theta$ 是指摇台摆动到上下极限位置时的夹角。这部分进给传动链也称为摇台摆角传动链，它控制展成运动的行程。

摇台摆角 $\theta$ 应该大于假想平面齿轮和齿坯的一个齿啮合过程所需的角度和完全脱开啮合后进行分度所需的角度。由于计算很复杂，通常凭经验选取摇台摆角 $\theta$。如果机床的进给鼓轮转一周时，齿扇摆动角度 $\theta_{sh}$（例如格里森116型铣齿机的齿扇摆动角度为28.6°），则齿扇与摇台这两个末端件的运动关系为：齿扇转过 $(\theta_{sh}/360°)$ r 时，摇台转过 $(\theta/360°)$ r。摇台摆角 $\theta$（即展成运动的行程）通过传动链中换置器官的传动比 $u_\theta$ 来调整。

**4. 分度运动传动链**

分度运动是在滚切一个齿结束后，在摇台换向过程中进行的。进给鼓轮有端面槽，它操

纵分度机构的离合器的接合状态。摇台换向时，进给鼓轮端面槽使分度机构离合器接合，并通过合成机构使工件得到附加的转动。分度运动的传动结构式为

进给鼓轮—7—19—分度机构—20—21—合成机构—15—16—$u_y$—17—18—工件

在进给鼓轮端面槽的操纵下，分度机构接合一次，工件转过一个齿，这可通过调整传动链分度交换齿轮的传动比 $u_y$ 来实现。

弧齿锥齿轮铣齿机的工作过程如图 4-32 所示。铣刀盘装在摇台上，被加工的齿坯装在头架的工件主轴上，铣刀盘与齿坯（工件）对滚，进行展成运动。

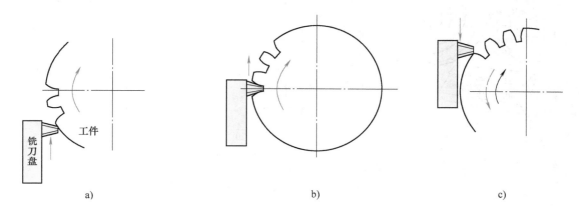

图 4-32 弧齿锥齿轮铣齿机工作过程
a）铣刀盘在对滚的最低位置 b）铣刀盘对滚到中间位置 c）铣刀盘对滚到最高位置

当摇台上的铣刀盘位于对滚的最低位置时（图 4-32a），头架连同齿坯一起向前进给，一直到轮齿的全齿深位置，然后，齿坯同摇台一起向上摆动，实现展成运动。铣刀盘的刀片在铣刀盘的旋转（$B_1$）过程中就通过齿坯的齿间，从而对齿坯进行切削。铣刀盘上的每一个刀片切削齿廓上的不同位置。

当铣刀盘对滚到中间位置时（图 4-32b），铣刀盘上的刀片在齿廓中点附近切削。当对滚到最高位置时（图 4-32c），就把齿坯的一个齿间的齿廓加工完毕。这时头架连同齿坯从切削位置向后退回到原位，齿坯进行分度，同时，齿坯和摇台快速向下摆回到初始位置，从而完成一次切齿循环。

（三）直齿锥齿轮刨齿机的工作原理

加工直齿锥齿轮的典型机床是直齿锥齿轮刨齿机，图 4-33 所示为直齿锥齿轮刨齿机工作原理图。

加工直齿锥齿轮的工作原理基本上与加工弧齿锥齿轮相同。由于被加工的锥齿轮的齿线由圆弧变为过顶锥的直线，所以，只需把摇台上旋转的切齿刀盘改为两把切削刃是直线形并做往复直线运动的刨齿刀，且使其直线运动轨迹的延长线通过摇台中心。刨齿刀 3 的构造和两把切削刃切削直齿锥齿轮 1 的情况如图 4-33a 所示。一般通过曲柄连杆摆盘机构，使刨齿刀 3 在摇台 2 上进行往复直线运动；两把切削刃运动轨迹所夹的中心角为 $2\alpha$（$\alpha$ 是平面齿轮的压力角），切削刃的运动轨迹就构成假想平面齿轮 4（图 4-33b 中摇台平面上的虚线）的两个齿侧面，齿线的形状为直线（导线），它是用轨迹法成形的，由刨齿刀的往复直线运

动 $A_1$ 来实现。渐开线齿廓（母线）的成形是工件毛坯同假想平面齿轮 4（摇台 2）按展成法加工原理得到的，因此机床需要有一个展成运动（图 4-33b），可分解为两个部分：摇台 2 的摆动 $B_{21}$ 和工件的转动 $B_{22}$。这种展成运动用含有交换齿轮的展成运动传动链来保证。

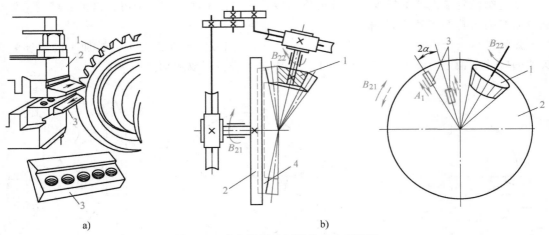

图 4-33　直齿锥齿轮刨齿机工作原理图

a）刨齿刀　b）假想平面齿轮和齿轮毛坯的展成运动

1—直齿锥齿轮　2—摇台　3—刨齿刀　4—假想平面齿轮

# 第六节　数控滚齿机

## 一、齿轮加工机床数控化

机械传动式齿轮加工机床，有很长的各种运动传动链和复杂的机械传动机构。例如，使用最广泛的普通滚齿机，由于运动关系及其传动机构复杂，传动链长，影响齿轮加工精度；在加工齿数和斜角不同的齿轮时，还必须配备多个用于分度和差动等的交换齿轮，调配复杂而且费时；机械传动式滚齿机上的快进、工进、快退的位置和距离需要细心调整，加工前要反复试车，操作方便性较差，生产效率也较低，不适合单件或小批生产。随着计算机数控技术在机床领域的应用，齿轮加工机床逐步实现数控化，各种类型的数控齿轮加工机床应运而生。下面以应用最广泛的数控滚齿机为例，说明这类机床的工作原理、特点及其传动系统。

数控滚齿机同机械传动滚齿机的滚切原理和表面成形运动基本是一样的（图 4-34）。滚切齿轮时，用展成法和相切法加工轮齿的齿面。滚刀主轴伺服电动机 $M_B$ 带动滚刀旋转 $B_{11}$，伺服电动机 $M_C$ 带动工件旋转 $B_{12}$，通过数控系统（电子交换齿轮）实现展成运动，形成母线（渐开线）；伺服电动机 $M_Z$ 带动滚刀，沿齿坯轴线

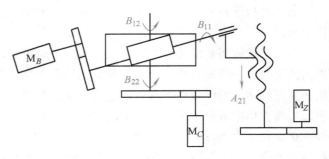

图 4-34　数控滚齿机的表面成形运动

方向做进给运动 $A_{21}$ 与工件的附加转动 $B_{22}$，通过电子交换齿轮实现进给运动和差动运动，用相切法形成导线（直线或螺旋线）。

　　显然，数控滚齿机的各个传动链采用伺服电动机直接驱动，非常靠近各自的末端执行件，传动链的两个末端件之间的大量中间传动环节被取消，传动链很短，提高了传动精度和传动刚度，从而提高了齿轮的制造精度。各个传动链都是数控的，运动之间的内联系，通过"电子交换齿轮"代替机械连接，它不需要交换齿轮，也不需手动调整滚刀安装角，只需通过数控编程，即可实现齿轮的自动加工。有的数控滚齿机，在加工前输入被加工齿轮的参数、刀具参数、加工方式和切削参数等，系统进行自动编程，实现自动加工循环。滚齿机数控化，不仅可提高齿轮加工精度和加工效率，还可扩大机床的加工范围。

## 二、六轴数控滚齿机

### 1. 数控滚齿机的类型

数控滚齿机目前可分为非全功能数控和全功能数控两种类型。

（1）非全功能数控滚齿机　它主要是三轴数控，是指在工件轴向（$Z$ 轴）、工件径向（$X$ 轴）和工件切向（$Y$ 轴）上的进给运动采用数控技术，而展成分度传动链、差动传动链和主传动链，仍为传统的机械传动。非全功能数控滚齿机也有二轴数控的，它比三轴数控少了工件切向进给运动的数控。这种数控加工方式，可以通过几个坐标轴联动来实现齿向修形齿轮的加工，省去了传统加工修形齿轮所需要的靠模等装置；它可通过编程控制工作循环、进给量、仿形加工和数字显示，部分减少调整时间和增强柔性，适合于需要有多种循环方式的中、小批生产。

（2）全功能数控滚齿机　它不仅机床的各轴进给运动是数控的，而且机床的展成运动和差动运动也是数控的，取消了主传动链、展成分度链、差动传动链中的交换齿轮，进一步缩短了传动链，简化了传动机构。目前全功能数控滚齿机主要是六轴数控，六轴是指 $X$、$Y$、$Z$ 三个直线轴和 $A$、$B$、$C$ 三个旋转轴。

### 2. 六轴数控滚齿机的布局及运动轴系

六轴数控滚齿机主要部件的布局及其运动轴系如图 4-35 所示。

在床身 1 的左侧装有立柱（径向滑座）2，可沿床身 1 的导轨做水平方向的左右移动（$X$ 轴），用于调整滚刀相对工件的径向位置或做径向进给运动；也有的数控滚齿机，安装工件的工作台 7，沿床身 1 右侧的导轨做水平方向的移动，调整工件的径向位置或做径

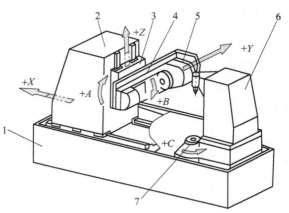

图 4-35　六轴数控滚齿机的布局及其运动轴系

1—床身　2—径向滑座　3—轴向滑座　4—切向滑座
5—滚刀架　6—后立柱　7—工作台

向进给运动。在径向滑座（立柱）2 上装有轴向滑座 3，可沿立柱上的导轨上下移动（$Z$ 轴），进行轴向进给直线运动。切向滑座 4 可沿轴向滑座 3 的导轨前后移动（$Y$ 轴），进行切向进给运动。滚刀架 5 可以绕自己的水平轴线转位（$A$ 轴），以调整滚刀和工件间的相对位置（安装角），该轴作为机床运动的伺服调整轴，为了满足滚齿加工的切削角度需要，进行刀架转角运

动；在加工单齿时，该轴不运动，处于锁紧状态。滚刀安装在滚刀架的主轴上，做旋转运动（$B$ 轴），这是滚切齿轮的主运动。后立柱 6 支承在工作台 7 上，工件安装在工作台的心轴上，随同工作台 7 一起旋转（$C$ 轴），它是展成运动和差动运动的主要组成部分。

六轴数控滚齿机包含 1 个主轴（$B$）和 5 个伺服轴（$C$、$Z$、$X$、$Y$、$A$），其主要运动有滚刀主运动、展成运动和差动运动以及各轴的进给运动。各运动轴之间的联动可以用于加工各种类型的齿轮，滚刀主轴（$B$ 轴）和工件主轴（$C$ 轴）联动加工出齿轮的齿形，$Z$ 轴轴向进给得到齿轮的齿宽，$X$ 轴径向进给得到齿轮的齿高。加工圆柱直齿轮和斜齿轮，需要 $B$、$C$、$Z$ 三轴联动；加工鼓形齿轮、小锥度齿轮和非圆齿轮，要求 $B$、$C$、$X$、$Z$ 或 $B$、$C$、$Y$、$Z$ 四轴联动；如果采用对角滚齿滚刀加工非圆齿轮和修形齿轮，则要求 $B$、$C$、$Z$、$X$、$Y$ 五轴联动。六轴数控滚齿机可以加工直齿圆柱齿轮、斜齿轮、蜗轮、小锥度齿轮、鼓形齿轮、花键（渐开线花键、矩形花键），不同模数、不同螺旋角大小及方向的双联或多联齿轮。

### 三、YKS3120 型数控滚齿机的传动系统及各轴间的联动关系

#### （一）YKS3120 型数控滚齿机的传动系统

机械传动式普通滚齿机，各个传动链都比较长，运动关系复杂，需要有复杂的机械传动机构。滚齿机数控化以后，各个传动链明显简化和缩短。图 4-36 所示为 YKS3120 型六轴数控滚齿机的传动系统。依据传动系统图，找出与各个传动链对应的传动路线，从中体会数控滚齿机的传动原理如何通过传动系统图具体地体现出来。

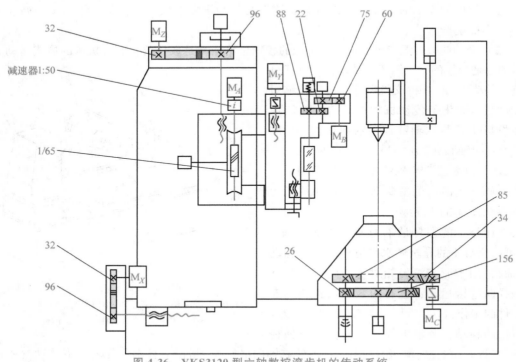

图 4-36　YKS3120 型六轴数控滚齿机的传动系统

#### 1. 主运动传动链（$B$ 轴）

主运动传动链两端的末端件是主轴电动机 $M_B$ 和滚刀，通过两级齿轮传动。这条传动链

的传动路线为

$$主轴电动机\ M_B — \frac{60}{75} — \frac{22}{88} — 滚刀$$

主轴电动机 $M_B$ 的转速范围为 $750 \sim 6000 \text{r/min}$，速比为 $1:5$，滚刀主轴的转速 $n_B = 150 \sim 1200 \text{r/min}$，无级调速。

**2. 工件（工作台）主轴传动链（$C$ 轴）**

这条传动链的两个末端件是伺服电动机 $M_C$ 和工件，通过两级齿轮传动，传动路线为

$$伺服电动机\ M_C — \frac{34}{85} — \frac{26}{156} — 工件（工作台）$$

伺服电动机 $M_C$ 的转速范围为 $15 \sim 3000 \text{r/min}$，速比为 $1:15$，工作台的转速 $n_C = 1 \sim 200 \text{r/min}$，无级调速。

**3. 轴向进给传动链（$Z$ 轴）**

这条传动链的两个末端件是伺服电动机 $M_Z$ 和 $Z$ 轴丝杠，通过同步带传动，传动路线为

$$伺服电动机\ M_Z — \frac{32}{96} — Z\ 轴丝杠（Ph = 5\text{mm}）$$

轴向进给速度范围为 $1 \sim 1000 \text{mm/min}$（无级），伺服电动机 $M_Z$ 的最高转速达 $3000$ r/min，速比为 $1:3$，轴向快速移动速度为 $5 \text{m/min}$。

**4. 径向进给传动链（$X$ 轴）**

这条传动链的两个末端件是伺服电动机 $M_X$ 和 $X$ 轴丝杠，通过同步带传动，传动路线为

$$伺服电动机\ M_X — \frac{32}{96} — X\ 轴丝杠（Ph = 5\text{mm}）$$

径向进给速度范围为 $1 \sim 1000 \text{mm/min}$（无级），伺服电动机 $M_X$ 的最高转速达 $3000$ r/min，速比为 $1:3$，径向快速移动速度为 $5 \text{m/min}$。

**5. 切向进给传动链（$Y$ 轴）**

这条传动链的两个末端件是伺服电动机 $M_Y$ 与 $Y$ 轴滚珠丝杠，它们之间采用直联的一级传动，传动路线直接写为

$$伺服电动机\ M_Y — Y\ 轴丝杠（Ph = 5\text{mm}）$$

切向（$Y$ 轴）快速移动速度为 $3 \text{m/min}$。

**6. 刀架回转传动链（$A$ 轴）**

这条传动链的两个末端件是伺服电动机 $M_A$ 与滚刀架，通过降速比 $1:50$ 的行星齿轮减速器和蜗杆副传动，传动路线为

$$伺服电动机\ M_A — \frac{1}{50} — \frac{1}{65} — 滚刀架$$

伺服电动机 $M_A$ 的转速为 $3000 \text{r/min}$，降速后，刀架回转运动的速度为 $5.5°/\text{s}$。

**（二）数控滚齿机各轴间的联动关系**

**1. 展成运动（$B$-$C$ 链）**

滚刀旋转（$B$ 轴）和工件旋转（$C$ 轴）保持联动（$B$-$C$ 链），两者转速比等于工件齿数与滚刀头数比，转动合拍。切削刃所形成的切向移动速度等于工件分度圆圆周的线速度，从而形成展成运动，加工出渐开线齿轮。

传统滚齿机是由机械展成链实现 *B*、*C* 轴联动，进行直齿、斜齿等圆柱齿轮的加工，但要加工异形齿轮很困难。数控滚齿机采用电子交换齿轮可以方便地实现各坐标轴的联动控制，从而实现异形齿轮加工。

**2. *Z* 轴差动运动（*Z-C* 链）**

在加工斜齿轮时，滚刀沿轴向（*Z* 轴）进给时，工作台（*C* 轴）应有附加转动，这种 *Z-C* 联动形成 *Z* 轴差动运动，从而加工出正确的斜齿轮的齿向。

**3. *Y* 轴差动运动（*Y-C* 链）**

加工渐开线齿轮的过程，可看作是滚刀基本齿条和加工齿轮的拟合。齿条的移动必定带来齿轮的转动。在实际加工中，滚刀沿 *Y* 轴切向窜刀或对角滚切齿轮时，工作台（*C* 轴）也应有附加转动。在加工蜗轮和锥底花键时，要求滚刀切向进给的位移量与工作台（*C* 轴）的附加角位移之间应该满足严格的比例关系，这种 *Y-C* 联动称为 *Y* 轴差动运动。

**4. 多轴联动（*B-C-X-Z* 链）**

加工鼓形齿轮和小锥度齿轮时，要求齿向滚切联动，即 *B-C-X-Z* 四轴联动，其中 *X-Z* 两轴联动形成正确的齿向。加工非圆齿轮时，展成运动的传动比和滚刀的 *X* 轴位置不停变化，要求齿形滚切联动，即 *B-C-X-Z* 四轴联动，其中 *B-C-X* 三轴联动得到正确的齿形。

YKS3120 型数控滚齿机是六轴四联动，即 *B-C-X-Z* 轴联动或 *B-C-Y-Z* 轴联动。

目前已经有六轴五联动的数控滚齿机，如果采用对角滚切齿轮或在滚切过程中自动窜刀，则要求 *B-C-Y-Z-X* 五轴联动。双联或多联齿轮的每个齿轮斜角、齿数等参数都有可能不同，这就要求在其中上联齿轮加工完毕后，应该调整滚刀的角度加工下联的不同螺旋角的齿轮，则要求 *B-C-X-Z-A* 五轴联动。

数控系统对各控制轴采用半闭环与全闭环相结合的控制方式。对 *X* 轴（径向进给），采用直线光栅尺的闭环控制来提高该轴的控制精度。对其他五个轴（*Y*、*Z*、*A*、*B*、*C*），采用旋转角度编码器的半闭环控制方式，实现各控制轴运动的电子同步。

## 习题和思考题

4-1 按形成齿形的原理分类，切削齿轮的方法有几种？分析比较每种方法的特点和应用范围。

4-2 根据滚切斜齿圆柱齿轮的传动原理图（图 4-37），分析产生渐开线运动和产生螺旋线运动的传动路线和传动链，指出其中的内联系传动链和外联系传动链。

4-3 在滚齿机上加工斜齿圆柱齿轮时为什么要有工件的附加转动？如何根据加工不同旋向的斜齿圆柱齿轮，确定工件附加转动的方向？

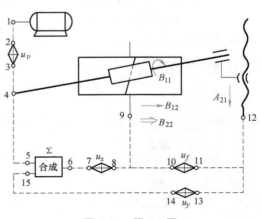

图 4-37 题 4-2 图

4-4　什么是滚刀安装角？为什么在滚齿加工前需要调整滚刀安装角？

4-5　根据 Y3150E 型滚齿机的传动系统图（图 4-38）进行运动分析：

（1）写出主运动传动链的传动路线表达式；

（2）主运动变速交换齿轮的齿数比 $A/B$ 有三种，22/44、33/33、44/22，计算滚刀的最低转速；

（3）使用头数为 $k$ 的滚刀加工齿数为 $z$ 的齿轮，按照分析传动链的四个步骤，导出滚切直齿圆柱齿轮时展成运动传动链的换置公式 $u_x$；

（4）当滚切螺旋线导程为 $Ph$ 的斜齿圆柱齿轮时，按照分析传动链的四个步骤，导出滚切斜齿圆柱齿轮时差动传动链的换置公式 $u_y$。

4-6　比较滚齿机和插齿机的工作原理和齿面形成方法，这两种机床应用范围有何区别？

4-7　用展成法原理工作的磨齿机，有几种工作方法？机床需要有哪些运动？

4-8　加工直齿锥齿轮时为什么要用假想平面齿轮和假想平顶齿轮？各有什么特点？

4-9　根据弧齿锥齿轮铣齿机的传动原理图，简要分析成形运动和分度运动，列出每个运动所需的传动链的结构式。

4-10　结合数控滚齿机的传动原理图，分析数控滚齿机如何实现滚切齿轮的表面成形运动？与传统的滚齿机比较，说明滚齿机数控化有何特点？

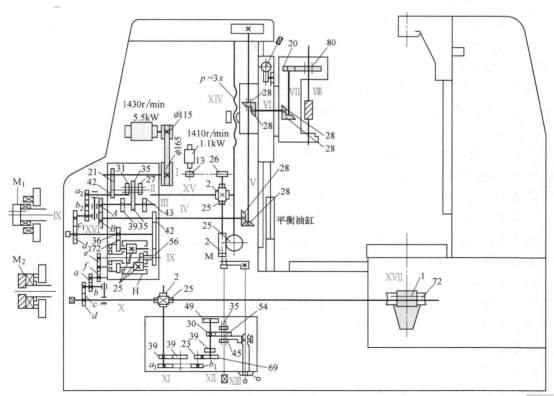

图 4-38　Y3150E 型滚齿机的传动系统图

# 第五章

# 磨　床

## 第一节　磨床的功用和类型

用磨料磨具（砂轮、砂带、磨石或研磨料等）作为工具对工件表面进行切削加工的机床，统称为磨床（grinding machine）。磨床是为了满足精加工和硬表面加工的需要而发展起来的。目前也有不少用于粗加工的高效磨床。

磨床用于磨削各种表面，如内外圆柱面和圆锥面、平面、螺旋面、齿轮的轮齿表面以及各种成形面等，还可以刃磨刀具，应用范围非常广泛。

由于磨削加工容易得到高的加工精度和好的表面质量，所以磨床主要应用于零件精加工，尤其是淬硬钢件和高硬度特殊材料的精加工。近年来由于科学技术的发展，现代机械零件的精度和表面粗糙度要求越来越高，各种高硬度材料应用日益增多，以及由于精密铸造和精密锻造工艺的发展，有可能将毛坯直接磨成成品；此外，随着高速磨削和强力磨削工艺的发展，磨削效率进一步提高。因此磨床的使用范围日益扩大，它在金属切削机床中所占的比例不断上升，目前在工业发达的国家中，磨床在机床总数中的比例已达 30%～40%。

磨床的种类很多，其主要类型有：

（1）外圆磨床　包括万能外圆磨床、普通外圆磨床、无心外圆磨床等。

（2）内圆磨床　包括普通内圆磨床、无心内圆磨床、行星式内圆磨床等。

（3）平面磨床　包括卧轴矩台平面磨床、立轴矩台平面磨床、卧轴圆台平面磨床、立轴圆台平面磨床等。

（4）工具磨床　包括曲线磨床、钻头沟背磨床、丝锥沟槽磨床等。

（5）刀具刃磨床　包括万能工具磨床、拉刀刃磨床、滚刀刃磨床等。

（6）专门化磨床　它是专门用于磨削某一类零件的磨床，如曲轴磨床、凸轮轴磨床、花键轴磨床、活塞环磨床、齿轮磨床、螺纹磨床等。

（7）其他磨床　如珩磨机、研磨机、抛光机、超精机、砂轮机等。

## 第二节　M1432B 型万能外圆磨床

### 一、机床的布局和用途

**（一）机床的总布局**

图 5-1 所示是 M1432B 型万能外圆磨床的外形图，它由下列主要部件组成：

（1）床身　床身 1 是磨床的基础支承件，在它的上面装有头架 2、工作台 3、砂轮架 4、滑鞍及横向进给机构 5 和尾座 6 等部件，使它们在工作时保持准确的相对位置。床身内部用作液压油的油池。

（2）头架　它用于安装及夹持工件，并带动工件旋转。在水平面内可按逆时针方向转 90°。

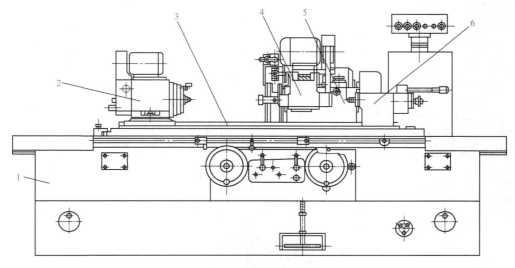

图 5-1　M1432B 型万能外圆磨床的外形图

1—床身　2—头架　3—工作台　4—砂轮架　5—滑鞍及横向进给机构　6—尾座

（3）工作台　它由上下两层组成。上工作台可绕下工作台在水平面内回转一个角度，用以磨削锥度不大的长圆锥面。上工作台的上面装有头架和尾座，它们随着工作台一起，沿床身导轨做纵向往复运动。

（4）砂轮架　它用于支承并传动高速旋转的砂轮主轴。砂轮架装在滑鞍上，当需磨削短圆锥面时，砂轮架可以在水平面内调整至一定角度位置。

（5）滑鞍及横向进给机构　转动床身前右侧横向进给手轮，可以使横向进给机构带动滑鞍及其上的砂轮架做横向进给运动。

（6）尾座　它和头架的前顶尖一起支承工件。

**（二）机床的用途**

M1432B 型机床是普通精度级万能外圆磨床。它主要用于磨削 IT6~IT7 级精度的圆柱形或圆锥形的外圆和内孔，表面粗糙度在 $Ra1.25~0.08\mu m$ 之间。图 5-2 所示为 M1432B 型万能外圆磨床典型加工方法。图 5-2a 为磨削外圆柱面。

图 5-2b 为磨削锥度不大的长圆锥面（偏转工作台），图 5-2c 为磨削锥度大的圆锥面（转动砂轮架），图 5-2d 为磨削圆锥面（转动头架），图 5-2e 为磨削圆柱孔（用内圆磨具）。此外，本机床还能磨削阶梯轴的轴肩、端平面、圆角等。这种机床的通用性较好，但生产效率较低，适用于单件小批生产车间、工具车间和机修车间。

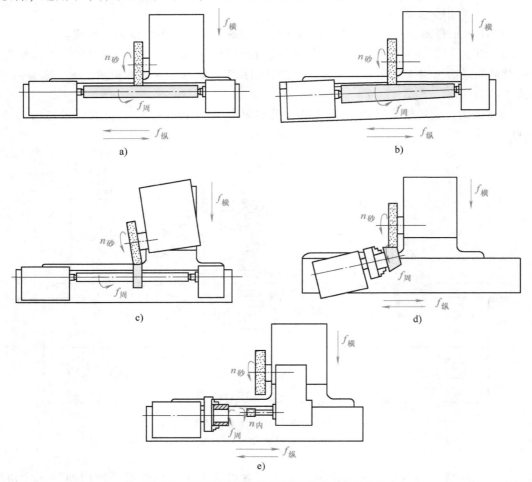

图 5-2　M1432B 型万能外圆磨床典型加工方法

a）磨削外圆柱面　b）磨削锥度不大的长圆锥面　c）磨削锥度大的圆锥面　d）磨削圆锥面　e）磨削圆柱孔

## 二、机床的运动

### （一）表面成形运动

万能外圆磨床主要用来磨削内外圆柱面、圆锥面，其基本磨削方法有两种：纵向磨削法和切入磨削法。

**1. 纵向磨削法**（图 5-2a、b、d、e）

纵向磨削法是使工作台做纵向往复运动进行磨削的方法，用这种方法加工时，表面成形方法采用相切-轨迹法。共需要三个表面成形运动。

（1）砂轮的旋转运动　当磨削外圆表面时，磨外圆砂轮做旋转运动 $n_砂$，按切削原理的定义，这是主运动；当磨削内圆表面时，磨内孔砂轮做旋转运动 $n_内$，它也是主运动（图 5-2e）。

（2）工件纵向进给运动　这是砂轮与工件之间的相对纵向直线运动。实际上这一运动由工作台纵向往复运动来实现，称为纵向进给运动 $f_纵$。它与砂轮旋转运动一起用相切法磨削工件的轴向直线（导线）。

（3）工件旋转运动　这是用轨迹法磨削工件的母线——圆。工件的旋转运动，称为圆周进给运动 $f_周$。

**2. 切入磨削法**（图 5-2c）

切入磨削法是用宽砂轮进行横向切入磨削的方法。表面成形运动是成形-相切法，只需要两个表面成形运动：砂轮的旋转运动 $n_砂$ 和工件的旋转运动 $f_周$。

**（二）砂轮横向进给运动**

用纵向磨削法加工时，工件每一纵向行程或往复行程（纵向进给 $f_纵$）终了时，砂轮做一次横向进给运动 $f_横$，这是周期的间歇运动。全部磨削余量在多次往复行程中逐步磨去。

用切入磨削法加工时，工件只做圆周进给运动 $f_周$ 而无纵向进给运动 $f_纵$，砂轮则连续地做横向进给运动 $f_横$，直到磨去全部磨削余量为止。

**（三）辅助运动**

为了使装卸和测量工件方便并节省辅助时间，砂轮架还可做横向快进和快退运动，尾座套筒能做伸缩移动。

### 三、机床的传动系统

M1432B 型外能外圆磨床的运动是由机械和液压联合传动的。工件、外圆砂轮、内圆砂轮、油泵和冷却分别由独立电机传动，机床工作台纵向移动可由液压无级传动，也可由手轮传动，砂轮架横向进给移动具有液压快速移动和自动周期进给及手动进给几种形式。图 5-3 所示为 M1432B 型万能外圆磨床机械传动系统图。

**1. 外圆磨削时砂轮主轴的传动链**

外圆磨削时砂轮旋转的主运动（$n_砂$）是由电动机（1500r/min，5.5kW）经 V 带直接传动的，传动链较短，其传动路线为

$$主电动机—\frac{\phi127}{\phi118}—砂轮（n_砂）$$

**2. 内圆磨具的传动链**

内圆磨削时，砂轮旋转的主运动（$n_内$）由单独的电动机（3000r/min，1.1kW）经平带直接传动，使内圆砂轮获得 10000r/min。

内圆磨具装在支架上，为了保证工作安全，内圆砂轮电动机的起动与内圆磨具支架的位置有联锁作用，只有当支架翻到工作位置时，电动机才能起动。这时，（外圆）砂轮架快速进退手柄在原位上自动锁住，不能快速移动。

**3. 头架拨盘的传动链**

工件旋转运动由双速电动机驱动，经 V 带带轮及两级 V 带传动，使头架的拨盘或卡盘

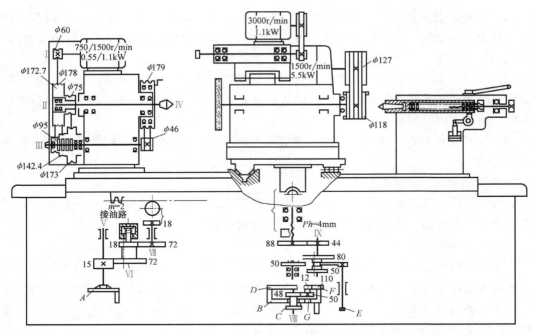

图 5-3　M1432B 型万能外圆磨床机械传动系统图

带动工件，实现圆周进给 $f_{周}$，其传动路线表达式为

$$头架电动机（双速）—Ⅰ—\frac{\phi60}{\phi178}—Ⅱ—\begin{cases}\dfrac{\phi172.7}{\phi95}\\[4pt]\dfrac{\phi178}{\phi142.4}\\[4pt]\dfrac{\phi75}{\phi173}\end{cases}—Ⅲ—\frac{\phi46}{\phi179}—拨盘或卡盘（f_{周}）$$

由于电动机为双速电动机，因而可使工件获得 6 种转速。

**4. 工作台的手动驱动**

调整机床及磨削阶梯轴的台肩端面和倒角时，工作台还可由手轮驱动。其传动路线表达式为

$$手轮\ A—Ⅴ—\frac{15}{72}—Ⅵ—\frac{18}{72}—Ⅶ—\frac{18}{齿条}—工作台纵向移动（f_{纵}）$$

手轮转一转，工作台纵向移动量 $f$ 为

$$f=1\times\frac{15}{72}\times\frac{18}{72}\times18\times2\pi\text{mm}\approx5.89\text{mm}\approx6\text{mm}$$

为了避免工作台纵向往复运动时带动手轮 A 快速转动碰伤工人，在液压传动和手轮 A 之间采用了联锁装置。轴Ⅵ上的小液压缸与液压系统相通，工作台纵向往复运动时液压油推动轴Ⅵ上的双联齿轮移动，使齿轮 18 与 72 脱开。因此，液压驱动工作台纵向运动时手轮 A 并不转动。

**5. 滑板及砂轮架的横向进给运动**

横向进给运动 $f_{横}$，可用手摇手轮 B 来实现。在手轮 B 上装有齿轮 12 和 50。D 为刻度

盘，外圆周表面上刻有 200 格刻度，内圆周是一个 110 的内齿轮，与齿轮 12 啮合。C 为补偿旋钮，其上开有 21 个小孔，平时总有一个孔与固装在 B 上的销子 K 接合。C 上又有一只 48 的齿轮与 50 齿轮啮合，故转动手轮 B 时，上述各零件无相对转动，仿佛是一个整体，于是 B 和 C 一起转动。

当顺时针方向转动手轮 B 时，就可实现砂轮架的径向切入，其传动路线表达式为

$$\text{手轮 B}—\text{Ⅷ}—\begin{Bmatrix} \dfrac{50}{50} & （粗） \\[2mm] \dfrac{20}{80} & （细） \end{Bmatrix}—\text{Ⅸ}—\dfrac{44}{88}—\text{丝杠}（Ph = 4\text{mm}）—\text{半螺母}$$

因为 C 有 21 个孔，D 有 200 格，所以 C 转过一个孔距，刻度盘 D 转过 1 格，即

$$\frac{1}{21} \times \frac{48}{50} \times \frac{12}{110} \times 200 \approx 1 \text{ 格}$$

因此，C 每转过一个孔距，砂轮架的附加横向进给量为 0.01mm（粗进给）或 0.0025mm（细进给）。

在磨削一批工件时，通常总是先试磨一只，待磨到尺寸要求时，将刻度盘 D 的位置固定下来。这可通过调整刻度盘上挡块 F 的位置，使它在横向进给磨削至所需直径时，正好与固定在床身前罩上的定位爪相碰时，停止进给。这样就可以达到所需的磨削直径了。

假如砂轮磨损或修整以后，砂轮本身外圆尺寸变小，如果挡块 F 仍在原位停下，则势必引起工件磨削直径变大。这时必须重新调整挡块 F 的位置。其调整的方法是：拔出手轮中间的旋钮 C，使小孔与销子 G 脱开，握住手轮 B，按顺时针方向转动旋钮 C，通过齿轮 48 带动行星齿轮 50、12 和 110 使刻度盘 D 倒转，其刻度盘倒转的格数（角度）根据砂轮的磨损量或修整量决定，然后将旋钮 C 推入原位，使小孔和销子接合，转动手轮 B 使砂轮进给。直到刻度盘上撞块与定位爪相碰。此时因砂轮磨损耗而引起的工件尺寸变化值已经补偿。

## 第三节　其他类型磨床简介

### 一、平面磨床

平面磨床主要用于磨削各种平面，其磨削方法如图 5-4 所示。

#### 1. 主要类型和运动

根据砂轮的工作面不同，平面磨床可以分为用砂轮轮缘（即圆周）进行磨削和用砂轮端面进行磨削两类。用砂轮轮缘磨削的平面磨床，砂轮主轴为水平布置（卧式）；而用砂轮端面磨削的平面磨床，砂轮主轴为竖直布置。根据工作台的形状不同，平面磨床又分为矩形工作台和圆形工作台两类。

按上述方法分类，常把普通平面磨床分为四类：卧轴矩台平面磨床（图 5-4a）、立轴矩台平面磨床（图 5-4b）、立轴圆台平面磨床（图 5-4c）、卧轴圆台平面磨床（图 5-4d）。

图 5-4 中，$n$ 为砂轮的旋转主运动，$f_1$ 为工件圆周或直线进给运动，$f_2$ 为轴向进给运动；$f_3$ 为周期切入运动。

上述四种平面磨床的特点比较如下：

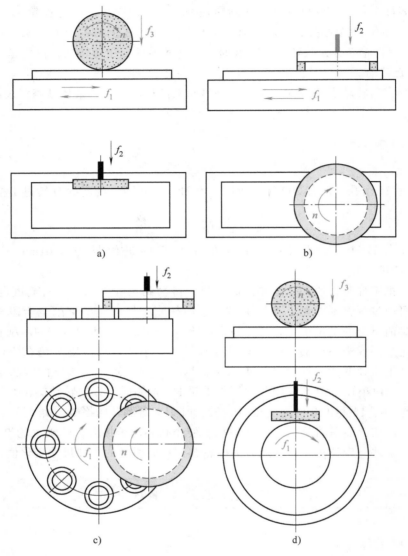

图 5-4 平面磨床的磨削方法

a) 卧轴矩台平面磨床 b) 立轴矩台平面磨床 c) 立轴圆台平面磨床 d) 卧轴圆台平面磨床

（1）砂轮端面磨削和轮缘磨削 端面磨削的砂轮一般比较大，能同时磨出工件的全宽，磨削面积较大，所以，生产率较高。但是，端面磨削时，由于砂轮和工件表面的接触面积大，发热量大，冷却和排屑条件差，所以，加工精度和表面粗糙度较差。

（2）矩台式平面磨床与圆台式平面磨床 圆台式平面磨床由于采用端面磨削，且为连续磨削，没有工作台的换向时间损失，故生产率较高。但是，圆台式只适于磨削小零件和大直径的环形零件端面，不能磨削长零件。而矩台式平面磨床可方便地磨削各种零件，工艺范围较宽。卧轴矩台平面磨床除了用砂轮的周边磨削水平面外，还可用砂轮端面磨削沟槽、台阶等侧平面。

目前，应用较多的是卧轴矩台平面磨床和立轴圆台平面磨床。

**2. 卧轴矩台平面磨床**（图 5-5）

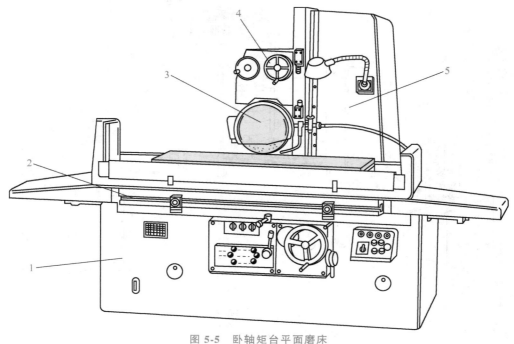

图 5-5　卧轴矩台平面磨床
1—床身　2—工作台　3—砂轮架　4—滑座　5—立柱

这种机床的砂轮主轴通常是用内连式异步电动机直接带动的。往往电动机轴就是主轴，电动机的定子就装在砂轮架 3 的壳体内。砂轮架 3 可沿滑座 4 的燕尾导轨做间歇的横向进给运动（手动或液动）。滑座 4 和砂轮架 3 一起，沿立柱 5 的导轨做间歇的竖直切入运动（手动）。工作台 2 沿床身 1 的导轨做纵向往复运动（液压传动）。

目前我国生产的卧轴矩台平面磨床能达到的加工质量为：

普通精度级：试件精磨后，加工面对基准面的平行度为 0.015mm/1000mm，表面粗糙度 $Ra = 0.32 \sim 0.63\mu m$。

高精度级：试件精磨后，加工面对基准面的平行度为 0.005mm/1000mm，表面粗糙度 $Ra = 0.01 \sim 0.04\mu m$。

**3. 立轴圆台平面磨床**（图 5-6）

砂轮架 3 的主轴也是由内连式异步电动机直接驱动的。砂轮架 3 可沿立柱 4 的导轨做间歇的竖直切入运动。圆工作台旋转做圆周进给运动。为了便于装卸工件，圆工作台 2 还能沿床身 1 导轨纵向移动。由于砂轮直径大，所以常采用镶片砂轮。这种砂轮使切削液容易冲入切削区，砂轮不易堵塞。这种机床生产率高，用于成批生产中。

## 二、无心外圆磨床

无心外圆磨削是外圆磨削的一种特殊形式。磨削时，工件不用顶尖来定心和支承，而是直接将工件放在砂轮、导轮之间，用托板支承着，工件被磨削的外圆面用作定位面，如图 5-7a 所示。

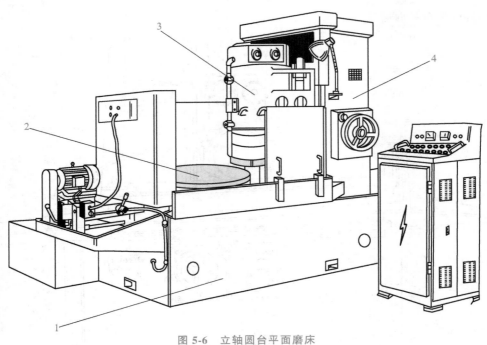

图 5-6　立轴圆台平面磨床

1—床身　2—工作台　3—砂轮架　4—立柱

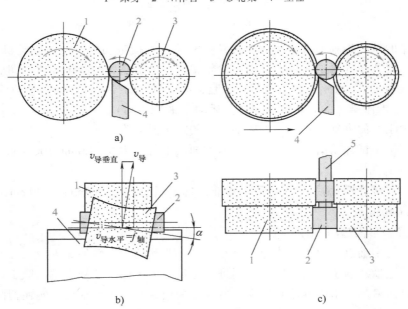

图 5-7　无心外圆磨削的加工示意图

a）工作原理　b）贯穿磨削法　c）切入磨削法

1—磨削砂轮　2—工件　3—导轮　4—托板　5—挡块

**1. 工作原理**

从图 5-7a 可以看出，砂轮和导轮的旋转方向相同，但由于磨削砂轮的圆周速度很大

（约为导轮的 70~80 倍），通过切向磨削力带动工件旋转，但导轮（它是用摩擦系数较大的树脂或橡胶作为黏结剂制成的刚玉砂轮）则依靠摩擦力限制工件旋转，使工件的圆周线速度基本上等于导轮的线速度，从而在磨削砂轮和工件间形成很大速度差，产生磨削作用。改变导轮的转速，便可以调节工件的圆周进给速度。

为了加快成圆过程和提高工件圆度，工件的中心必须高于磨削砂轮和导轮的中心连线（图 5-7a），这样便能使工件与磨削砂轮和导轮间的接触点不可能对称，于是工件上的某些凸起表面（即棱圆部分）在多次转动中能逐渐磨圆。所以，工件中心高于砂轮和导轮的连心线是工件磨圆的关键，但高出的距离不能太大，否则导轮对工件的向上垂直分力有可能引起工件跳动，影响加工表面质量。一般 $h = (0.15~0.25)d$，$d$ 为工件直径。

### 2. 磨削方式

无心外圆磨床有两种磨削方式：贯穿磨削法（纵磨法）和切入磨削法（横磨法）。

贯穿磨削时，将工件从机床前面放到托板上，推入磨削区域后，工件旋转，同时又轴向向前移动，从机床另一端出去就磨削完毕。而另一个工件可相继进入磨削区，这样就可以一件接一件地连续加工。工件的轴向进给是由于导轮的中心线在竖直平面内向前倾斜了角度 $\alpha$ 所引起的（图 5-7b）。为了保证导轮与工件间的接触线呈直线形状，需将导轮的形状修正成回转双曲面形。

切入磨削时，先将工件放在托板和导轮之间，然后使磨削砂轮横向切入进给，来磨削工件表面。这时导轮的轴心线仅倾斜很小的角度（约 30′），对工件有微小的轴向推力，使它靠住挡块（图 5-7c），得到可靠的轴向定位。

### 3. 特点与应用

在无心磨床上加工工件时，工件不需钻中心孔，且装夹工件省时省力，可连续磨削，所以生产效率较高。

由于工件定位基准是被磨削的外圆表面，而不是中心孔，所以就消除了工件中心孔误差、外圆磨床工作台运动方向与前后顶尖连线的不平行以及顶尖的径向圆跳动等项误差的影响。所以磨削出来的工件尺寸精度和几何精度比较高，表面粗糙度比较好。如果配备适当的自动装卸料机构，易于实现全自动。

无心磨床在成批、大量生产中应用较普遍。并且随着无心磨床结构进一步改进，加工精度和自动化程度的逐步提高，其应用范围有日益扩大的趋势。

但是，由于无心磨床调整费时，所以，批量较小时，不宜采用。当工件表面周向不连续（例如有长键槽）或与其他表面的同轴度要求较高时，不宜采用无心磨床加工。图 5-8 所示为无心磨床外形图。

## 三、内圆磨床

内圆磨床主要用于磨削各种内孔（包括圆柱形通孔、不通孔、阶梯孔以及圆锥孔等）。某些内圆磨床还附有磨削端面的磨头。

内圆磨床的主要类型有普通内圆磨床、无心内圆磨床和行星式内圆磨床。

### 1. 普通内圆磨床

这是生产中应用最广的一种内圆磨床。图 5-9 所示为普通内圆磨床的磨削方法。图 5-9a、b 为采用纵磨法或切入法磨削内孔。图 5-9c、d 为采用专门的端磨装置，可在工件

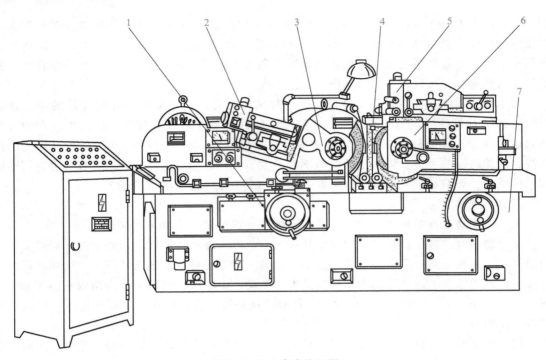

图 5-8 无心磨床外形图

1—进给手轮 2—砂轮修正器 3—磨削砂轮架 4—托板 5—导轮修正器 6—导轮架 7—床身

一次装夹中磨削内孔和端面。这样不仅易于保证孔和端面的垂直度，而且生产率较高。

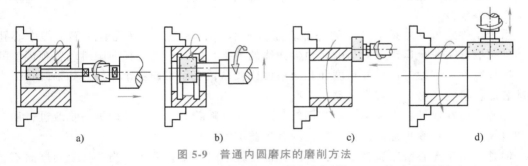

图 5-9 普通内圆磨床的磨削方法

a）纵磨法磨削内孔 b）切入法磨削内孔 c）纵磨法磨削端面 d）切入法磨削端面

图 5-10 所示为普通内圆磨床的外形图。头架 3 装在工作台 2 上并由它带着沿床身 1 的导轨做纵向往复运动。头架主轴由电动机经带传动做圆周进给运动。砂轮架滑座 4 上装有磨削内孔的砂轮主轴，由电动机经带传动。砂轮架沿滑鞍 5 的导轨做周期性的横向进给（液动或手动）。

头架可绕竖直轴调整一定的角度，以磨削锥孔。

普通精度内圆磨床的加工精度为：对于最大磨削孔径为 $50 \sim 200mm$ 的机床，如试件的孔径为机床最大磨削孔径一半，磨削孔深为机床最大磨削深度的一半时，精磨后能达到圆度 $\leqslant 0.006mm$、圆柱度 $\leqslant 0.005mm$ 及表面粗糙度 $Ra = 0.32 \sim 0.63\mu m$。

普通内圆磨床的自动化程度不高，磨削尺寸通常是靠人工测量来加以控制的，仅适用于

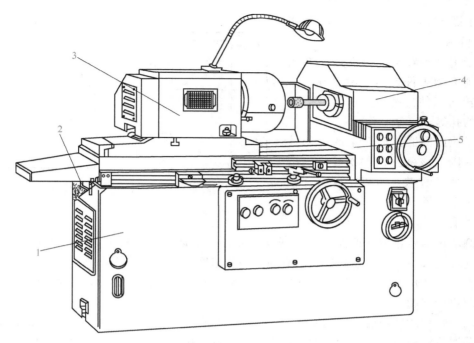

图 5-10 普通内圆磨床的外形图

1—床身 2—工作台 3—头架 4—砂轮架滑座 5—滑鞍

单件和小批生产中。

为了满足成批和大量生产的需要，还有自动化程度较高的半自动和全自动内圆磨床。这种机床从装上工件到加工完毕，整个磨削过程为全自动循环，工件尺寸采用自动测量仪自动控制。所以，全自动内圆磨床生产率较高，并可放入自动线中使用。

**2. 无心内圆磨床**

在无心内圆磨床上加工的工件，通常是那些不宜用卡盘夹紧的薄壁，而其内外同心度要求又较高的工件，如轴承环类型的零件。其工作原理如图 5-11 所示。工件 4 支承在滚轮 1 和导轮 3 上，压紧轮 2 使工件紧靠导轮，并由导轮带动旋转，实现圆周进给运动 ($f_1$)。磨削轮除完成旋转主运动 ($v$)

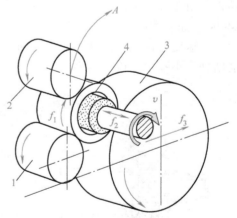

图 5-11 无心内圆磨床的工作原理

1—滚轮 2—压紧轮 3—导轮 4—工件

外，还做纵向进给运动 ($f_2$) 和周期的横向进给运动 ($f_3$)。加工循环结束时，压紧轮沿箭头 A 方向摆开，以便装卸工件。磨削锥孔时，可将导轮、滚轮连同工件一起偏转一定角度。

由于所磨零件的外圆表面已经精加工了，所以，这种磨床具有较高的精度，且自动化程度也较高。它适用于大批大量生产中。

**3. 行星式内圆磨床**

在行星式内圆磨床上磨削内孔时，工件固定不转动，而砂轮除绕自身轴线高速旋转完成主运动 ($n$) 外，还绕着工件孔中心公转，以实现圆周进给运动 ($f_公$)，因此得名"行星式"。行星式内圆磨床工作原理如图 5-12 所示。

由于工件不转动，所以这类磨床适于磨削大型工件或形状不对称、不适于旋转的工件，例如高速大型柴油机连杆的孔等。

行星式内圆磨床砂轮架的运动种数较多、因此该部件的层次较多、结构复杂且刚性较差。所以，目前这类机床应用不广泛。

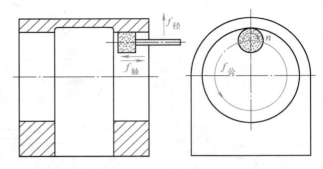

图 5-12 行星式内圆磨床工作原理

### 4. 内圆磨具

内圆磨床的砂轮主轴组件（内圆磨具）是内圆磨床中的关键部分。由于砂轮的外径受被加工孔径的限制，为了达到砂轮的有利磨削线速度，砂轮主轴的转速需很高。如何保证砂轮主轴在高转速情况下有稳定的旋转精度、足够的刚度和寿命，是目前内圆磨床发展中仍需进一步解决的问题。

目前，常用的内圆磨床砂轮主轴，转速在 10000～20000r/min，由普通电动机经带传动。这种内圆磨具结构简单、维护方便、成本低，所以应用广泛。其结构如图 5-6 所示。但是在磨小孔时（例如直径小于 10mm），要求砂轮主轴转速应高达 80000～120000r/min 或更高，上述带传动就不适用了。目前常用内连式中频（或高频）电动机直接驱动砂轮主轴。这种结构，由于没有中间传动件，所以可达到的转速较高（目前我国已试制成功主轴转速高达 240000r/min 的内连式电动机驱动的内圆磨具），同时它还具有输出功率大、短时间过载能力强、速度特性硬、振动小和主轴轴承寿命长等优点，所以近年来应用日益广泛，特别是在磨削轴承小孔中，应用更多。图 5-13 所示为内连中频电动机驱动的内圆磨具。

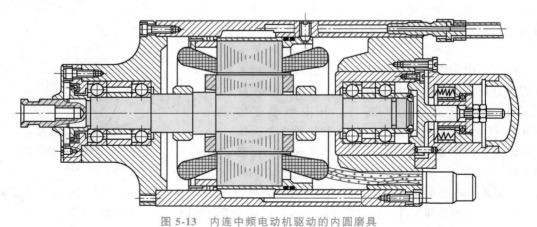

图 5-13 内连中频电动机驱动的内圆磨具

## 第四节 数控万能外圆磨床

金属切削机床领域里，CNC 车床、CNC 铣床和加工中心等数控机床，已经普及多年，磨床数控化则相对较晚。随着 CNC 技术的不断完善，相继出现了各种类型的数控磨床，如数控万能外圆磨床、数控内圆磨床、数控平面磨床、数控成形磨床、数控复合磨床和磨削中心等。这里仅介绍 C—600 型数控万能外圆磨床。

## 一、机床的布局和用途

C—600 型数控万能外圆磨床是我国和德国合作研发的一种精密数控磨床。图 5-14a 所示是磨床外观图；卸掉防护罩 8，可以看到主要部件的布局，如图 5-14b 所示。机床采用 T 形结构，床身 1 的上面装有工作台 6，其沿床身导轨做纵向运动（Z 轴）。工作台 6 由上、下两层组成。上工作台可以围绕下工作台在水平面内回转一个角度，用以磨削锥度不大的长圆锥面。

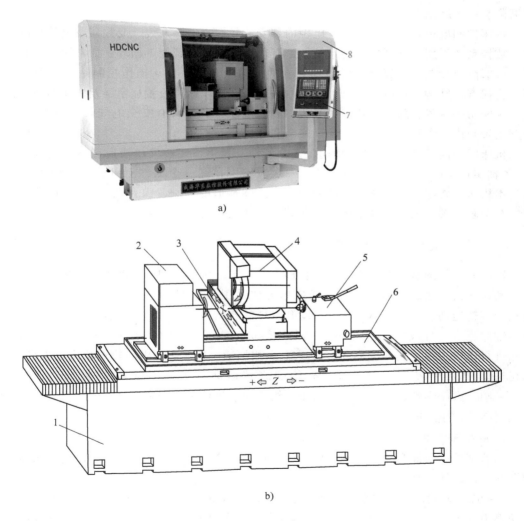

图 5-14 C—600 型数控万能外圆磨床

a）磨床外观图 b）机床布局

1—床身 2—头架 3—横向滑板 4—砂轮架 5—尾座 6—工作台 7—操作控制站 8—防护罩

工作台上面装有头架 2 和尾座 5，用于支承并旋转工件，它们随着工作台一起，沿床身导轨做纵向往复运动。头架 2 呈箱形结构，用压板固定在工作台上；头架设置在工作台左端位置，也可以根据实际需要手动调节头架沿工作台纵向移动至所需的位置；头架可在水平面内按逆时针方向回转 0°~90°（C 轴）。通过选配高性能数控系统，可实现 C 轴插补功能，实现异形柱状磨削。头架回转一个角度，可以磨削锥度大的短圆锥面。尾座 5 设置在工作台右侧位置，在磨削不同长度的工件时，可手动调节尾座沿工作台纵向移动至所需的位置。

床身 1 的后部垫板上有横向导轨，横向滑板 3 沿横向导轨做横向运动（X 轴）。横向滑板上装有回转座和砂轮架 4，砂轮架壳体内装有外圆砂轮主轴及内圆主轴，分别装外圆磨头与内圆磨头，两者呈 180° 分布，内外圆主轴在同一中心线上。磨头可绕垂直轴回转（B 轴），根据不同的工作需要，通过砂轮架 B 轴自动回转，选择外圆磨头或内圆磨头，实现外圆磨削与内圆磨削的转换。

机床控制电柜置于机床后侧，电柜内部安装数控、伺服系统、变频器及电气控制元器件等。数控系统采用外圆磨床专用系统，带有很多典型的磨削加工循环，如常用的内孔端面外圆组合磨削及砂轮修整循环，并可实现在线测量及自动补偿。操作控制站 7 设置在机床前面，为摇臂式结构，可以根据操作需要左右摆动，操作站上设置显示屏及操作面板。机床采用全封闭防护装置，封闭护罩门的开关与砂轮电动机的开关有安全电气联锁功能，门开时，外圆主轴与内圆主轴不能起动，保证安全和环保。

机床的纵向运动（Z 轴）、横向运动（X 轴）及工件回转（C 轴）三轴采用数控，其中 X、Z 轴实现全闭环控制，两轴联动。一次装夹，在同一个工件上可磨削圆形和非圆形截面。本机床主要用于精密轴类零件的圆柱形或圆锥形的外圆、内孔及非圆曲面的磨削加工，还能磨削阶梯轴的轴肩、端平面、圆角等，自动化程度高，万能性强。

## 二、机床的运动和机械传动

数控万能外圆磨床的磨削原理与普通万能外圆磨床基本相同，磨削方法主要分为纵向磨削法和切入磨削法。纵向磨削的表面成形方法采用相切-轨迹法，需要三个表面成形运动：砂轮的旋转运动、工作台纵向往复运动和工件旋转运动。前两个运动合成是用相切法磨削工件的轴向直线（导线），工件旋转运动是用轨迹法磨削工件的母线——圆。切入磨削是用宽砂轮进行横向切入，表面成形方法采用成形-相切法，成形法是由砂轮形状形成工件的母线，相切法需要两个表面成形运动：砂轮的旋转运动和工件的旋转运动，形成工件的导线——圆。磨床实现数控化以后，由于无级调速、坐标轴数控和联动，使其机械传动系统及其主要结构发生了明显变化。

### 1. 磨削主运动

当磨削外圆表面时，磨外圆砂轮做旋转运动，这是磨削主运动；当磨削内圆表面时，磨内孔砂轮做旋转运动，它也是主运动。

C—600 型数控万能外圆磨床砂轮架结构简图如图 5-15 所示。外圆磨削砂轮 4 的回转采用功率为 4kW 的交流电动机 2 驱动，电动机经带轮 1 带动砂轮主轴 3 旋转，可以通过交流变频器无级调节砂轮转速，在考虑当前半径的情况下，通过自动调整砂轮转速来保持砂轮外缘线速度的恒定，实现恒速磨削。外圆砂轮线速度可达 45m/s，可以进行高速磨削。外圆磨削主轴采用套筒式结构，主轴支承采用精密主轴专用轴承，主轴轴承安装在主轴套筒内，油脂润滑，维修与更换快捷方便。

砂轮内圆磨削主轴回转采用功率为 1.1kW 的交流电动机驱动，电动机经带轮传动副带动砂轮主轴旋转。内圆磨削主轴转速可达 20000r/min，可以满足磨削小孔径内圆表面的需要。内圆磨削主轴同样采用套筒式结构，主轴支承采用精密主轴专用轴承，主轴轴承安装在主轴套筒内，便于维修与更换。

在砂轮架横向滑板 5 上装有回转座 6，外圆磨削主轴与内圆磨削主轴在水平面呈 180° 对称分布，保证内外圆主轴在同一中心线上，确保磨削精度。通过砂轮架 $B$ 轴自动回转，可以选择不同磨头进行磨削。$B$ 轴回转采用交流伺服电动机，通过蜗杆副驱动，实现砂轮架自动分度或连续摆动回转，运动的锁紧与松开采用气压自动锁紧。

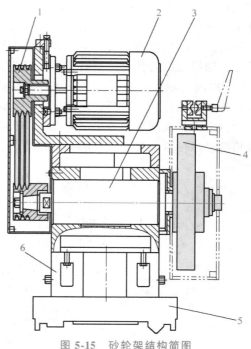

图 5-15 砂轮架结构简图

1—带轮 2—电动机 3—砂轮主轴 4—砂轮
5—横向滑板 6—回转座

**2. 砂轮架横向进给运动**（$X$ 轴）

砂轮架横向传动如图 5-16 所示。砂轮架装在横向滑板 7 上，横向滑板在垫板 8 上面的三角形和矩形组合导轨（平-V 导轨）上横向运动。采用风琴式折叠罩 2 进行导轨的防护。横向滑板下部安装 $X$ 轴滚珠丝杠螺母副。该机构由功率为 2.29kW 的伺服电动机 1 驱动，经联轴器 3，滚珠丝杠 5 和螺母 6，驱动砂轮架横向滑板运动。伺服电动机无级调速，$X$ 轴移动速度范围为 $10\sim5000$mm/min。横向进给运动配合光栅尺构成全闭环控制。

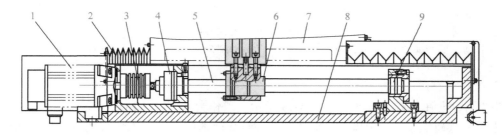

图 5-16 砂轮架横向传动图

1—伺服电动机 2—折叠罩 3—联轴器 4—前轴承 5—滚珠丝杠 6—螺母 7—横向滑板 8—垫板 9—后轴承

联轴器 3 与电动机轴，靠锥形锁紧环摩擦连接。滚珠丝杠前轴承 4 采用径向滚针轴承和双向推力圆柱滚子组合轴承，承受径向载荷和轴向双向载荷。后轴承 9 采用滚针轴承，承受径向载荷。横向导轨面采用贴塑导轨，摩擦系数小，运动平稳，进给灵敏。

**3. 工件旋转运动**（$C$ 轴）

数控万能外圆磨床头架结构简图如图 5-17 所示。功率为 2.29kW 的伺服电动机 8，通过同步带将运动传至头架主轴 2 右端的带轮 7，带轮 7 通过拨盘机构带动头架主轴 2 回转。主轴无级变速，转速范围为 10~1000r/min。头架主轴旋转具有 $C$ 轴插补功能，与 $X$ 轴联动插补运动可实现非圆工件的磨削。一次装夹，在同一个工件上可磨削圆形和非圆形截面。磨削工件时，可以选择适当的主轴转速。当工件较小时，选用较高的主轴转速；当工件较大、较重时，选用较低的转速，可以获得较好的磨削精度。带轮 7 是卸荷带轮，它安装在主轴外套 5 上，以滚动轴承 6 支承。主轴外套 5 固定在头架箱体 3 上。这样，同步带的拉力则经滚动轴承 6 和主轴外套 5 传至头架箱体 3，同步带的拉力不直接作用在主轴上，从而可避免因同步带拉力而使头架主轴产生弯曲变形。头架主轴为套筒式主轴，前轴承 4 和后轴承 1 都用精密角接触球轴承，具有较高的旋转精度。

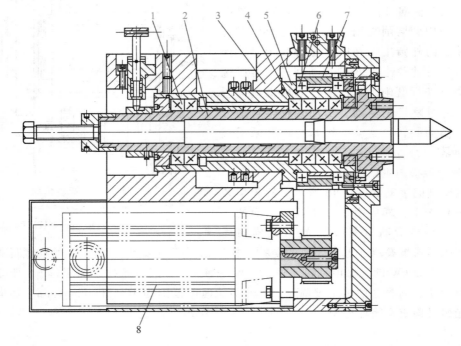

图 5-17 数控万能外圆磨床头架结构简图

1—后轴承 2—头架主轴 3—头架箱体 4—前轴承 5—主轴外套 6—滚动轴承 7—带轮 8—伺服电动机

### 4. 工作台纵向往复运动（$Z$ 轴）

工作台纵向往复运动传动图如图 5-18 所示。工作台有上、下两层，下工作台 3 在床身 1 上面的平-V 导轨上运动，用风琴式折叠罩 5 进行导轨的防护。下工作台底下安装滚珠丝杠螺

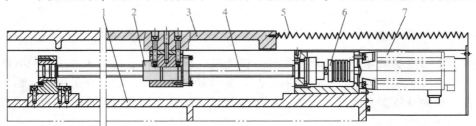

图 5-18 工作台纵向往复运动传动图

1—床身 2—螺母 3—下工作台 4—滚珠丝杠 5—风琴式折叠罩 6—联轴器 7—伺服电动机

母副。该机构由功率为 2.29kW 的伺服电动机 7 驱动，经联轴器 6、滚珠丝杠 4 和螺母 2，驱动工作台纵向往复运动。伺服电动机无级调速，$Z$ 轴纵向移动速度范围为 $10 \sim 5000 \mathrm{mm/min}$。纵向进给运动配合光栅尺构成全闭环控制。

　　纵向传动丝杠的前后支承同样采用径向滚针轴承和轴向双向推力圆柱滚子轴承，与 $X$ 轴横向传动丝杠相同；下工作台导轨面同样采用贴塑导轨，运动平稳灵敏。

 习题和思考题

5-1　在 M1432B 型万能外圆磨床的外形图（图 5-1）上指出主要部件的名称及其功用。

5-2　普通外圆磨床磨削外圆柱面时，表面成形采用什么方法？需要哪些表面成形运动？

5-3　在万能外圆磨床上用什么方法磨削锥度不大的长圆锥面和锥度大的短圆锥面？表面成形运动有什么不同？

5-4　万能外圆磨床用前后两顶尖支承工件进行磨削时，头架的主轴和顶尖是否转动？为什么？工件是怎样获得旋转运动的？

5-5　M1432B 型磨床的加工精度为什么比普通车床高（与 CA6140A 型卧式车床比较）？

5-6　平面磨床依据什么分类？试比较各种平面磨削的特点。

5-7　无心外圆磨床为什么能把工件磨圆？它与普通外圆磨床比较有什么特点？

5-8　万能外圆磨床实现数控化的途径是什么？磨床数控化的现状如何？

5-9　对磨床数控化前后的磨削表面成形方法和成形运动进行对比分析，说明磨床数控化主要解决的问题。

# 第六章

# 其他机床

## 第一节 铣 床

### 一、铣床的功用和类型

铣床（milling machine）是用铣刀进行加工的机床。由于铣床应用了多刃刀具连续切削，所以它的生产率较高，而且可以获得较好的加工表面质量。铣床的工艺范围很广，在铣床上可以加工平面、沟槽、分齿零件、螺旋形表面。因此，在机械制造业中，铣床得到广泛的应用。

铣床的主要类型有：升降台式铣床、床身式铣床、龙门铣床、工具铣床等，此外，还有仿形铣床、仪表铣床和各种专门化铣床。

升降台式铣床是铣床中的主要品种，有卧式升降台铣床、万能升降台铣床和立式升降台铣床三大类，适用于单件、小批量及成批生产中加工小型零件。

#### 1. 卧式升降台铣床

卧式升降台铣床的主轴是水平布置的，所以习惯上称为"卧铣"。

图6-1所示为卧式升降台铣床外形图。它由底座8、床身1、铣刀杆3、悬梁2及悬梁支架6、升降工作台7、滑座5及工作台4等主要部件组成。床身1固定在底座8上，用于安装和支承机床的各个部件。床身1内装有主轴部件、主传动装置和变速操纵机构等。床身顶部的燕尾形导轨上装有悬梁2，可以沿水平方向调整其位置。在悬梁的下面装有悬梁支架6，用以支承铣刀杆3的悬伸端，以提高刀杆的刚度。升降工作台7安装在床身的导轨上，可做竖直方向运动。升降台内装有进给运动和快速移动装置及操纵机构等。升降台上面的水平导轨上装有滑座5，滑座5带着其上的工作台和工件可做横向移动，工作台4装在滑座5的导轨上，可做纵向移动。固定在工作台上的工件，通过工作台、滑座、升降台，可以在互相垂直的三个方向实现任一方向的调整或进给。铣刀装在铣刀杆3上，铣刀旋转做主运动。

万能升降台铣床与卧式升降台铣床的区别，仅在于万能升降台铣床有回转盘（位于工作台和滑座之间），回转盘可绕垂直轴线在±45°范围内转动，工作台能沿调整转角的方向在

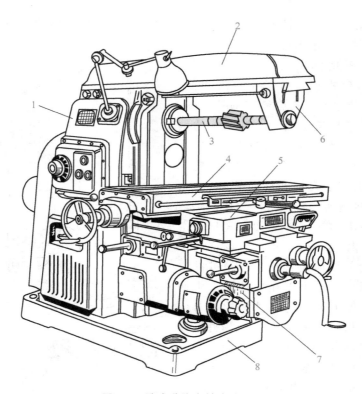

图 6-1 卧式升降台铣床外形图

1—床身 2—悬梁 3—铣刀杆 4—工作台 5—滑座 6—悬梁支架 7—升降工作台 8—底座

回转盘的导轨上进给，以便铣削不同角度的螺旋槽。

**2. 立式升降台铣床**

图 6-2 所示为数控立式升降台铣床的外形图。这类铣床与卧式升降台铣床的主要区别，在于它的主轴是竖直安装的。立式床身 2 装在底座 1 上，床身上装有变速箱 3，滑动立铣头 4 可升降，它的工作台 6 安装在升降台 7 上，可做 $X$ 方向的纵向运动和 $Y$ 方向的横向运动，升降台还可做 $Z$ 方向的垂直运动。5 是数控机床的吊挂控制箱，装有常用的操作按钮和开关。立式铣床可加工平面、斜面、沟槽、台阶、齿轮、凸轮以及封闭轮廓表面等。

**3. 床身式铣床**

床身式铣床工作台不做升降运动，故又称工作台不升降铣床。机床

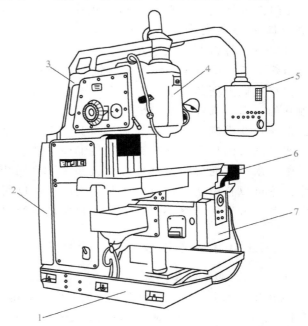

图 6-2 数控立式升降台铣床的外形图

1—底座 2—床身 3—变速箱 4—立铣头
5—吊挂控制箱 6—工作台 7—升降台

的垂直进给运动由安装在立柱上的主轴箱做升降运动完成，这样可以增加机床的刚度，可以用较大的切削用量加工中等尺寸的零件。

床身式铣床根据机床工作台面的形状，可分为圆形工作台式和矩形工作台式两类。图 6-3 所示为双轴圆形工作台铣床的外形图，主要用于粗铣、半精铣平面。主轴箱 1 的两个主轴上分别安装粗铣和半精铣的面铣刀。加工时，工件安装在圆工作台 3 的夹具上（工作台上可同时安装几套夹具，图 6-3 中未画），圆工作台缓慢连续转动，以实现进给运动，工件从铣刀下通过后即被加工完毕。滑座 4 可沿床身 5 导轨横向移动，以调整圆工作台 3 与主轴间的横向位置。主轴箱可沿立柱 2 的导轨升降。主轴可以在主轴箱 1 中调整轴向位置，以保证刀具与工件间的相对位置。圆工作台 3 每转一周加工一个零件，装卸工件的辅助时间与切削时间重合，生产率较高，但需用专用夹具装夹工件。它适用于成批大量生产中铣削中、小型工件的平面。

**4. 龙门铣床**

龙门铣床是一种大型高效通用机床，主要用于加工各类大型工件上的平面、沟槽等，可以对工件进行粗铣、半精铣，也可以

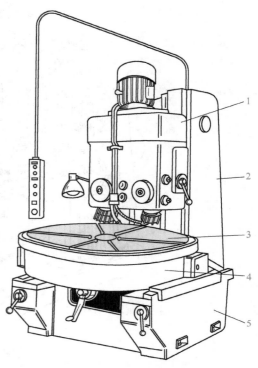

图 6-3 双轴圆形工作台铣床的外形图
1—主轴箱 2—立柱 3—圆工作台
4—滑座 5—床身

进行精铣加工。图 6-4 所示为龙门铣床的外形图。它的布局呈框架式。5 为横梁，4 为立柱，在它们上面各安装两个铣削主轴箱（铣头）6 和 3 以及 2 和 8。每个铣头都是一个独立的主运动部件。铣刀旋转为主运动。9 为工作台，其上安装被加工的工件。加工时，工作台 9 沿床身 1 上导轨做直线进给运动，四个铣头都可沿各自的轴线做轴向移动，实现铣刀的切深运动。为了调整工件与铣头间的相对位置，水平移动铣头 6 和 3 可沿横梁 5 水平方向移位，垂直移动铣头 8 和 2 可沿立柱在垂直方向移位。7 为按钮站，操作位置可以自由选择。由于在龙门铣床上可以用多把铣刀同时加工工件的几个平面，所以，龙门铣床生产率很高，在成批和大量生产中得到广泛应用。

## 二、XK5040/1 型数控立式升降台铣床

### （一）机床的特点和用途

XK5040/1 型数控立式升降台铣床的外形如图 6-2 所示。在 CNC 系统的控制下，机床可以控制 $X$、$Y$、$Z$ 三个坐标轴，并可以实现三坐标联动，还可以控制主轴进行无级变速。

该机床除了可以完成按数控程序规定的各种往复循环和框式循环的平面铣削或按坐标位置加工孔外，主要用于加工各种复杂形状的凸轮、样板、靠模、模具以及弧形槽等平面曲线和空间曲面。它最适于加工表面形状复杂而又经常变换工件的生产部门，如机械制造行业的

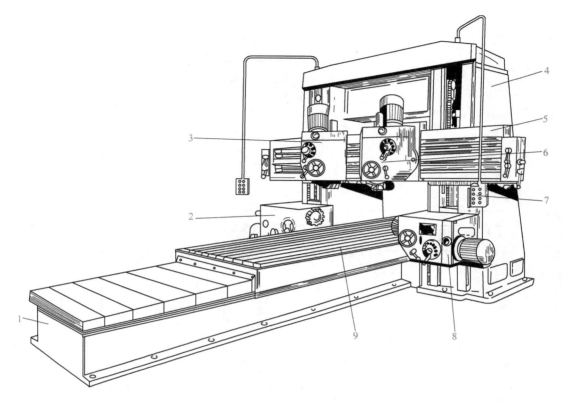

图 6-4  龙门铣床的外形图

1—床身  2、8—垂直移动铣头  3、6—水平移动铣头  4—立柱
5—横梁  7—按钮站  9—工作台

各类部门和军工部门。

（二）机床的传动系统

图 6-5 所示为 XK5040/1 型铣床的传动系统图。

**1. 主运动系统**

主传动链的两个末端件是主电动机和立式主轴。主传动使用的电动机是交流无级变速电动机，主电动机功率为 15kW。数控铣床的主传动链非常简单，主电动机的运动和动力通过一对同步带轮直接传至主轴。通过数控系统控制，主轴可在 48～2400r/min 范围内无级变速。

**2. 进给传动系统**

数控机床的进给传动链也非常简单。该机床 $X$、$Y$ 两个坐标采用 FB15 型直流伺服电动机，$Z$ 轴坐标采用 FB15B 型直流伺服电动机，通过一对或两对减速齿轮传动滚珠丝杠。$X$、$Y$ 轴方向的进给量是 6～3000mm/min，快速 4000mm/min。$Z$ 轴方向进给量是 4～1800 mm/min，快速 2400mm/min。$X$、$Y$、$Z$ 三个方向的进给量均为无级调节。机床三坐标联动由 CNC 装置控制。

$Z$ 轴电动机是带制动器的，当断电时将 $Z$ 轴抱紧，以防止因为滚珠丝杠不自锁，升降台由于自重而下滑。

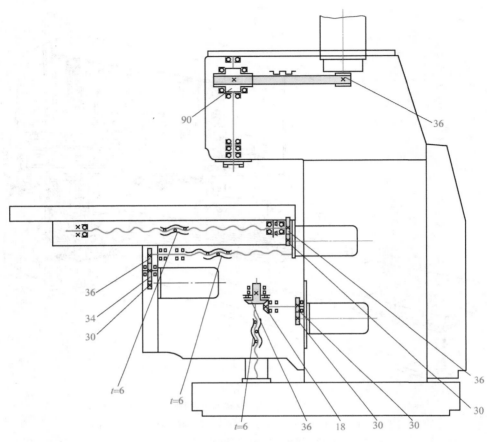

图 6-5　XK5040/1 型铣床的传动系统图

该机床的伺服系统属于半闭环，用脉冲编码器进行位置检测，均受控于数控系统。

普通的卧式升降台铣床和立式升降台铣床，其主运动系统和进给系统都是机械传动的，有很长的运动传动链和复杂的机械传动机构。铣床数控化以后，各个传动链的电动机非常靠近各自的末端执行件，传动链中间的大量传动轴和传动齿轮被取消，传动链很短，简化了机构，提高了传动精度和传动刚度；由于实现坐标轴联动，扩大了机床的加工范围。

# 第二节　镗　床

## 一、镗床的功用和类型

镗床（boring machine）的主要工作是用镗刀进行镗孔，所以叫镗床。镗床主要分为卧式镗床、坐标镗床和金刚镗床等。

### （一）卧式镗床

卧式镗床因其工艺范围非常广泛而得到普遍应用，尤其适合大型、复杂的箱体类零件的孔加工，因为这些零件孔本身的精度，孔间距精度，孔的中心线之间的同轴度、垂直度、平行度等都有严格要求。上述这些零件如果在钻床上加工难以保证精度。卧式镗床除镗孔以外，还可车端面、铣平面、车外圆、车螺纹等，因此，一般情况下，零件可在一次安装中完成大部分甚至全部的加工工序。图 6-6 所示为卧式镗床的主要加工方法。

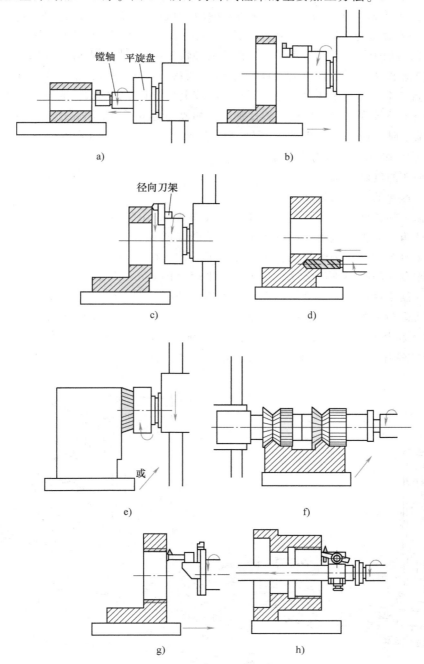

图 6-6　卧式镗床的主要加工方法

a）用镗轴镗孔　b）用平旋盘镗孔　c）用平旋盘车削端面
d）用镗轴钻端面孔　e）用平旋盘加工平面　f）用镗轴镗平面
g）用平旋盘加工螺纹　h）用镗轴加工螺纹

卧式镗床的外形图如图 6-7 所示。它由床身 8、主轴箱 1、前立柱 2、后立柱 10、下滑座

7、上滑座6和工作台5等部件组成。主轴箱1可沿前立柱2的导轨上下移动。在主轴箱中，装有主轴部件、主运动和进给运动变速机构以及操纵机构。根据加工情况不同，刀具可以装在镗轴3上或平旋盘4上。加工时，镗轴3旋转完成主运动，并可沿轴向移动完成进给运动；平旋盘只能做旋转主运动。装在后立柱10上的后支架9，用于支承悬伸长度较大的镗轴的悬伸端，以增加刚性。后支架可沿后立柱上的导轨与主轴箱同步升降，以保持其上的支承孔与镗轴在同一轴线上。后立柱可沿床身8的导轨左右移动，以适应镗轴不同长度的需要。工件安装在工作台5上，可与工作台一起随下滑座7或上滑座6做纵向或横向移动。工作台还可绕上滑座的圆导轨在水平平面内转位，以便加工互相成一定角度的平面或孔。当刀具装在平旋盘4的径向刀架上时，径向刀架可带着刀具做径向进给，以车削端面（图6-6c）。

综上所述，卧式镗床具有下列运动：

1）镗轴3的旋转主运动。

2）平旋盘4的旋转主运动。

3）镗轴3的轴向进给运动，用于孔加工（图6-6a、d、h）。

4）主轴箱1的垂直进给运动，用于加工平面（图6-6c）。

5）工作台5的纵向进给运动，用于孔加工（图6-6b、g）。

6）工作台5的横向进给运动，用于加工平面（图6-6e、f）。

7）平旋盘4径向刀架的进给运动，用于车削端面（图6-6c）。

8）辅助运动，主轴箱、工作台在进给方向上的快速调位运动，后立柱纵向调位运动，后支架垂直调位运动，工作台的转位运动等这些辅助运动由快速电动机传动。

目前卧式镗床已在很大程度上被卧式加工中心所取代。

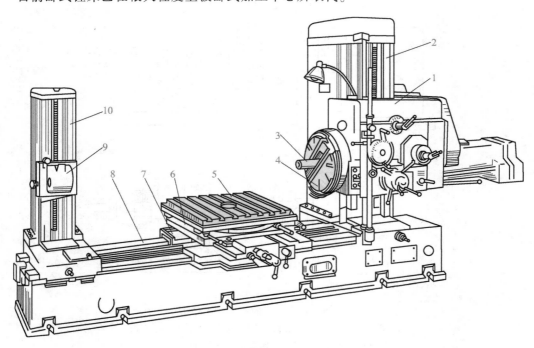

图6-7　卧式镗床外形图

1—主轴箱　2—前立柱　3—镗轴　4—平旋盘　5—工作台　6—上滑座
7—下滑座　8—床身　9—后支架　10—后立柱

（二）坐标镗床

坐标镗床是一种高精度机床，它具有测量坐标位置的精密测量装置，而且这种机床的主要零部件的制造和装配精度很高，并有良好的刚性和抗振性。所以它主要用来镗削精密的孔（IT5 级或更高）和位置精度要求很高的孔系（定位精度达 0.002~0.01mm），如钻模、镗模等的精密孔。

坐标镗床的工艺范围很广，除镗孔、钻孔、扩孔、铰孔、精铣平面和沟槽外，还可进行精密刻线和划线，以及孔距和直线尺寸的精密测量等工作。

坐标镗床过去主要用于工具车间单件生产。近年来也逐渐应用到生产车间，成批地加工要求精密孔距的零件，例如，在飞机、汽车、拖拉机、内燃机和机床等行业中加工某些箱体零件的轴承孔。

坐标镗床的主要参数是工作台的宽度。

坐标镗床按其布局和形式不同，可分为立式单柱、立式双柱和卧式等主要类型。立式坐标镗床适宜加工轴线与安装基面（底面）垂直的孔系和铣削顶面，卧式坐标镗床适宜加工与安装基面平行的孔系和铣削侧面。

**1. 立式单柱坐标镗床**（图 6-8）

立式单柱坐标镗床的主轴在水平面上的位置是固定的。镗孔坐标位置由工作台 3 沿床鞍 2 导轨的纵向移动和床鞍 2 沿床身 1 导轨的横向移动来确定。装有主轴组件的主轴箱 5 装在立柱 4 的垂直导轨上，可上下调整位置以适应加工不同高度的工件。主轴由精密轴承支承在主轴套筒中（旋转精度和刚度都有很高要求），主轴的旋转运动由立柱 4 内的电动机经 V 带和变速箱

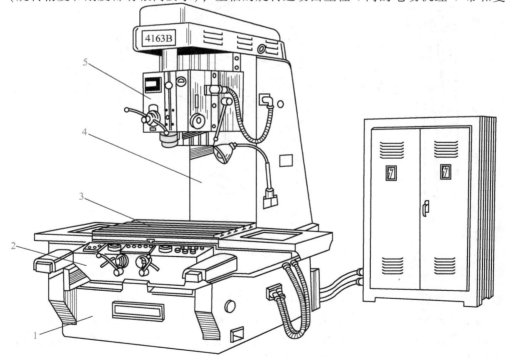

图 6-8 立式单柱坐标镗床

1—床身 2—床鞍 3—工作台 4—立柱 5—主轴箱

传动以完成主运动。当进行镗孔、钻孔、扩孔、铰孔等工序时，主轴由主轴套筒带动，在垂直方向做机动或手动进给。当进行铣削时，则由工作台在纵、横方向移动完成进给运动。

这种类型机床工作台的三个侧面都是敞开的，操作比较方便。但由于这种坐标镗床的工作台需实现两个坐标方向的移动，使工作台和床身之间层次增多，削弱了刚度。此外，由于主轴箱悬臂安装，当机床尺寸较大时，给保证加工精度增加了困难。因此，此种布局形式多被中、小型坐标镗床采用。

**2. 立式双柱坐标镗床**（图 6-9）

立式双柱坐标镗床两个坐标方向的移动，分别由主轴箱 2 沿横梁 1 导轨的横向移动和工作台 4 沿床身 5 导轨的纵向移动来实现。横梁 1 可沿两个立柱 3 的导轨上下调整位置，以适应不同高度工件的加工需要。这种类型坐标镗床由两个立柱、顶梁和床身构成龙门框架式结构；工作台和床身之间的层次比单柱式的少；主轴轴线的悬伸距离也较小，所以刚度较高。大、中型坐标镗床常采用此种布局。

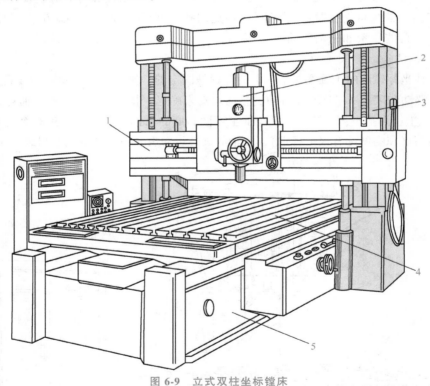

图 6-9 立式双柱坐标镗床

1—横梁 2—主轴箱 3—立柱 4—工作台 5—床身

**3. 卧式坐标镗床·**（图 6-10）

卧式坐标镗床的特点是其主轴水平安装，与工作台台面平行，机床在两个坐标方向的移动，分别由横向滑座 1 沿床身 6 的导轨横向移动和主轴箱 5 沿立柱 4 的导轨上下移动来实现。回转工作台 3 可以在水平面内回转至一定角度位置，以进行精密分度。进给运动由纵向滑座 2 的纵向移动或主轴轴向移动来实现。

**（三）金刚镗床**

金刚镗床是一种高速精密镗床，因以前采用金刚石镗刀而得名。现已大量采用硬质合金

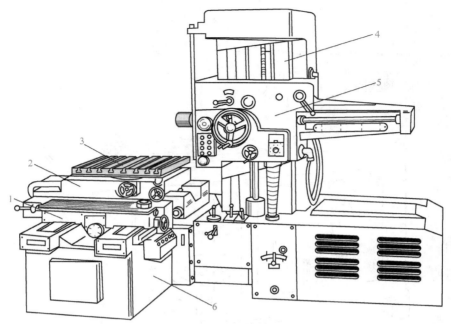

图 6-10 卧式坐标镗床

1—横向滑座 2—纵向滑座 3—回转工作台 4—立柱 5—主轴箱 6—床身

刀具。这种机床的特点是切削速度很高（加工钢件 $v=1.7\sim3.3\mathrm{m/s}$，加工有色合金件 $v=5\sim25\mathrm{m/s}$），而背吃刀量和进给量极小（背吃刀量一般不超过 0.1mm，进给量一般为 0.01～0.14mm/r），因此可以获得很高的加工精度（孔径精度一般为 IT6～IT7 级，圆度误差为 3～5μm）和表面质量（表面粗糙度值一般为 $0.08\mu\mathrm{m}<Ra\leq1.25\mu\mathrm{m}$）。金刚镗床在成批生产、大量生产中获得了广泛的应用，常用于加工发动机的气缸、连杆、活塞等零件上的精密孔。

图 6-11 所示为单面卧式金刚镗床外形图。机床的主轴箱固定在床身上，主轴高速旋转带动镗刀做主运动。工件通过夹具安装在工作台上，工作台沿床身导轨做平稳的低速纵向移动，以实现进给运动。工作台一般为液压驱动，可实现半自动循环。

主轴组件是金刚镗床的关键部件，它的性能好坏，在很大程度上决定着机床的加工质量。这类机床的主轴短而粗，在镗轴的端部设有消振器；主轴采用精密的角接触球轴承或静压轴承支承，并由电动机经传动带直接传动主轴旋转，可保证主轴组件准确平稳地运转。

金刚镗床的种类很多，按其布局形式可分为单面、双面和多面的；按其主轴的位置可分为立式、卧式和倾斜式；按其主轴的数量可分为单轴、双轴及多轴的。

## 二、T4240B 型立式双柱坐标镗床

T4240B 型立式双柱坐标镗床的外形如图 6-9 所示。这种机床具有准确的定位精度及高的加工（镗孔）精度和高的表面加工质量。

### （一）机床的运动

**1. 表面成形运动**

镗孔时，需要两个成形运动：一个是主轴套筒中的主轴做旋转运动，使镗刀进行切削，称为主运动；另一个是主轴套筒带动主轴做轴向移动，称为轴向进给运动。

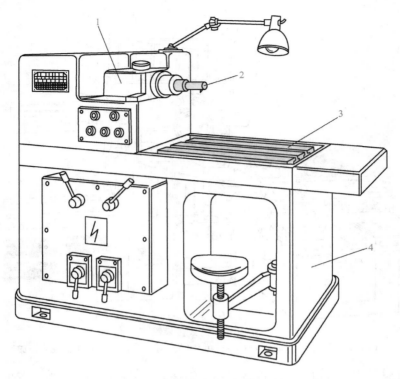

图 6-11　单面卧式金刚镗床外形图

1—主轴箱　2—主轴　3—工作台　4—床身

铣削加工时，除了主轴旋转（主运动）外，还有两个方向的进给运动：一个是纵向进给运动，由工作台沿床身导轨做纵向移动来完成；另一个是横向进给运动，由主轴箱沿横梁横向运动来完成。这两个进给运动也用来实现两个坐标的精确定位。

**2. 辅助运动**

为了使主轴箱的位置适应不同高度工件加工的需要，装有主轴箱的横梁可沿立柱的导轨做垂直方向的调整运动。

**（二）机床的传动系统**

图 6-12 所示为 T4240B 型立式双柱坐标镗床传动系统图。按机床的运动分为以下几条传动链。

**1. 主运动传动链**

机床主运动传动链用于实现主运动，传动链的两个末端件为主电动机和主轴，其传动路线为

$$
电动机(n_1) - \frac{\phi 90}{\phi 94} - \frac{16}{32} - \begin{Bmatrix} \dfrac{19}{33} \\[4pt] \dfrac{28}{24} \\[4pt] \dfrac{36}{16} \end{Bmatrix} - \begin{Bmatrix} \dfrac{13}{39} \\[4pt] \dfrac{16}{36} \\[4pt] \dfrac{37}{15} \\[4pt] \dfrac{40}{12} \end{Bmatrix} - \frac{30}{32} - \frac{37}{61} - 主轴(n)
$$

主轴转速级数为 $Z = 3 \times 4 = 12$。

**2. 主轴轴向进给传动链**

主轴的轴向进给是以主轴每转一转，主轴沿轴向的移动量来计算的。传动链的两个末端件为主轴和主轴套筒的齿轮齿条传动副。这条传动链有两条传动路线。当离合器 $M_1$ 接合，处于如图 6-12 所示位置时，传动路线为

$$\text{主轴} - \frac{61}{37} - \frac{32}{30} - \frac{1}{19} - M_1 - \begin{cases} \dfrac{24}{37} \\[6pt] \dfrac{34}{27} \\[6pt] \dfrac{39}{22} \end{cases} - \frac{25}{35} - \frac{25}{26} - \frac{26}{35} - \frac{1}{46} - 20\pi m \text{（齿轮齿条）}$$

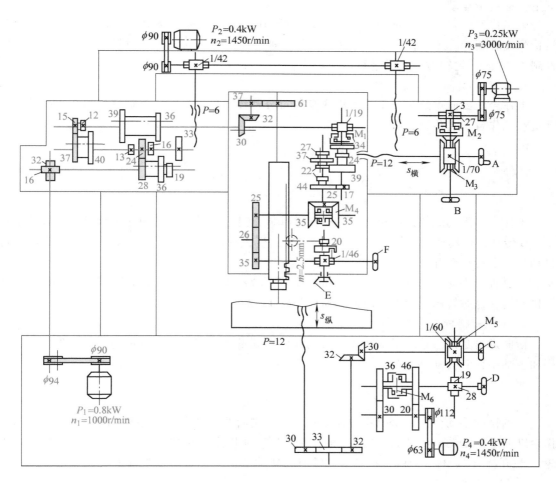

图 6-12　T4240B 型立式双柱坐标镗床传动系统图

当离合器 $M_1$ 脱开，即空套三联齿轮块下移使齿轮 39 与空套双联齿轮块的齿轮 22 啮合时，传动路线为

$$\text{主轴}—\frac{61}{37}—\frac{32}{30}—\frac{1}{19}—\frac{17}{44}—\frac{22}{39}—\begin{Bmatrix}\dfrac{24}{37}\\[4pt]\dfrac{34}{27}\\[4pt]\dfrac{39}{22}\end{Bmatrix}—\frac{25}{35}—\frac{25}{26}—\frac{26}{35}—\frac{1}{46}—20\pi m\ (\text{齿轮齿条})$$

主轴的轴向进给量共有 6 级。

手动主轴轴向进给可分为快速调整和微量进给两种情况。快速调整时，将手把 E 从自动进给位置向外拉出，使轴上的小齿轮 20 做轴向移动（图 6-12 中为向上），与空套蜗轮 46 脱开端齿连接。这时转动手把 E，即可直接通过小齿轮 20 和主轴套筒齿条传动，使主轴做上下快速进给运动。

微量进给时将手把 E 向里推，通过小齿轮 20 的端齿与蜗轮 46 接合，同时将锥齿轮变向机构的离合器 $M_4$ 放在中间位置而脱开啮合，即脱开机动传动链，这时转动手轮 F，通过蜗杆副 1/46 而使主轴做上下微进给运动。

**3. 工作台纵向进给传动链**

工作台的纵向进给量以工作台沿床身的每分钟移动量来计算。传动链的两个末端件为电动机和工作台，其传动路线为

$$\text{电动机}\ (n_4)—\frac{\phi63}{\phi112}—\begin{Bmatrix}\dfrac{20}{46}\ (M_6\ \text{向右})\\[4pt]\dfrac{30}{36}\ (M_6\ \text{向左})\end{Bmatrix}—\frac{19}{28}—\frac{1}{60}—\frac{30}{32}—\frac{32}{33}—\frac{33}{30}—\text{工作台丝杠}$$

工作台的手动纵向进给也分为快速调整和微量进给两种情况。快速调整时，可转动手轮 C 直接传动，传动链中摩擦离合器 $M_5$ 的作用是当手动速度大于机动速度或反向进给时，可自动与机动传动脱开。

当要进行手动微量纵向进给时，可将摩擦离合器 $M_5$ 调整到中间的脱开啮合位置，即断开机动链，这时转动手钮 D，通过降速传动副 19/28 实现微量纵向进给。

**4. 主轴箱横向进给传动链**

横向进给是以主轴箱沿横梁每分钟的横向移动量来计算的。传动链的两个末端件为电动机和主轴箱，其传动路线为

$$\text{电动机}\ (n_3)—\frac{\phi75}{\phi75}—\frac{3}{27}—\frac{1}{70}—\text{主轴箱丝杠}$$

主轴箱的手动横向进给也有快速调整和微动进给两种情况。摩擦离合器 $M_3$ 的作用与工作台纵向进给传动链中的离合器 $M_5$ 的作用相同，所以主轴箱快速手动进给时可直接转动手轮 A 脱开离合器 $M_2$，即脱开机动传动链时，转动手轮 B 即可实现微量进给。

**5. 横梁升降传动链**

横梁沿立柱的升降运动是以横梁每分钟的上下移动量来计算的。传动链的两个末端件为电动机 $n_2$ 和横梁，其传动路线为

$$\text{电动机}\ (n_2)—\frac{\phi90}{\phi90}—\frac{1}{42}—\text{横梁丝杠}$$

（三）坐标测量装置

坐标镗床可以获得准确的定位精度和高的表面加工质量，除了主要零部件制造精度较高，结构上采取防止爬行（采用滚动导轨）、足够高的刚度、减少变形等措施以外，精密的测量装置对保证机床的加工精度起了重大作用。常见的坐标测量装置有以下几种：

（1）带校正尺的精密丝杠坐标测量装置　在图6-13中，校正尺10的曲线形状是根据实测的丝杠3的螺距误差，按比例放大制成的，并随工作台1一起移动（固定在工作台1上）。当丝杠3通过螺母2传动工作台1移动时，校正尺也随之一起移动，尺上的工作曲面通过杆9和杠杆8使转臂6摆动，并传动游标盘4绕丝杠3的轴线摆动一定角度。这样，刻度盘5按游标盘4对线时，相应地就多转或少转了一个角度，使工作台获得一个附加的移动量，其值正好补偿由于丝杠螺距误差造成的工作台位移误差。

这种坐标测量装置结构较简单，成本也较低。但由于它的测量基准——丝杠同时又是传动元件，使用中的磨损会直接影响机床部件的定位精度，因此目前只有少数中小型坐标镗床使用。

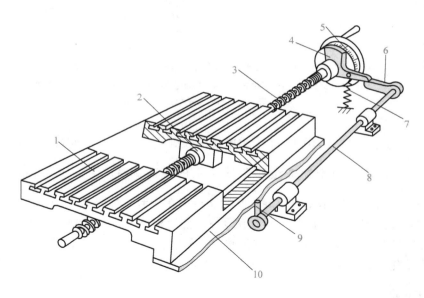

图6-13　带校正尺的精密丝杠坐标测量装置

1—工作台　2—螺母　3—丝杠　4—游标盘　5—刻度盘　6—转臂
7—弹簧　8—杠杆　9—杆　10—校正尺

（2）光屏-标准金属刻线尺光学坐标测量装置　这种测量装置主要由精密刻线尺（标准金属刻线尺）、光学放大装置和读数器三部分组成。图6-14所示为坐标镗床工作台纵向位移的光学坐标测量原理图。4为精密的标准金属刻线尺，刻线面抛光至镜面，上面刻有分度间隔为1mm的线纹，线距精度在1m范围内为0.001~0.003mm。标准金属刻线尺固定在工作台的下侧，与工作台一起纵向移动。坐标测量装置及光源部分装在滑座中，不能沿纵向移动。测量工作台有纵向位移时，由光源8发出的光，通过聚光镜9聚光，经反射镜2、前组物镜3，照射到标准金属刻线尺4的表面上。刻线尺上被照亮的线纹，通过反射镜1、后组物镜14、五棱镜11、修正平镜13、反射镜12及10，成像于分划屏板7上。通过目镜5可以清晰地观察到放大的线纹像。物镜总的放大倍率为30倍。所以，间距为1mm的标准金属刻线尺线纹，在分划屏板7上的距离为30mm。

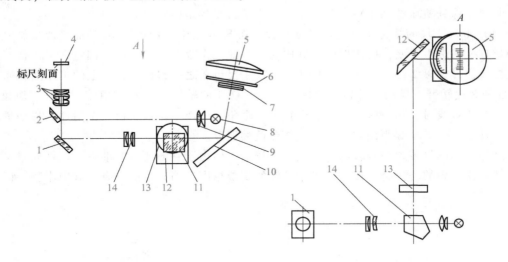

图6-14　坐标镗床工作台纵向位移的光学坐标测量原理图

1、2、10、12—反射镜　3—前组物镜　4—标准金属刻线尺　5—目镜　6—刻度盘
7—分划屏板　8—光源　9—聚光镜　11—五棱镜　13—修正平镜　14—后组物镜

分划屏板7上，刻有0~10共11组等距离的双刻线（图6-15D视图），相邻两双刻线之间的距离为3mm，这相当于标准金属刻线尺上的距离为 $3 \times \frac{1}{30}$mm = 0.1mm。刻度盘12（图6-15 F—F 剖面）和阿基米德螺旋线凸轮9连接在一起，如果转动把手10，便可带动凸轮9和刻度盘12一起转动。凸轮9推动滚子8，使屏板框架7及分划屏板13移动。刻度盘12的圆周上刻有100格的等分线。当它每转过一格时，分划屏板13移动0.03mm（件12和件13之间靠凸轮实现动作），这相当于标准金属刻线尺（即工作台）的位移量为 $0.03 \times \frac{1}{30}$mm = 0.001mm。

在进行坐标测量时，工作台移动量的毫米整数值由装在工作台上的粗读数标尺读取，毫米以下的小数部分则由分划屏板上的读数头读取。例如要求工作台移动量为193.920mm。其调整过程：先调整测量装置的零位；移动工作台，根据粗标尺，调至193mm处；继续移动工作台，直到从目镜（图6-15）中看到标准金属刻线尺4的刻线像落在分划屏板13的第9组双线中央，此时读数为193.9mm；转动刻度盘12到第20格，此时刻线尺像从分划屏板第9组双线中央移开；再微量移动工作台，使刻线尺像重新落到第9组双线中央（图6-16），这时工作台的移动量就是193.920mm了。

综上所述可以看出，坐标位移量的大小，由光屏-标准金属刻线尺光学坐标测量装置来测定，而移动件的移动，则由机械传动件来传动，使测量元件与传动元件分开。这样，坐标位置的测量精度就与传动件的精度和磨损无关了。另外，由于精密刻线尺及光学部分制造精

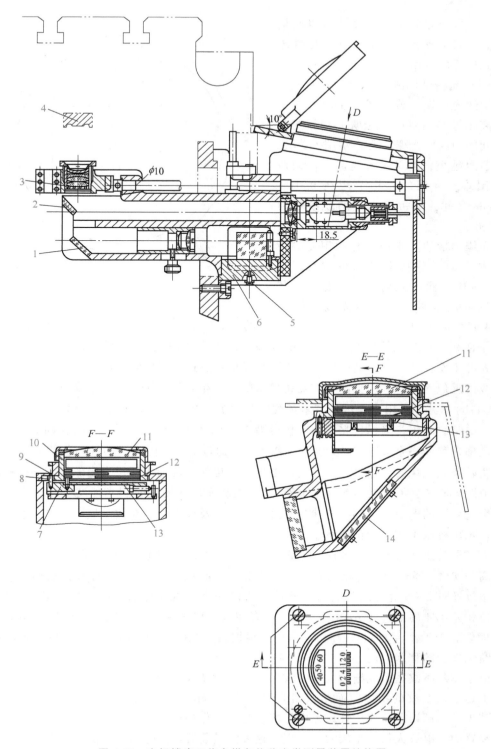

图 6-15 坐标镗床工作台纵向位移光学测量装置结构图

1、2、14—反射镜 3—前组物镜 4—标准金属刻线尺 5—光源 6—聚光镜 7—屏板框架

8—滚子 9—凸轮 10—把手 11—目镜 12—刻度盘 13—分划屏板

度较高，并有足够放大倍率，所以测量精度高。目前这种测量方法在坐标镗床中得到广泛的应用。

（3）光栅坐标测量装置 光栅就是在两块透光玻璃（或金属）上刻有密集的距离相等的刻线尺。光栅上相邻两刻线之间的距离叫光栅节距，常用 $t$ 表示。光栅节距越小，测量精度越高，但制造就越困难。常用的光栅节距在 0.01～0.05mm 之间，即每毫米上的线纹数为 20～100 条。

光栅测量的基本原理是利用光的衍射现象中的一些特点来测量位移。在图 6-17a 中，标尺光栅（长光栅）3 装在机床移动部件上，指示光栅（短光栅）

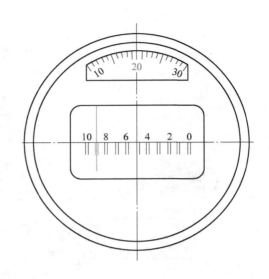

图 6-16 光屏读数示意图

栅）4 装在机床的固定部件上，并可在自身的平面内偏转。两光栅（都用玻璃制造且栅距相等）平面相互平行且保持 0.1～0.5mm 间隙。两光栅尺的线纹互相倾斜一个很小的夹角 $\theta$。当由光源 1 发出的光束，经过透镜 2 成平行光束透过这两光栅时，由于光的衍射效应，在与光栅线纹近似垂直的方向，产生了几条较粗的明暗相间的条纹，这些条纹通常称为莫尔条纹（图 6-17b）。其节距用 $T$ 表示。莫尔条纹的节距 $T$ 比光栅的节距 $t$ 大好多倍。$\theta$ 角越小，则 $T$ 越大，明暗纹越粗。当标尺光栅随工作台沿 $X$ 方向移动一个光栅节距 $t$ 时，则莫尔条纹沿 $Y$ 方向准确地移动一个节距 $T$。莫尔条纹移动时，通过遮盖缝隙板 5 的缝隙，使光敏元件 6 接收到明暗条纹变化的光信号，并转变成电信号。也就是说，当标尺光栅随机床部件移动一个光栅节距 $t$ 时（莫尔条纹移动一个节距 $T$），光敏元件 6 便接收到光强度变化一次，于是输出一个正弦波的电信号。这些电信号经过电路放大及计数后，在数字显示装置 7 中以数字的形式显示出机床工作台的位移量。

为了分辨工作台的运动方向，遮盖缝隙板 5 上有两条缝隙 $a$ 和 $b$（图 6-17a），它们之间的距离为 $T/4$，通过两条缝隙的光线，分别由两个光敏元件接收。当标尺光栅移动时，由于莫尔条纹通过 $a$、$b$ 缝隙的先后时间不同，所以两个光敏元件输出的电信号虽然波形相同，但相位相差 1/4 周期（图 6-18b），至于何者在前，何者在后，则取决于标尺光栅的移动方向（即取决于工作台的移动方向）。所以，根据两个光敏元件的输出电信号的相位不同，就可判断工作台的移动方向。

由于莫尔条纹是由光栅的大量线纹形成的衍射条纹，所以，决定光栅尺工作精度的重要因素不是一条线纹的精度，而是一组线纹平均化后的精度（平均效应）。一般说，平均化后，减少了局部误差及周期性误差的影响，它的工作精度比栅距精度略高。同时，光栅坐标测量装置的光电放大倍率也较大。所以，这种测量装置的工作精度较高。光栅装置还具有便于数码显示、操作者可在较方便的工作位置观察、便于机床的数控和自动化等优点。所以，随着数控技术在坐标镗床上应用的发展，这种测量方法应用得会越来越多。

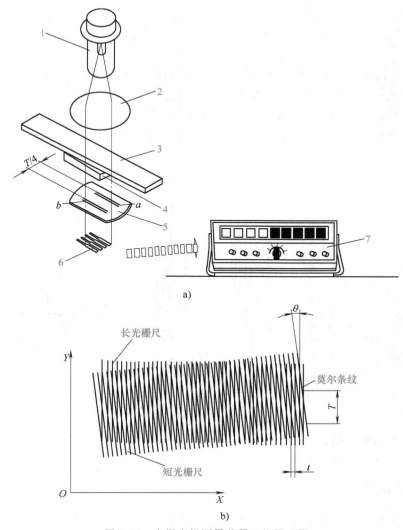

图 6-17　光栅坐标测量装置工作原理图

a）光栅测量基本原理　b）莫尔条纹

1—光源　2—透镜　3—标尺光栅　4—指示光栅　5—缝隙板　6—光敏元件　7—数字显示装置

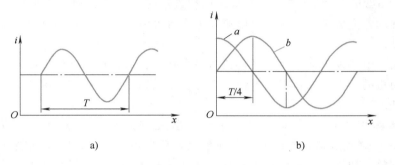

图 6-18　光电流波形

a）电信号输出波形　b）电信号输出相位差

$i$—光电流

# 第三节 钻 床

钻床（drilling machine）是孔加工用机床，主要用来加工外形较复杂、没有对称回转轴线的工件上的孔，如箱体、机架等零件上的各种用途的孔。在钻床上加工时，工件不动，刀具做旋转主运动，同时沿轴向移动，完成进给运动。钻床可完成钻孔、扩孔、铰孔、锪平面、攻螺纹等工作。钻床的加工方法及所需的运动如图 6-19 所示。

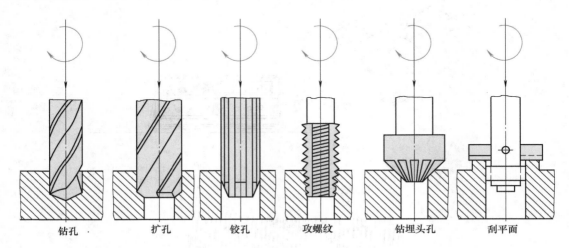

| 钻孔 | 扩孔 | 铰孔 | 攻螺纹 | 钻埋头孔 | 刮平面 |

图 6-19　钻床的加工方法及所需的运动

钻床主参数是最大钻孔直径。

钻床可分为立式钻床、台式钻床、摇臂钻床、深孔钻床及其他钻床等。

## 一、立式钻床

图 6-20a 所示为立式钻床的外形图。它由主轴箱、进给箱、主轴、工作台、立柱和底座等组成。主运动是由电动机经主轴箱驱动主轴旋转。进给运动可以机动也可以手动。机动进给，是由进给箱传来的运动通过小齿轮驱动主轴套筒上的齿条，使主轴随着套筒齿条做轴向进给运动（图 6-20b）；手动进给，当断开机动进给时，扳动手柄，使小齿轮旋转，从而带动齿条上下移动，完成手动进给。进给箱和工作台可沿立柱的导轨调整上下位置，以适应不同高度的工件。

在立式钻床上，加工完一个孔后再钻另一个孔时，需要移动工件，使刀具与另一个孔对准，对于大而重的工件，操作很不方便。因此，立式钻床仅适用于在单件、小批生产中加工中、小型零件。

立式钻床除上述的基本品种外，还有一些变型品种，较常用的有可调式和排式。图 6-21 所示为可调式多轴立式钻床，主轴箱上装有很多主轴，其轴线位置可根据被加工孔的位置进行调整。加工时，主轴箱带着全部主轴对工件进行多孔同时加工，生产率较高。

排式多轴钻床相当于几台单轴立式钻床的组合。它的各个主轴用于顺次地加工同一工件的不同孔径或分别进行各种孔加工工序，如钻、扩、铰和攻螺纹等。由于这种机

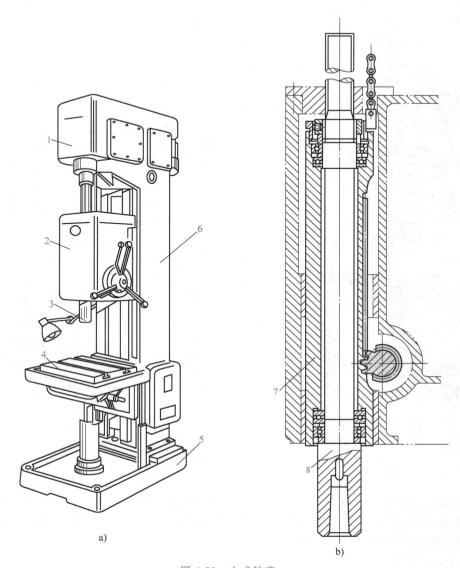

图 6-20 立式钻床

a）外形图 b）进给机构

1—主轴箱 2—进给箱 3、8—主轴 4—工作台 5—底座 6—立柱 7—主轴套筒

床加工时是一个孔一个孔地加工，而不是多孔同时加工，所以它没有可调式多轴钻床的生产率高，但它与单轴立式钻床相比，可节省更换刀具的时间。这种机床主要用于中小批生产中。

## 二、台式钻床

台式钻床简称"台钻"。图 6-22 所示为台式钻床外形图。台钻的钻孔直径一般小于15mm，最小可加工直径为十分之几毫米的小孔。由于加工的孔径很小，所以，台钻主轴的转速很高，有的高达 12 万 r/min。

台钻的自动化程度较低，通常是手动进给。它的结构简单，使用灵活方便。

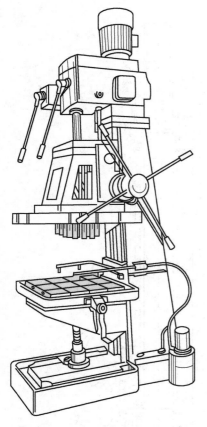

图 6-21 可调式多轴立式钻床

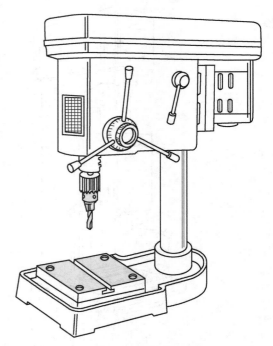

图 6-22 台式钻床外形图

### 三、摇臂钻床

对于大而重的工件，在立式钻床上加工孔很不方便，既费时又费力。这时希望工件不动，而钻床主轴能在空间任意调整其位置，于是就产生了摇臂钻床。下面就以 Z3040 型摇臂钻床为例介绍它的布局和传动系统。

**1. Z3040 型摇臂钻床的布局**

摇臂钻床（图 6-23）的主轴箱 5 可沿摇臂 4 的导轨横向调整位置，摇臂 4 可沿外立柱 3 的圆柱面上下调整位置，此外，摇臂 4 及外立柱 3 又可绕内立柱 2 转动至不同的位置。由于摇臂结构上的这些特点，工作时，可以很方便地调整主轴 6 的位置（这时工件不动）。

**2. 钻床的运动和传动原理图**

钻削加工需要两个成形运动：刀具旋转运动 $B_1$（主运动）和刀具沿其轴线移动 $A_2$（进给运动）。图 6-24 所示为钻床传动原理图。

主运动传动链为：电动机—1—2—$u_v$—3—4—主轴（$B_1$）。主轴转速通过调整换置器官的传动比 $u_v$ 来实现。进给运动传动链为：主轴（$B_1$）—4—5—$u_f$—6—7—齿条（$A_2$）。

钻孔时，进给链是外联系传动链，进给量以主轴在其每一转时的轴向移动量来计算，通过调整换置器官的传动比 $u_f$ 实现所要求的进给量。攻螺纹时，主轴的转动 $B_1$ 和轴向移动 $A_2$ 之间需保持严格的关系，在这种情况下，进给链是内联系传动链。

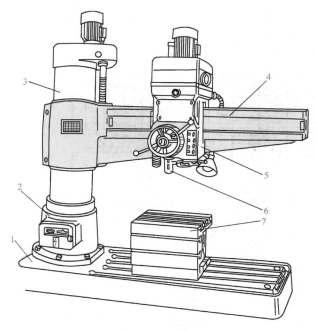

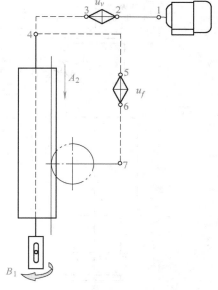

图 6-23 摇臂钻床

1—底座 2—内立柱 3—外立柱 4—摇臂

5—主轴箱 6—主轴 7—工作台

图 6-24 钻床传动原理图

**3. Z3040 型摇臂钻床的传动系统**（图 6-25）

（1）机床的主运动 此传动链从电动机（1400r/min，3kW）开始，到主轴Ⅶ为止。经过四对双联滑移齿轮变速和齿轮式离合器（20/61）变速机构驱动主轴旋转。利用Ⅱ轴上的液压双向片式摩擦离合器 $M_1$ 来控制主轴的开停和正反向，当 $M_1$ 断开时，$M_2$ 使主轴实现制动。主轴可获得 16 级转速，其变速范围为 25～2000r/min。

（2）机床的进给运动 此传动链由主轴Ⅶ上的齿轮 37 开始至套筒齿条为止。经过四对双联滑移齿轮变速、安全离合器 $M_4$、蜗杆离合器 $M_3$、蜗杆副 2/77、离合器 $M_5$、齿轮 13 到齿条套筒，带动主轴做轴向进给运动，可获得 16 级进给量，变速范围为 0.04～3.2mm/r。

（3）机床的辅助运动 主轴箱沿摇臂上的导轨的径向移动，外立柱绕内立柱在 ±180° 范围内的回转运动，都是手动实现的；推动手柄 B 用于操纵离合器 $M_5$，结合或脱开机动进给。转动手柄 B 使主轴升降。脱开离合器 $M_3$，即可用手轮 A 经蜗杆蜗轮 2/77 使主轴低速升降，用于手动进给。

手轮 C 经齿轮 20 转动齿轮 35，齿轮 35 与摇臂上的齿条（$m=2$mm）啮合，用于水平移动主轴箱。摇臂沿外立柱的上下移动，是用辅助电动机（1500r/min，1.1kW）经齿轮副传动丝杠（$P=6$mm）旋转而得到的。可见，摇臂钻床主轴可在空间任意位置停留，以适应大型零件多孔位加工需要。

**4. Z3040 型摇臂钻床的主要结构**

（1）主轴组件（图 6-26） 摇臂钻床的主轴 2 在加工时既做旋转主运动，又做轴向进给运动，所以主轴需用轴承支承在主轴套筒 3 内，主轴套筒又装在主轴箱体的镶套 1 中，由

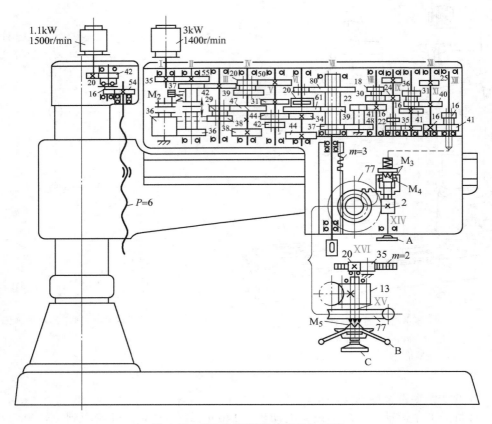

图 6-25 Z3040 型摇臂钻床传动系统

齿轮齿条机构 4 传动，带动主轴做轴向进给运动。主轴的旋转主运动由主轴尾部花键经齿轮传入。

钻床加工时主轴受有较大的轴向力，所以轴向支承采用两个推力球轴承，用螺母 5 调整间隙。由于所受的径向力不大，对旋转精度要求也不高，因此，径向支承采用深沟球轴承，且不设间隙调整装置。

（2）夹紧机构　为了使主轴在加工时保持准确的位置，在摇臂钻床上设有主轴箱与摇臂、外立柱与内立柱、摇臂与外立柱的夹紧机构。图 6-27 所示为 Z3040 型摇臂钻床的立柱及其夹紧机构。

当内外立柱未夹紧时，外立柱通过上部的深沟球轴承和推力球轴承及下部的滚柱支承在内立柱上，并在平板弹簧的作用下，向上抬起 0.2～0.3mm 的距离，使内外立柱间的圆锥面脱离接触，因此摇臂可以轻便地转动。

当摇臂转到需要位置以后，内外立柱间采用液压菱形块夹紧机构夹紧。其原理为：液压缸右腔通高压油，推动活塞左移，使上下菱形块径向移动。上菱形块通过垫板、支架、球面垫圈及螺母作用在内立柱上，下菱形块通过垫板作用在外立柱上。内立柱固定不动，只有外立柱依靠平板弹簧的变形下移，并压紧在圆锥面上，依靠摩擦力将外立柱紧固在内立柱上。

摇臂钻床广泛地应用于单件和中、小批生产中加工大、中型零件。

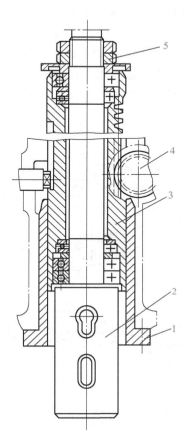

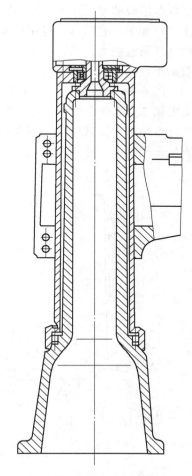

图 6-26 Z3040 型摇臂钻床主轴组件

1—镶套 2—主轴 3—主轴套筒
4—齿轮齿条机构 5—螺母

图 6-27 Z3040 型摇臂钻床
的立柱及其夹紧机构

### 四、深孔钻床

深孔钻床是专门化机床，专门用于加工深孔，例如加工枪管、炮筒和机床主轴等零件的深孔。这种机床加工的孔较深，为了减少孔中心线的偏斜，加工时通常是由工件转动来实现主运动，深孔钻头并不转动，只做直线进给运动。此外，由于被加工孔较深而且工件又往往较长，为了便于排除切屑及避免机床过于高大，深孔钻床通常是卧式布局。

## 第四节 组合机床

### 一、组合机床的组成及其特点

组合机床（modular machine）是以系列化、标准化的通用部件为基础，配以少量的专用部件所组成的专用机床。它适宜在大批、大量生产中对一种或几种类似零件的一道或几道工序进行加工。它既具有专用机床的结构简单、生产率和自动化程度较高的特点，又具有一定的重新调整能力，以适应工件变化的需要。组合机床可以对工件进行多面、多主轴加工，一般是半自动的。

图 6-28 所示为立卧复合式三面钻孔组合机床。机床由侧底座 1、立柱底座 2、立柱 3、动力箱 5、滑台 6 及中间底座 7 等通用部件和多轴箱 4、夹具 8 等主要专用部件所组成。即使是专用部件，其中也有不少零件是通用部件或标准件，因此给设计、制造和调整带来很大方便。

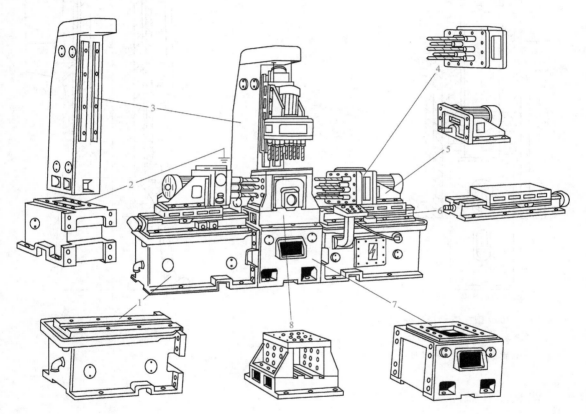

图 6-28 立卧复合式三面钻孔组合机床
1—侧底座 2—立柱底座 3—立柱 4—多轴箱 5—动力箱 6—滑台 7—中间底座 8—夹具

组合机床与专用机床和通用机床相比，有如下特点：

1）组合机床中有 70%~90% 的通用零部件，而这些零部件是经过精心设计和长期生产实践考验的，所以工作稳定、可靠。

2）设计时，对于通用的零部件主要是选用，不必重新设计，所以设计周期短。

3）又因为这些通用零部件可以预先制造出来并可成批生产，因此它的制造周期短，并可降低成本。

4）当被加工对象改变时，它的通用零部件可重新利用，组合成新的组合机床，因此有利于产品更新。

## 二、卧式双面钻孔组合机床

图 6-29 所示为卧式双面钻孔组合机床总布局图（联系尺寸图）。

### 1. 机床的用途

这台组合机床用于钻削某气缸体顶面和底面上的孔。

图 6-30 所示为被加工零件工序图。工序图是在零件图基础上突出机床特点绘制的，所以，它是设计机床的主要依据，也是制造和调整机床的主要技术文件。工序图应按加工位置画出，在工序图上需标出：在机床上加工部位的尺寸、精度和技术要求；加工用的定位基准，夹压点的方向、位置；在机床加工前毛坯的状况等。在机床上加工的部位用粗实线画出。在机床上加工应保证的尺寸用方框（或在下部用粗实线）表示。

从图 6-30 中可以看出，在机床上需钻下列孔：

顶面上的六个 $\phi8.7mm$ 的孔（孔号 12~17）；底面上的两个 $\phi6.7mm$ 的孔（孔号 1~2）；两个 $\phi8.2mm$ 的孔（孔号 3~4），三个 $\phi5mm$ 的孔（孔号 5~7）和四个 $\phi5mm$ 的通孔（孔号 8~11）。

工件的定位面为：底面（限制三个自由度）、B 面（限制两个自由度）和 A 面（限制一个自由度）；工件的四个夹压点在顶面。

### 2. 加工示意图

图 6-31 所示为实例加工示意图。加工示意图是设计刀具、夹具、主轴箱以及选择动力部件的主要依据，也是调整机床和刀具的依据。图中应表明工件的加工部位、加工方法、切削用量，还应表明所用的导向形式、刀具、接杆的结构及主轴的数量（主轴数量多时，要标出轴号）和连接方式，以及它们之间的联系尺寸。

加工示意图按展开图形式画出，工件在图中允许只画加工部位图形；距离较近的主轴要画在一起，以便看出结构是否可能相碰；刀具按加工终了位置画出；结构相同的主轴允许只画一根。

加工示意图应标出下列尺寸：主轴端部尺寸、刀具结构尺寸、导向尺寸、工件加工部位尺寸、工件至夹具之间的尺寸、工件至主轴端部尺寸，如果工件为回转体，应标出回转中心线至工件端面尺寸等。

各刀具主轴的结构基本相似，图 6-32 所示为被加工件 11 孔的主轴结构（只画伸出多轴箱盖之外的部分），1 为主轴，2 为调节螺钉，3 和 5 为调节螺母，4 为止动垫片，6 为接杆，7 为弹簧胀套（当用锥柄钻头时不需弹簧胀套），8 为直柄钻头，9 为钻套，用以保证被加工孔的尺寸和位置精度，10 为钻模板，11 为被加工件，12 为多轴箱前盖，13 为键。刀具的旋转主运动由主轴 1 经键 13、接杆 6、弹簧胀套 7 传入，进给运动由滑台带着多轴箱来完成。其循环为：快进—工作进给—固定挡铁停留—快退—原位停止。钻孔的轴向力由直柄钻头 8→弹簧胀套 7→调节螺母 5→止动垫片 4→调节螺母 3→主轴 1，经轴承传入箱体。钻头的轴向位置由调节螺母 3 调整，调好后用调节螺母 5 锁紧。

### 3. 机床的总布局

机床的总布局如图 6-29 所示。它配置成单工位卧式双面组合机床。加工时，工件装在夹具中固定不动，由水平布置在工件两侧的钻头实现主运动和进给运动，以完成对工件的钻削加工。

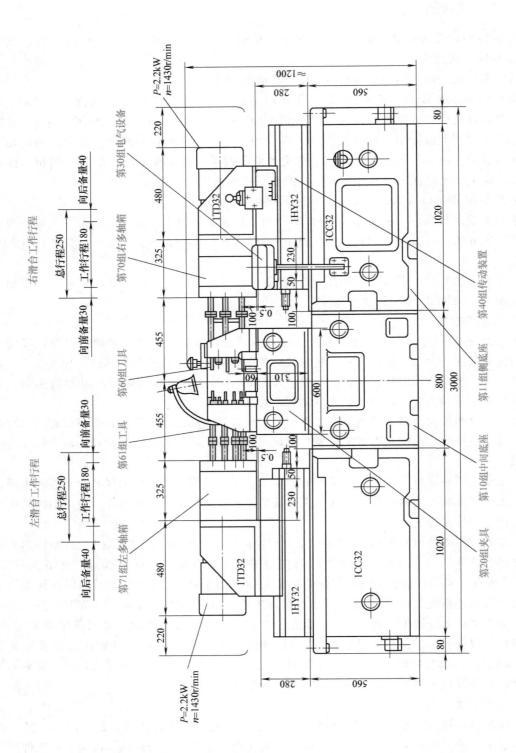

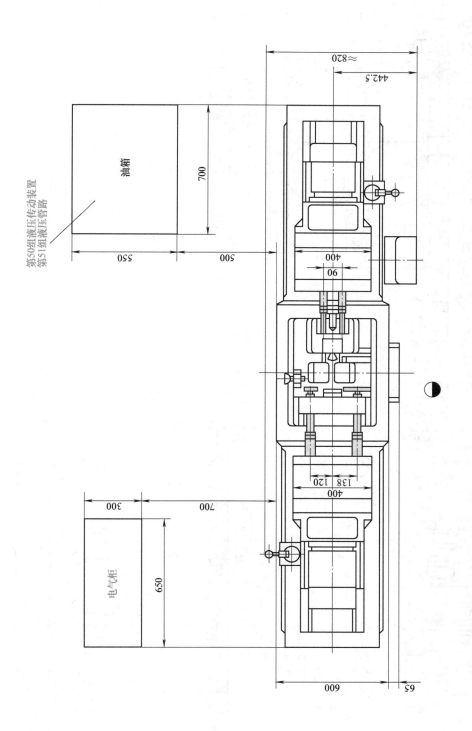

图6-29 卧式双面钻孔组合机床总布局图（联系尺寸图）

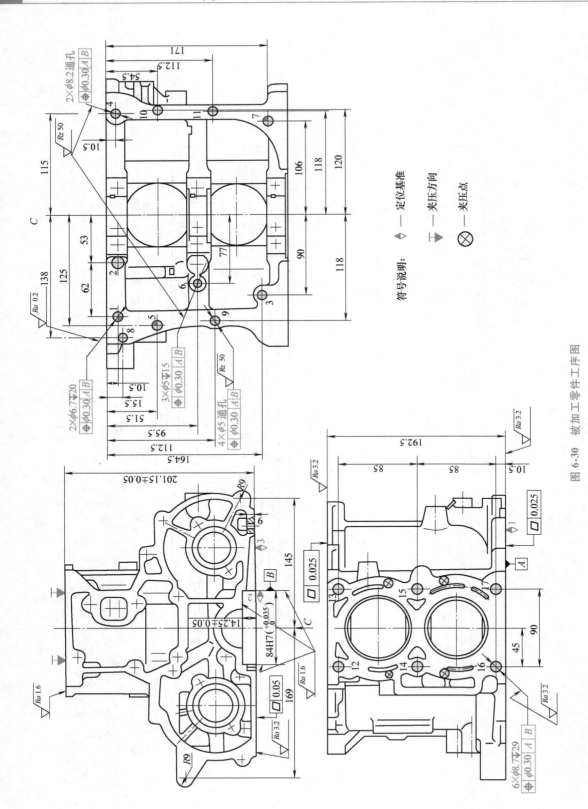

图 6-30 被加工零件工序图

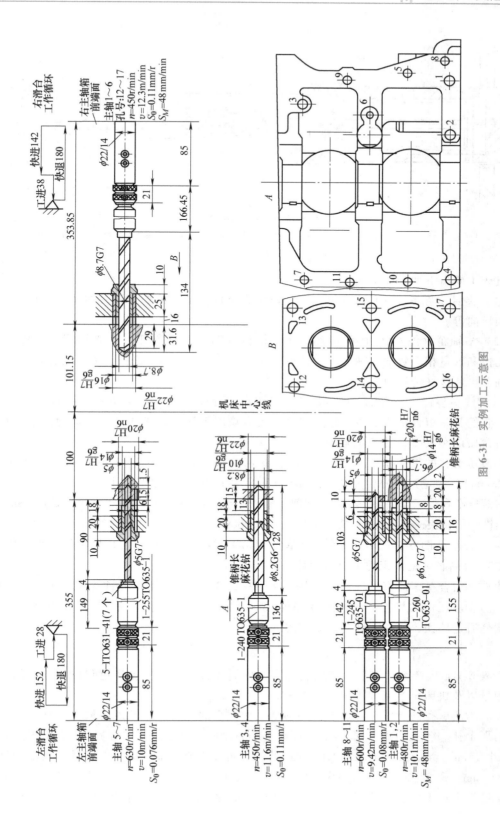

图 6-31 实例加工示意图

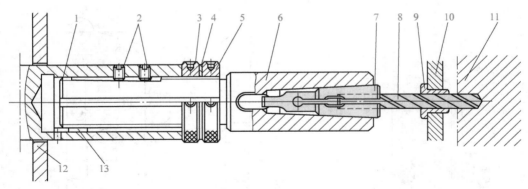

图 6-32  刀具主轴的结构

1—主轴  2—调节螺钉  3、5—调节螺母  4—止动垫片  6—接杆  7—弹簧胀套  8—直柄钻头
9—钻套  10—钻模板  11—被加工件  12—多轴箱前盖  13—键

机床主要由下列部件组成：

（1）夹具（图 6-29 中第 20 组）  用以装夹工件，实现被加工零件的准确定位、夹压、刀具的导向等。

（2）多轴箱（图 6-29 中第 70 组右多轴箱和第 71 组左多轴箱）  多轴箱中有和被加工零件孔位和数量相一致的主轴。它也是主要专用部件。它的功用是把动力箱的旋转运动传给各主轴，再经接杆传给刀具。

（3）传动装置（图 6-29 中第 40 组）  传动装置包括 1TD32 型动力箱和 1HY32 型液压滑台，它们都是组合机床的主要通用部件。动力箱用于把电动机的动力和运动传给多轴箱。液压滑台用以实现刀具的工作循环。

左液压滑台的工作循环为（图 6-31）：快速向前（行程长度 152mm）→工作进给（行程长度 28mm）→固定挡铁停留→快速退回（行程长度 180mm）→原位停止。

右液压滑台的工作循环为：快速向前（行程长度 142mm）→工作进给（行程长度 38mm）→固定挡铁停留→快速退回（行程长度 180mm）→原位停止。

（4）底座（图 6-29 中第 10 组中间底座和第 11 组侧底座）  它是机床的支承部件，其中 1CC32 型侧底座是机床的主要通用件。

此外，组合机床尚有电气设备（图 6-29 中第 30 组）、刀具和工具（图 6-29 中第 60 组和 61 组）、液压传动装置（图 6-29 中第 50 组）以及润滑装置和挡铁等。液压滑台的工作循环，就是通过挡铁、液压元件的控制实现的。

例  生产率计算实例。

表 6-1 是生产率计算卡，它反映机床工作循环过程，每一循环过程所用的时间、切削用量以及机床生产率和机床负荷率等。

因为所有孔同时钻出，加工时间都是互相重合的，所以机动时间取决于加工时间最长的那个孔。各孔直径相差不多（最小 $\phi5mm$，最大 $\phi8.7mm$），但加工长度相差较大（最小 15mm，最大 31.6mm，如图 6-31 所示，可以判断，加工时间最长的是右滑台钻孔（$\phi8.7mm$，深 31.6mm）。工作行程应等于加工长度加 5～10mm，使滑台到达快进终点时，钻头尖离工件表面还有一定的距离，以免碰撞工件。令工作行程为 38mm。其余各孔也同法计算，填入生产率计算卡的"加工直径""加工长度"和"工作行程"三栏中。

钻孔切削速度一般不超过 15m/min。如取转速为 450r/min，则切削速度为 12.3 m/min。各孔的计算结果，填入"切削速度"和"转速"栏中。

进给量一般不超过 0.15mm/r。若取 0.105mm/r，则进给速度为 450 × 0.105 mm/min ≈ 48mm/min。既然右滑台进给速度定为 48mm/min，左滑台也可定同值。左滑台各主轴的转速等于或大于右滑台主轴的，则计算出的每转进给量必定低于右滑台主轴的。计算结果填入"进给量"的两栏。

机动时间等于工作行程长度除以进给量（mm/min）。右滑台的机动时间 $T_{jd}$ = 38mm/48（mm/min）= 0.79min。计算结果填入"工时"的"机动时间"栏。左滑台各轴可按上述方法计算。考虑到左滑台的工作行程（28mm）比右滑台的（38mm）短，而进给速度又是相同的，故机动时间一定比右滑台的短。左滑台各轴的加工时间又是与右滑台重合的，所以也可以不计算。

加工前，滑台带动力头和主轴箱快进；钻孔完毕后，应短暂停留；最后，快退回原位。设快退距离为 180mm，则快进距离等于此距离减去工作行程，即左滑台快进（180-28）mm = 152mm，右滑台快进（180-38）mm = 142mm。滑台的快进快退速度为 6000mm/min，故左滑台快进的辅助时间为 152mm÷6000mm/min ≈ 0.025min，右滑台也近似地取此值。快退时间均为 180mm÷6000mm/min = 0.03min。固定挡铁停留时间一律取为 0.015min。装卸工件时间取为 0.5min。以上计算结果填入"工时"的"辅助时间"栏。

在"工时"的"共计"栏内，按动作的次序填入。重合工序不填。表中，左滑台与右滑台重合，左滑台的机动时间又比右滑台的短，故左滑台不填。把"共计"栏的各数值加起来，即为表右下角的"总计"和"单件工时"（1.36min）。

要求的机床生产率为 30 件/h，即每 2min 一件。故机床的负荷率为 1.36/2 = 68%。这是比较合适的。

表 6-1 生产率计算卡

| 被加工零件 | 图号 | | | | | | 毛坯种类 | | 铸件 |
|---|---|---|---|---|---|---|---|---|---|
| | 名称 | 气 缸 体 | | | | | 毛坯质量 | | 15kg |
| | 材料 | 铜铬钼合金铸铁 | | | | | 硬度 | | 212~285HBW |

| 工序名称 | | | 上下面钻孔 | | | | | 工序号 | |

| 序号 | 工步名称 | 被加工零件数量 | 加工直径/mm | 加工长度/mm | 工作行程/mm | 切削速度/(m/min) | 转速/(r/min) | 进给量 | | 工时/min | | |
|---|---|---|---|---|---|---|---|---|---|---|---|---|
| | | | | | | | | (mm/r) | (mm/min) | 机动时间 | 辅助时间 | 共计 |
| 1 | 装卸工件 | 1 | | | | | | | | | 0.50 | 0.50 |
| 2 | 左滑台钻孔 | | | | | | | | | | | |
| | 快进 | | | | 152 | | | | | | 0.025 | |
| | 钻 7 个 φ5 孔 | | 5 | 15 | 28 | 9.42 | 600 | 0.08 | 48 | 0.58 | | |
| | 钻 2 个 φ6.7 孔 | | 6.7 | 20 | | 10.1 | 480 | 0.1 | | | | |
| | 钻 2 个 φ8.2 孔 | | 8.2 | 15 | | 11.6 | 450 | 0.105 | | | | |

（续）

| 被加工零件 | 图号 | | | | | | 毛坯种类 | | 铸件 | | |
|---|---|---|---|---|---|---|---|---|---|---|---|
| | 名称 | 气 缸 体 | | | | | 毛坯质量 | | 15kg | | |
| | 材料 | 铜铬钼合金铸铁 | | | | | 硬度 | | 212~285HBW | | |
| 工序名称 | | 上下面钻孔 | | | | | 工序号 | | | | |

| 序号 | 工步名称 | 被加工零件数量 | 加工直径/mm | 加工长度/mm | 工作行程/mm | 切削速度/(m/min) | 转速/(r/min) | 进给量(mm/r) | 进给量(mm/min) | 工时/min 机动时间 | 工时/min 辅助时间 | 工时/min 共计 |
|---|---|---|---|---|---|---|---|---|---|---|---|---|
| | 固定挡铁停留 | | | | | | | | | | 0.015 | |
| | 快退 | | | | 180 | | | | | | 0.03 | |
| 3 | 右滑台钻孔 | | | | | | | | | | | |
| | 快进 | | | | 142 | | | | | 0.025 | | 0.025 |
| | 钻6个 φ8.7孔 | | 8.7 | 31.6 | 38 | 12.3 | 450 | 0.105 | 48 | 0.79 | | 0.79 |
| | 固定挡铁停留 | | | | | | | | | | 0.015 | 0.015 |
| | 快退 | | | | 180 | | | | | | 0.03 | 0.03 |
| | | | | | | | | | | | | |
| | | | | | | | | | | | | |
| | | | | | | | | | | | | |
| | | | | | | | | | | | | |
| 备注 | | | | | | | | | 总计 | | | 1.36min |
| | | | | | | | | | 单件工时 | | | 1.36min |
| | | | | | | | | | 机床生产率 | | | 30 件/h |
| | | | | | | | | | 机床负荷率 | | | 68% |

　　联系尺寸图、被加工零件工序图、加工示意图（图 6-29～图 6-31）和生产率计算卡通称"三图一卡"，是组合机床设计的基础。

　　**4. 多轴箱**

　　标准的多轴箱箱体如图 6-33 所示，它由中间箱体、前盖和后盖组成。前盖、中间箱体的半成品（未加工轴孔）和后盖都是通用件。前盖和中间箱体应根据主轴及传动轴的数量和位置，加工出相应的孔。前、后盖用定位销和螺钉固定在中间箱体上（图 6-34 的 A—A 剖面）。整个多轴箱部件用后盖的后端平面及两个定位销孔与动力箱的前端平面及两个定位销相配合，并用螺钉固定在动力箱上。现以右多轴箱为例，说明多轴箱的传动和结构。

　　图 6-34 所示为右多轴箱的装配图。左图是主视图（拆去主轴箱前盖），其主轴位置与被加工零件图孔位相反，主轴数与被加工零件孔数相同，主轴用粗实线（双圈）画出，传动齿轮用点画线画出，0 轴为动力箱输出轴（是多轴箱的输入轴），其高度方向位置取决于动力箱规格（其规格大小由动力计算决定），水平方向则位于箱体中间。从图 6-34 中可见，六根主轴的运动是从动力轴 0 轴开始，经传动轴传来的。在右图中，表示了各轴的结构形式。相同结构的轴只画一根或一半（图 6-34 中的轴 8 结构与上半面相同，轴 10 结构与下半面相同），齿轮在轴上的轴向位置有两种安装方式：一种是装有四排（Ⅰ、Ⅱ、Ⅲ、Ⅳ）齿轮，

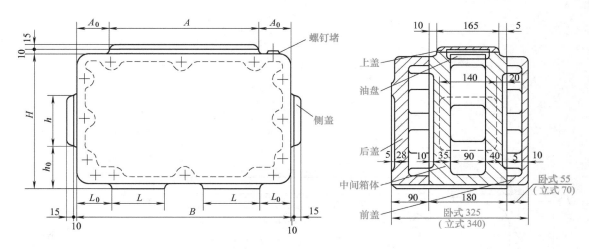

图 6-33　多轴箱箱体

即中间箱体内装三排齿轮，后盖与箱体间装一排齿轮，此时，箱体内的每个齿轮宽度为24mm；另一种是在中间箱体内装两排齿轮（此时每个齿轮宽度为32mm），后盖与箱体间仍为一排。究竟采取哪种排布方式，要根据传动系统的复杂程度决定。

多轴箱中的齿轮和轴承的润滑由 R12—1 型润滑液压泵供油。多轴箱工作时，液压泵把箱内下部的油送到分油器，再送到第Ⅳ排啮合齿轮的上部及油盘中，油再从油盘中淋下来润滑多轴箱体中的轴承及齿轮。

从图 6-34 中可以看出，多轴箱的全部零件中仅有前盖、中间箱体及三个齿轮是专用件，其余零件都是通用件或标准件。

### 三、组合机床的通用部件

通用部件是组成组合机床的基础。通用部件是根据各自的功能，按标准化、系列化、通用化原则设计和制造的独立部件，它在组成各种组合机床时，能互相通用。

**1. 通用部件的分类**

按功能的不同，通用部件可分为动力部件、支承部件、输送部件、控制部件和辅助部件五类。

（1）动力部件　组合机床的动力部件包括动力箱、各种切削头（例如：铣削头、钻削头、镗削头、液压镗孔车端面头等）、滑台（如液压滑台、机械滑台）。动力箱与多轴箱配合使用，用于实现主运动。各种切削头，主要用于实现刀具的主运动。滑台主要用于实现进给运动。动力部件的工作性能基本上决定了组合机床的工作性能，其他部件都要以动力部件为基础来进行配置使用。

（2）支承部件　组合机床的支承部件包括立柱、立柱底座、侧底座、中间底座等。它是组合机床的基础部件。它的结构、刚度对组合机床的精度和寿命有较大的影响。

（3）输送部件　组合机床的输送部件包括回转工作台、回转鼓轮工作台、环形回转工作台和移动工作台等。输送部件转位或移位后的定位精度，直接影响着多工位组合机床的加工精度。

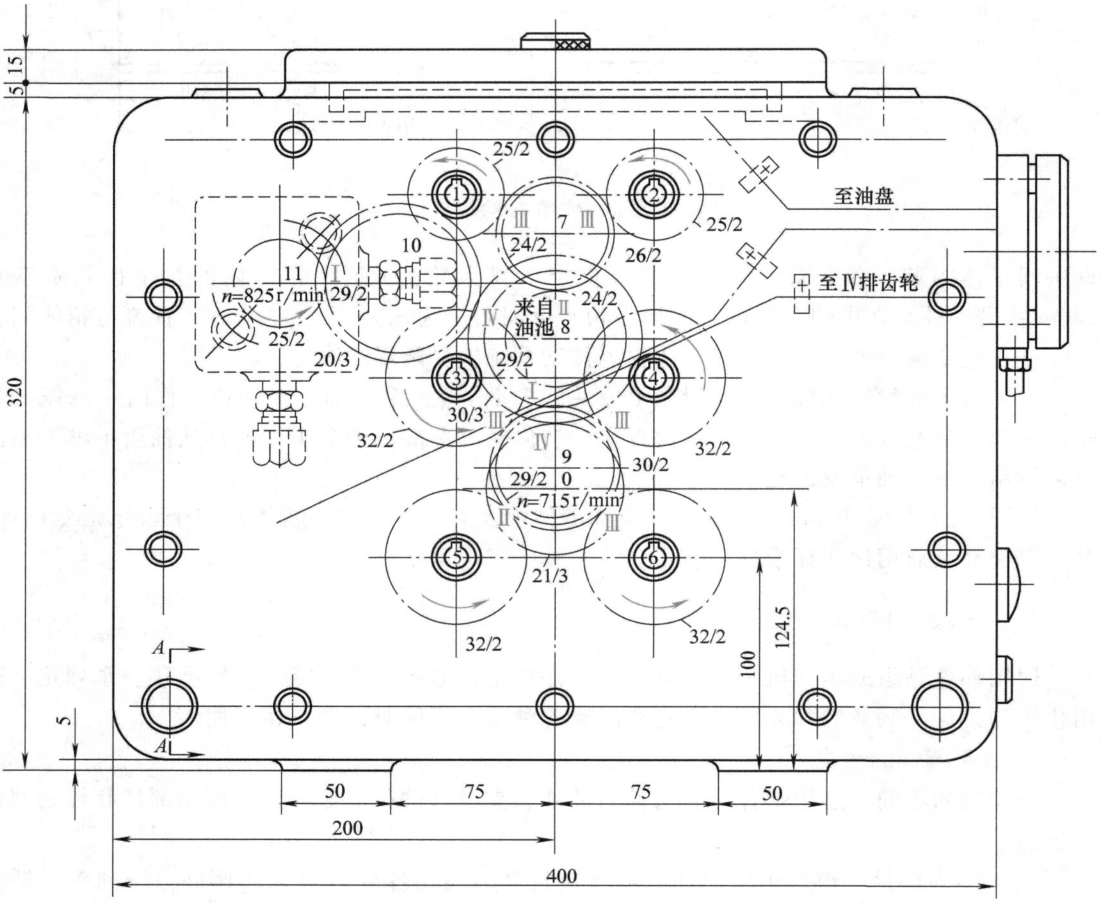

图 6-34 右多

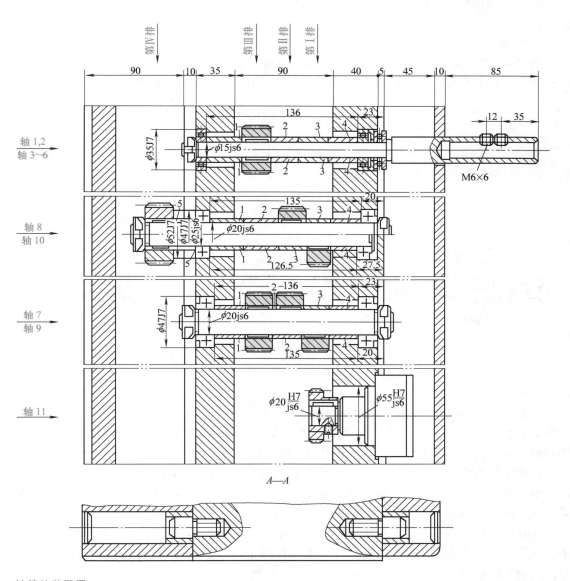

A—A

轴箱的装配图

（4）控制部件 控制部件包括液压元件、气压元件、控制板、挡铁和各种电气元件等。它是组合机床的"中枢神经"，保证组合机床按照要求的程序顺次地进行工作。

（5）辅助部件 辅助部件包括冷却、润滑、排屑等装置，以及各种自动夹紧工件的扳手等。

**2. 滑台**

滑台是用来实现组合机床进给运动的通用部件。滑台可分为液压滑台（1HY 系列）和机械滑台（1HJ 系列）两个系列。图 6-35 所示是以滑台为基础配置的各种切削头。

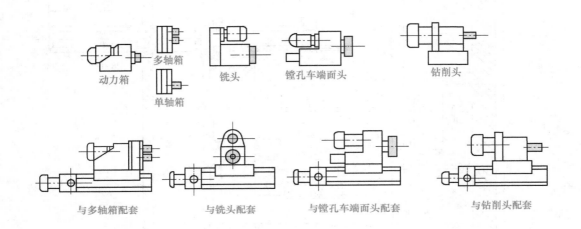

图 6-35 以滑台为基础配置的各种切削头

（1）1HY 系列液压滑台 图 6-36 所示为液压滑台的结构。它主要由滑座 1、滑台体（简称滑台）2 和液压缸 3 三个主要部分组成。液压缸固定在滑座上，活塞杆 4 通过支架固定在滑台体 2 的下面。工作时，液压缸固定，活塞杆移动。

滑座 1 导轨截面形状为矩形，具有刚度高、承载能力较强的优点。采用单导轨两侧导向，增加了导向的长宽比，从而提高了导向精度。导轨分为 A、B 两型，A 型为 HT300 的铸铁导轨；B 型为镶钢导轨，因而导轨寿命大大提高。

完整的液压滑台是由滑台和液压传动装置两部分组成的。液压滑台通常的典型工作循环为：原位停止—快速前进—工作进给（一次工作进给或二次工作进给）—快速退回等。还可以实现死挡铁停留、分级进给、反向进给等工作循环。

液压滑台的控制形式，是采用液压电气联合控制的，这样可以避免纯电气控制不可靠及由快进转工进位置精度较低的缺点。

（2）1HJ 系列机械滑台 机械滑台与液压滑台的作用相同，只不过实现进给运动的方式不同。机械滑台是依靠电动机通过机械传动来驱动滑台实现进给运动的。图 6-37 所示为 1HJ 机械滑台的结构。它由滑台部分、传动装置、控制器等部分组成。滑台部分由螺母 1、丝杠 2、滑台体 3 和滑座 4 组成。滑台体和滑座之间的运动传递，是由螺母 1 和丝杠 2 实现的。其传动路线（图 6-38）表达式为

$$\text{工进电动机} - \frac{20}{56} - \frac{A}{B}\frac{C}{D} - \frac{2}{34} - \boxed{\begin{array}{c}合成\\机构\end{array}} - \frac{18}{24} - \text{丝杠}$$

（1400r/min，0.37kW）

快速电动机

（1400r/min，1.1kW）

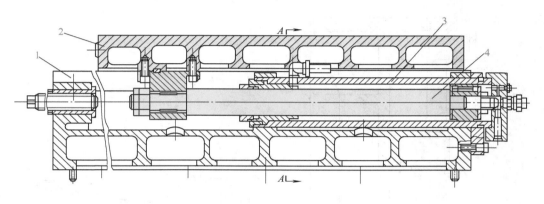

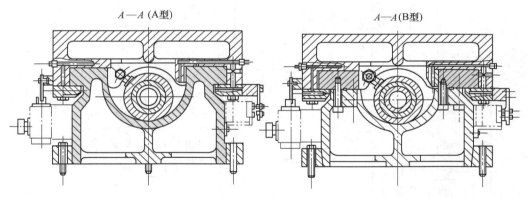

A—A(A型)　　　　　　　　　　A—A(B型)

图 6-36　液压滑台的结构

1—滑座　2—滑台体　3—液压缸　4—活塞杆

机械滑台可完成快速前进、工作进给、死挡铁停留、快速退回、原位停止等动作所组成的各种循环，以及分级进给循环。工作进给由工进电动机驱动。当开动快速电动机时（正转或反转），由于合成机构的作用，由快速电动机驱动的附加运动使丝杠快速正转或反转，实现滑台的快速前进或快速退回。当工作循环中要求滑台在工进结束后停留时，滑台在行程的终点碰到预先调整好的死挡铁，不再继续前进。这时丝杠及蜗轮便不能转动，但工进电动机仍在转动，迫使蜗杆克服弹簧力而轴向移动，通过杠杆压下行程开关，发出快退信号（或经延时后，发出快退信号），使快速电动机反转，滑台便快速退回到原始位置停止。在加工中如遇到障碍或切削力过大时，此机构仍能起过载保护作用。滑台的分级进给循环，是由附加在滑台上的分级进给机构实现的。

1HJ 机械滑台采用双矩形导轨，有优质铸铁和镶钢导轨两种。

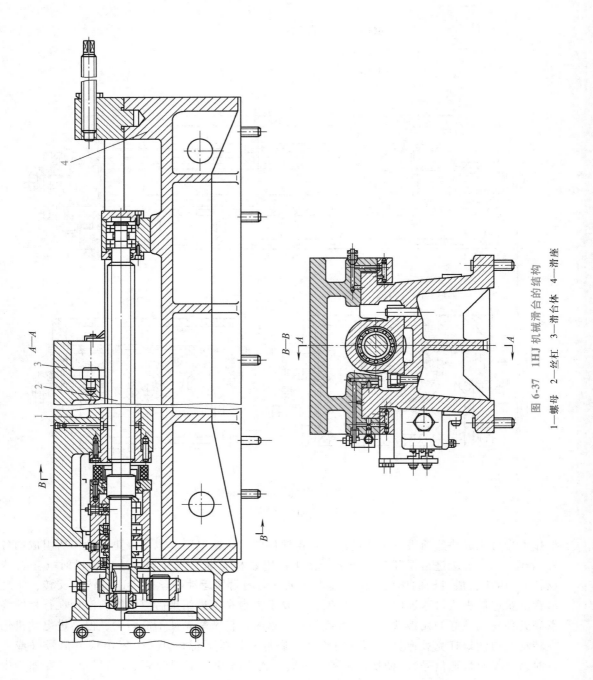

图 6-37 1HJ 机械滑合的结构
1—螺母 2—丝杠 3—滑合体 4—滑座

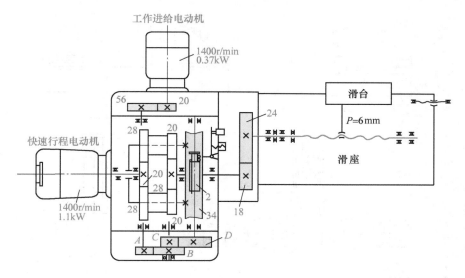

工作进给电动机
1400r/min
0.37kW

滑台

快速行程电动机

1400r/min
1.1kW

P=6mm

滑座

图 6-38　机械滑台传动系统图

**3. 动力箱**

动力箱是刀具主运动的驱动装置。在动力箱上安装多轴箱后，可以用来配置成多轴组合机床。

图 6-39 所示为 1TD 系列 Ⅰ 型动力箱。运动由电动机经一对齿轮传到动力箱输出轴（即多轴箱的 0 轴）。

1TD 系列动力箱有两种形式。1TD12～1TD25 小规格动力箱的输出轴有两种传动形式：Ⅰ型是轴传动，Ⅱ型是端面键传动。1TD32～1TD80 大规格动力箱没有端面键传动，只有轴传动。

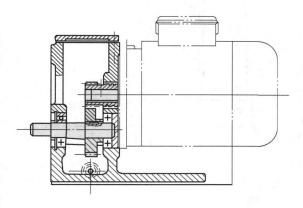

图 6-39　1TD 系列 Ⅰ 型（轴传动）动力箱

## 四、组合机床的配置形式及其应用范围

**1. 组合机床的配置形式**

生产中，根据被加工工件工艺要求，可将组合机床的通用部件和专用部件组合起来，配置成各种形式的组合机床。按工位数的不同，组合机床可以分为单工位组合机床和多工位组合机床两大类。

（1）单工位组合机床　图 6-40 所示为单工位配置的组合机床。在这种机床上加工时，工件安装在固定夹具里不动，由动力部件移动，来完成各种加工。这类机床能保证较高的位置精度，适用于大、中型箱体件加工。

根据工件表面的分布情况，单工位组合机床有卧式（图 6-40a、b 及 c）、立式（图 6-40d）、倾斜式（图 6-40f 的左部）和复合式（图 6-40e、f）等几种配置形式。按工件加工表面数量分，单工位组合机床有单面加工（图 6-40a、d）、双面加工（图 6-40b、e 和

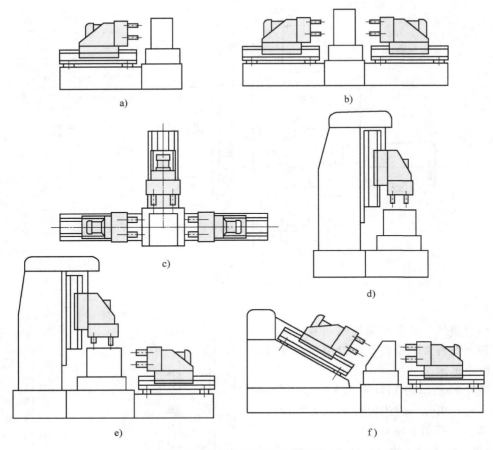

图 6-40  单工位配置的组合机床

a）卧式单面加工  b）卧式双面加工  c）卧式三面加工
d）立式单面加工  e）立卧复合式双面加工  f）倾斜式和卧式复合式双面加工

f）、三面加工（图 6-40c）和多面加工等。

（2）多工位组合机床  多工位组合机床有两个或两个以上的加工工位。工件借助夹具（或手动）变动加工位置，以便在各个工位上完成同一加工部位的多工步加工或不同部位的加工，从而完成一个或数个表面的较复杂的加工工序。多工位组合机床工序集中程度和生产率比单工位组合机床高，但由于存在移位或转位的定位误差，所以加工精度较单工位组合机床低，而且成本也较高。多工位组合机床适用于大批、大量生产中加工较复杂的中小型零件。

图 6-41 所示为多工位组合机床的配置形式。图 6-41a 是夹具固定式，机床可以同时加工两个相同工件上不同加工部位的孔，工件工位的变换是靠人工重新安装来完成的。图 6-41b 是移动工作台式组合机床。这种机床适用于加工孔间距较近的工件。一般工位数为 2~3 个。图 6-41c 是回转鼓轮式组合机床，用绕水平轴间歇转位的回转鼓轮工作台输送工件，其工位数一般为 3、4、5、6、8 个。图 6-41d 是回转工作台式组合机床，它用绕竖直轴间歇转位的回转工作台输送工件，其工位数一般有 2、3、4、5、6、8、10、12 个。图 6-41e 为中央立柱式组合机床，用绕竖直轴间歇转位的环形回转工作台输送工件，其工位数一般为 3、4、

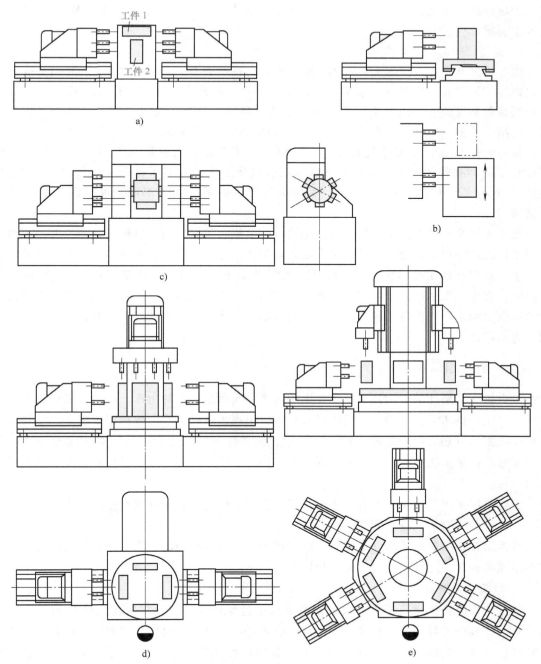

图 6-41　多工位组合机床的配置形式

a）夹具固定式　b）移动工作台式　c）回转鼓轮式　d）回转工作台式　e）中央立柱式

5、6、8、10 个。这种配置的组合机床一般都有几个竖直和水平配置的动力部件，分别安装在中央立柱上及工作台四周，所以工序集中程度及生产率都很高，但机床的结构较复杂，定位精度较低，通用化程度低。

上面介绍的是大型组合机床。电动机驱动功率一般为 1.5~30kW 的动力部件及其配套

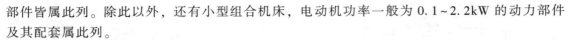
部件皆属此列。除此以外，还有小型组合机床，电动机功率一般为 0.1~2.2kW 的动力部件及其配套属此列。

**2. 组合机床的应用范围**

组合机床有非常广泛的工艺范围，并且现在仍在发展中。在组合机床上，可以完成下列工艺内容：铣平面、锪平面、车平面、钻孔、扩孔、铰孔、镗孔、车槽、攻螺纹和滚压孔等。概括起来可归纳为两大类，即平面加工和孔加工。另外，还可以完成车外圆，行星铣削、拉削、推削、珩磨、抛光等，也可以完成热处理、自动装配、自动测量等工序。

组合机床最适宜加工像气缸体、气缸盖、变速箱体、变速箱盖等箱体类零件。这些零件从平面到孔的加工工序几乎都可以在组合机床上完成。对于像曲轴、气缸套、飞轮、连杆、拨叉、万向节等轴类、盘类、叉架类等零件的部分加工工序，也可以在组合机床上完成。

近年来组合机床在汽车、拖拉机、柴油机、电机、仪表、纺织机械和缝纫机等生产部门获得了广泛的应用。组合机床最适于大批大量生产的部门。但是，有一些重要零件的关键加工工序（如机床的主轴箱和变速箱），虽然生产批量不大，为了保证加工质量，也采用了组合机床。在中小批生产的企业中，一些转塔式组合机床、成组加工组合机床、可调式组合机床及可换主轴组合机床等已在逐步应用。随着组合机床技术水平的逐步提高，组合机床的应用会更加广泛。

### 五、数控组合机床

组合机床是刚性的专用机床，主要用于汽车等大批量产品的生产。随着产品更新换代的加快，对组合机床柔性自动化的需求日益增多，出现了各种类型的数控组合机床。它利用可编程序控制器（PLC）和数控（CNC）技术，代替传统的凸轮和挡铁，给通用部件赋以柔性，通过数控加工程序来改变加工行程和工作循环，使多品种中小批量生产以及大量生产走向柔性化。

组合机床实现柔性化，首先需要通用部件实现柔性化，这是开发数控组合机床的基础。

**（一）数控组合机床通用部件**

数控组合机床的通用部件主要有：数控动力滑台、数控回转工作台和数控切削头等，它们在组成各种数控组合机床时，能互相通用。

**1. 数控动力滑台**

数控动力滑台主要用于实现数控组合机床的进给运动，目前多采用交流伺服电动机驱动。有一维数控滑台和二维数控十字滑台，前者有一个坐标轴可以实现数控，后者的两个坐标轴可以联动。例如，NC—1HJ 系列交流伺服数控机械滑台是在 1HJ 系列机械滑台基础上设计的。它的主要部件及主要联系尺寸与 1HJ 系列机械滑台通用，其传动部分为交流伺服系统，采用感应同步器实现全闭环控制。这种交流伺服机械滑台在进给速度、节拍和工作循环等方面具有极大的柔性，可完成组合机床及自动线的宽范围的调速、位控及数控零件程序执行功能，实现人机对话。由于采用一个交流伺服电动机代替通常的双电动机传动装置，所以，使机械滑台的可靠性、可调可变性大大增强。滑台可以无级调速。其所有动作都按照预先给定的程序进行。图 6-42 所示为交流伺服机械滑台的传动原理。

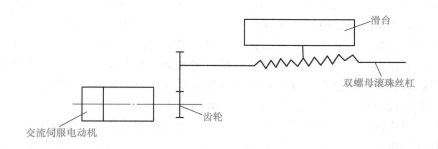

图 6-42 交流伺服机械滑台的传动原理

**2. 数控切削头**

国内已经开发出各种数控切削头，如数控铣削头、数控钻削头、数控镗削头等，主要用于实现机床的主运动，也有的数控动力部件既能实现主运动，又能实现进给运动。各种数控切削头安装在数控动力滑台上，可以配置成各种立式或卧式数控组合机床。例如，大功率滑座式铣削头，采用变频器实现电动机的无级调速，同时具有轴向进给运动。它与数控回转台组合，可对工件进行多面加工，为数控组合机床增添了新的通用部件。

**3. 数控回转工作台**

在组合机床中，回转式多工位组合机床占有重要地位。分度回转工作台是多工位组合机床的一种输送部件，工件装夹在工作台台面上，从一个工位输送到下一个工位，工作台转一周，即完成全部加工循环。这类机床可以把工件的许多工序分配到多个加工工位上，并同时从多个方向对工件的几个面进行加工。数控回转工作台是回转式多工位数控组合机床的基础部件，它利用主机的数控系统或专门配套的控制系统，完成与主机相协调的各种加工的分度回转运动。国内已开发出系列数控回转工作台产品，可以与数控动力滑台、数控切削头等组合成多种形式的数控组合机床，实现工序集中加工。

**（二）常见类型数控组合机床简介**

**1. 数控自动更换多轴箱组合机床**

根据组合机床的特点，数控组合机床有自动更换主轴箱的功能，以适应变形品种的加工。多轴加工是组合机床获得高生产率的主要手段，由数控可更换主轴箱所组成的数控组合机床，既保证了机床的高效，又兼备了高的柔性。由于这种多轴箱只有在机床处于加工中才与动力箱连接构成切削头，理论上可更换的多轴箱的数量不受限制，从而具有更大的柔性。

**2. 数控转塔组合机床**

数控转塔动力头有单轴和多轴的，有立式、卧式和倾斜式的，它与数控滑台和其他通用部件可以组成多种形式的数控转塔组合机床。通过转塔头的转位，可对同一工件进行多工序的加工，也可在不同的工位加工不同的工件。进给运动的工作行程和速度以及主运动的速度等的改变，通过数控系统和数控编程来控制，具有较高的柔性，适用于小批量多品种或中小批量少品种乃至单品种的加工。

**3. 三坐标加工模块**

数控加工模块，按可控制的坐标（轴）数，有单坐标、双坐标和三坐标三种。单坐标加工模块由数控滑台和主轴部件（包括可换多轴箱）组成。双坐标加工模块由数控十字滑台和主轴部件组成，例如数控双坐标铣削模块。三坐标加工模块的加工主轴可实现 $X$、$Y$、$Z$ 三个坐标轴的运动，配以换刀装置可以进行自动换刀。这种加工模块和固定工作台可组成三坐标加工单元，配以回转工作台或回转夹具也可组成四轴、五轴加工单元。单轴和多轴复合加工模块可通过自动换刀或自动更换多轴箱而实现单轴加工或多轴加工。由数控加工模块组成的数控组合机床，通过数控加工程序控制和改变主运动、进给运动及其加工循环，并实现自动换刀和自动更换多轴箱，以适应变形品种的加工。

数控组合机床的出现，改变了由继电器电路组成的控制系统，使组合机床机械结构乃至通用部件标准发生了变化。组合机床数控化，使得传统意义上的刚性专用机床和刚性自动线，具有一定的柔性。

# 第五节　直线运动机床

直线运动机床是指主运动为直线运动的机床，这类机床有刨床和拉床。

## 一、刨床

刨床类机床主要用于加工各种平面和沟槽。刨床的表面成形方法是轨迹-轨迹法，机床的主运动和进给运动均为直线移动。由于工件的尺寸和重量不同，表面成形运动有不同的分配形式。

工件尺寸和重量较小时，由刀具的移动实现主运动，进给运动则由工件的移动来完成，牛头刨床和插床就是这样的运动分配形式。

牛头刨床的滑枕刀架带着刀具在水平方向做往复直线运动，而工作台带着工件做间歇的横向进给运动。由于刀具反向运动时不加工（称为空行程），浪费工时；在滑枕换向的瞬间有较大的惯性冲击，限制了主运动速度的提高，所以，牛头刨床的生产率较低，在成批大量生产中，牛头刨床多被铣床代替。

当滑枕带着刀具在竖直方向做往复直线运动（主运动）时，这种机床称为插床。插床实质上是立式刨床。图 6-43 所示为插床外形图。滑枕 2 带动插刀沿立柱 3 做上下往复运动，以实现刀具的主运动。工件安装在圆工作台 1 上，圆工作台回转做间歇的圆周进给运动或分度运动。上滑座 6 和下滑座 5 可分别带动工件做纵向和横向进给运动。圆工作台的分度是由分度装置 4 实现的。插床主要应用于单件小批生产中插削槽、平面及成形表面等。

当工作台带着工件做往复直线运动（主运动），而刀具做间歇的横向进给运动时，这类机床称为龙门刨床。图 6-44 所示为龙门刨床外形图。

龙门刨床主要用于加工大型或重型零件上的各种表面，尤其是长而窄的平面，也可以同时加工几个中、小型零件的表面。

龙门刨床因有一个由顶梁 5、立柱 6 和床身 1 组成的"龙门"式框架而得名。它的主运动是工作台 2 沿床身 1 的水平导轨所做的直线往复运动。横梁 3 上装有两个垂直刀架 4，可分别做横向或垂直方向的进给运动及快速移动，以便刨削出待加工表面和调整刀架的位置。刀架上的滑板（溜板）可使刨刀上下移动，做切入运动或刨削竖直平面。滑板还能绕水平轴调整至一定的角度位置，以加工倾斜平面。装在立柱上的侧刀架 9 可沿立柱导轨在上下方

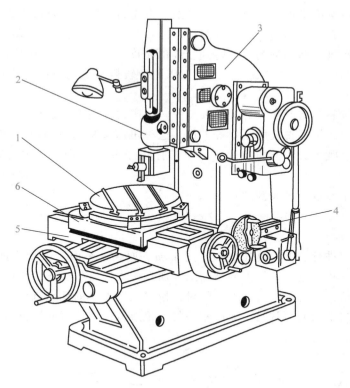

图 6-43　插床外形图

1—圆工作台　2—滑枕　3—立柱　4—分度装置　5—下滑座　6—上滑座

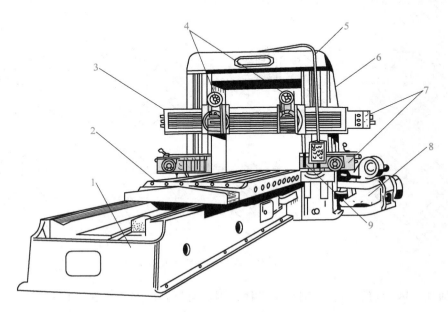

图 6-44　龙门刨床外形图

1—床身　2—工作台　3—横梁　4—垂直刀架

5—顶梁　6—立柱　7—进给箱　8—驱动机构　9—侧刀架

向间歇地移动，以刨削工件的竖直平面。横梁可沿左右立柱的导轨做垂直升降，用以调整垂直刀架 4 的位置，以适应不同高度工件的加工需要。7 是进给箱，8 是驱动机构。

应用龙门刨床进行精细刨削，可得到较高的精度（直线度小于 0.02mm/1000mm）和较好的表面质量（$Ra = 0.32 \sim 2.5\mu m$），大型机床的导轨通常是用龙门刨床精细刨削来完成终加工工序的。

由于大型工件装夹费时而且麻烦，大型龙门刨床往往还附有铣头和磨头等部件，以使工件在一次安装中完成刨、铣及磨平面等工作。这种机床又称为龙门铣刨床或龙门铣磨刨床。这种机床的工作台既可做快速的主运动（如刨削时），又可做慢速的进给运动（如铣削和磨削时）。

龙门刨床的主参数是最大刨削宽度。

## 二、拉床

拉床是用拉刀进行加工的机床。拉床用于加工通孔、平面及成形表面。图 6-45 所示为拉削的典型表面形状。拉削时拉刀使被加工表面在一次进给中成形，所以拉床的运动比较简单，它只有主运动，没有进给运动。切削时，拉刀应做平稳的低速直线运动。拉刀承受的切削力很大，拉床的主运动通常是由液压驱动的。拉刀或固定拉刀的滑座通常由液压缸的活塞杆带动。

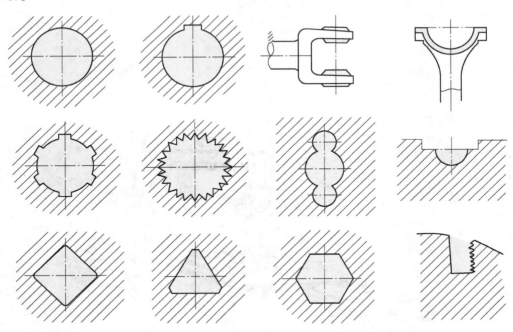

图 6-45  拉削的典型表面形状

拉削加工因为切屑薄，切削运动平稳，因而有较高的加工精度（IT6 级或更高）和较细的表面粗糙度（$Ra < 0.62\mu m$）。拉床工作时，粗精加工可在拉刀通过工件加工表面的一次行程中完成，因此生产率较高，是铣削的 3~8 倍。但拉刀结构复杂，拉削每一种表面都需要用专门的拉刀，因此仅适用于大批大量生产。

拉床的主参数是额定拉力，常见的是 $4.9 \times 10^4 \sim 3.92 \times 10^5 \mathrm{N}$，最大可达 $1.57 \times 10^6 \mathrm{N}$。

拉床按用途可分为内表面拉床和外表面拉床两类；按机床的布局形式可分为卧式和立式两类。图 6-46 所示为拉床外形图，毛坯从拉床左端装到夹具中，然后由机床带动夹具等速地向右运动，当工件经过拉刀下方时，进行拉削，随后工件移动到拉床的右端，加工完毕，这时工件自动地从机床上卸下。

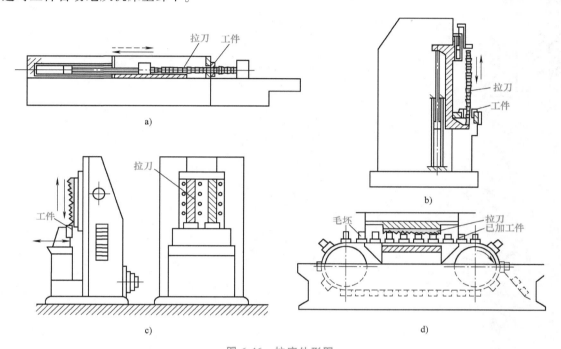

图 6-46　拉床外形图
a）卧式内拉床　b）立式内拉床　c）立式外拉床　d）连续拉床

## 习题和思考题

6-1　铣床的主要功用是什么？普通升降台铣床如何实现数控化？数控化后有什么优点？

6-2　为什么卧式车床的主运动和进给运动只用一台电动机，而 XK5040/1 型数控立式铣床则用不同的电动机分别驱动？

6-3　卧式镗床是否有被卧式加工中心取代的趋势？为什么？

6-4　为什么坐标镗床要有立式和卧式、单柱和双柱之分？适用范围有何区别？

6-5　T4240B 型立式双柱坐标镗床在镗孔和铣削加工时，需要哪些表面成形运动和辅助运动？

6-6　坐标镗床和金刚镗床能加工出精密孔的原因是什么？这两种机床的适用范围有何区别？

6-7　坐标镗床用的坐标测量装置主要有几种？归纳其工作原理和特点。

6-8　在车床上能加工孔，为什么还要有钻床和镗床？立式钻床、摇臂钻床和镗床都是孔加工机床，适用范围有何区别？

　6-9　什么叫组合机床？它与通用机床、其他专用机床比较，具有哪些特点？

　6-10　何谓组合机床的"三图一卡"？它有什么用途？

　6-11　组合机床为什么需要数控化？如何实现组合机床的数控化？当前组合机床数控化现状如何？

# 附　　录

| 类 | 组 | 系 | 机床名称 | 主参数的折算系数 | 主参数名称 |
|---|---|---|---|---|---|
| | 1 | 1 | 单轴纵切自动车床 | 1 | 最大棒料直径 |
| | 1 | 2 | 单轴横切自动车床 | 1 | 最大棒料直径 |
| | 1 | 3 | 单轴转塔自动车床 | 1 | 最大棒料直径 |
| | 2 | 1 | 多轴棒料自动车床 | 1 | 最大棒料直径 |
| | 2 | 2 | 多轴卡盘自动车床 | 1/10 | 卡盘直径 |
| | 2 | 6 | 立式多轴半自动车床 | 1/10 | 最大车削直径 |
| | 3 | 0 | 回轮车床 | 1 | 最大棒料直径 |
| | 3 | 1 | 滑鞍转塔车床 | 1/10 | 卡盘直径 |
| | 3 | 3 | 滑枕转塔车床 | 1/10 | 卡盘直径 |
| 车床 | 4 | 1 | 曲轴车床 | 1/10 | 最大工件回转直径 |
| | 4 | 6 | 凸轮轴车床 | 1/10 | 最大工件回转直径 |
| | 5 | 1 | 单柱立式车床 | 1/100 | 最大车削直径 |
| | 5 | 2 | 双柱立式车床 | 1/100 | 最大车削直径 |
| | 6 | 0 | 落地车床 | 1/100 | 最大工件回转直径 |
| | 6 | 1 | 卧式车床 | 1/10 | 床身上最大回转直径 |
| | 6 | 2 | 马鞍车床 | 1/10 | 床身上最大回转直径 |
| | 6 | 4 | 卡盘车床 | 1/10 | 床身上最大回转直径 |
| | 6 | 5 | 球面车床 | 1/10 | 刀架上最大回转直径 |
| | 7 | 1 | 仿形车床 | 1/10 | 刀架上最大车削直径 |

（续）

| 类 | 组 | 系 | 机床名称 | 主参数的折算系数 | 主参数名称 |
|---|---|---|---|---|---|
| 车床 | 7 | 5 | 多刀车床 | 1/10 | 刀架上最大车削直径 |
| | 7 | 6 | 卡盘多刀车床 | 1/10 | 刀架上最大车削直径 |
| | 8 | 4 | 轧辊车床 | 1/10 | 最大工件直径 |
| | 8 | 9 | 铲齿车床 | 1/10 | 最大工件直径 |
| | 9 | 5 | 活塞车床 | 1/10 | 最大车削直径 |
| 钻床 | 1 | 3 | 立式坐标镗钻床 | 1/10 | 工作台面宽度 |
| | 2 | 1 | 深孔钻床 | 1/10 | 最大钻孔直径 |
| | 3 | 0 | 摇臂钻床 | 1 | 最大钻孔直径 |
| | 3 | 1 | 万向摇臂钻床 | 1 | 最大钻孔直径 |
| | 4 | 0 | 台式钻床 | 1 | 最大钻孔直径 |
| | 5 | 0 | 圆柱立式钻床 | 1 | 最大钻孔直径 |
| | 5 | 1 | 方柱立式钻床 | 1 | 最大钻孔直径 |
| | 5 | 2 | 可调多轴立式钻床 | 1 | 最大钻孔直径 |
| | 8 | 1 | 中心孔钻床 | 1/10 | 最大工件直径 |
| | 8 | 2 | 平端面中心孔钻床 | 1/10 | 最大工件直径 |
| 镗床 | 4 | 1 | 立式单柱坐标镗床 | 1/10 | 工作台面宽度 |
| | 4 | 2 | 立式双柱坐标镗床 | 1/10 | 工作台面宽度 |
| | 4 | 6 | 卧式坐标镗床 | 1/10 | 工作台面宽度 |
| | 6 | 1 | 卧式镗床 | 1/10 | 镗轴直径 |
| | 6 | 2 | 落地镗床 | 1/10 | 镗轴直径 |
| | 6 | 9 | 落地铣镗床 | 1/10 | 镗轴直径 |
| | 7 | 0 | 单面卧式精镗床 | 1/10 | 工作台面宽度 |
| | 7 | 1 | 双面卧式精镗床 | 1/10 | 工作台面宽度 |
| | 7 | 2 | 立式精镗床 | 1/10 | 最大镗孔直径 |
| 磨床（M） | 0 | 4 | 抛光机 | — | |
| | 0 | 6 | 刀具磨床 | — | |
| | 1 | 0 | 无心外圆磨床 | 1 | 最大磨削直径 |
| | 1 | 3 | 外圆磨床 | 1/10 | 最大磨削直径 |
| | 1 | 4 | 万能外圆磨床 | 1/10 | 最大磨削直径 |
| | 1 | 5 | 宽砂轮外圆磨床 | 1/10 | 最大磨削直径 |
| | 1 | 6 | 端面外圆磨床 | 1/10 | 最大回转直径 |
| | 2 | 1 | 内圆磨床 | 1/10 | 最大磨削直径 |
| | 2 | 5 | 立式行星内圆磨床 | 1/10 | 最大磨削直径 |
| | 2 | 8 | 立式内圆磨床 | 1/10 | 最大磨削直径 |
| | 3 | 0 | 落地砂轮机 | 1/10 | 最大砂轮直径 |
| | 5 | 0 | 落地导轨磨床 | 1/100 | 最大磨削宽度 |
| | 5 | 2 | 龙门导轨磨床 | 1/100 | 最大磨削宽度 |
| | 6 | 0 | 万能工具磨床 | 1/10 | 最大回转直径 |
| | 6 | 3 | 钻头刃磨床 | 1 | 最大刃磨钻头直径 |

（续）

| 类 | 组 | 系 | 机床名称 | 主参数的折算系数 | 主参数名称 |
|---|---|---|---|---|---|
| 磨床（M） | 7 | 1 | 卧轴矩台平面磨床 | 1/10 | 工作台面宽度 |
| | 7 | 3 | 卧轴圆台平面磨床 | 1/10 | 工作台面直径 |
| | 7 | 4 | 立轴圆台平面磨床 | 1/10 | 工作台面直径 |
| | 8 | 2 | 曲轴磨床 | 1/10 | 最大回转直径 |
| | 8 | 3 | 凸轮轴磨床 | 1/10 | 最大回转直径 |
| | 8 | 6 | 花键轴磨床 | 1/10 | 最大磨削直径 |
| | 9 | 0 | 曲线磨床 | 1/10 | 最大磨削长度 |
| 齿轮加工机床 | 2 | 0 | 弧齿锥齿轮磨齿机 | 1/10 | 最大工件直径 |
| | 2 | 2 | 弧齿锥齿轮铣齿机 | 1/10 | 最大工件直径 |
| | 2 | 3 | 直齿锥齿轮刨齿机 | 1/10 | 最大工件直径 |
| | 3 | 1 | 滚齿机 | 1/10 | 最大工件直径 |
| | 3 | 6 | 卧式滚齿机 | 1/10 | 最大工件直径 |
| | 4 | 2 | 剃齿机 | 1/10 | 最大工件直径 |
| | 4 | 6 | 珩齿机 | 1/10 | 最大工件直径 |
| | 5 | 1 | 插齿机 | 1/10 | 最大工件直径 |
| | 6 | 0 | 花键轴铣床 | 1/10 | 最大铣削直径 |
| | 7 | 0 | 碟形砂轮磨齿机 | 1/10 | 最大工件直径 |
| | 7 | 1 | 锥形砂轮磨齿机 | 1/10 | 最大工件直径 |
| | 7 | 2 | 蜗杆砂轮磨齿机 | 1/10 | 最大工件直径 |
| | 8 | 0 | 车齿机 | 1/10 | 最大工件直径 |
| | 9 | 3 | 齿轮倒角机 | 1/10 | 最大工件直径 |
| | 9 | 9 | 齿轮噪声检查机 | 1/10 | 最大工件直径 |
| 螺纹加工机床 | 3 | 0 | 套丝机 | 1 | 最大套丝直径 |
| | 4 | 8 | 卧式攻丝机 | 1/10 | 最大攻丝直径 |
| | 6 | 0 | 丝杠铣床 | 1/10 | 最大铣削直径 |
| | 6 | 2 | 短螺纹铣床 | 1/10 | 最大铣削直径 |
| | 7 | 4 | 丝杠磨床 | 1/10 | 最大工件直径 |
| | 7 | 5 | 万能螺纹磨床 | 1/10 | 最大工件直径 |
| | 8 | 6 | 丝杠车床 | 1/100 | 最大工件长度 |
| | 8 | 9 | 多线螺纹车床 | 1/10 | 最大车削直径 |

（续）

| 类 | 组 | 系 | 机床名称 | 主参数的折算系数 | 主参数名称 |
|---|---|---|---|---|---|
| 铣床 | 2 | 0 | 龙门铣床 | 1/100 | 工作台面宽度 |
| | 3 | 0 | 圆台铣床 | 1/100 | 工作台面宽度 |
| | 4 | 3 | 平面仿形铣床 | 1/10 | 最大铣削宽度 |
| | 4 | 4 | 立体仿形铣床 | 1/10 | 最大铣削宽度 |
| | 5 | 0 | 立式升降台铣床 | 1/10 | 工作台面宽度 |
| | 6 | 0 | 卧式升降台铣床 | 1/10 | 工作台面宽度 |
| | 6 | 1 | 万能升降台铣床 | 1/10 | 工作台面宽度 |
| | 7 | 1 | 床身铣床 | 1/100 | 工作台面宽度 |
| | 8 | 1 | 万能工具铣床 | 1/10 | 工作台面宽度 |
| | 9 | 2 | 键槽铣床 | 1 | 最大键槽宽度 |
| 刨插床 | 1 | 0 | 悬臂刨床 | 1/100 | 最大刨削宽度 |
| | 2 | 0 | 龙门刨床 | 1/100 | 最大刨削宽度 |
| | 2 | 2 | 龙门铣磨刨床 | 1/100 | 最大刨削宽度 |
| | 5 | 0 | 插床 | 1/10 | 最大插削长度 |
| | 6 | 0 | 牛头刨床 | 1/10 | 最大刨削长度 |
| | 8 | 8 | 模具刨床 | 1/10 | 最大刨削长度 |
| 拉床 | 3 | 1 | 卧式外拉床 | 1/10 | 额定拉力 |
| | 4 | 3 | 连续拉床 | 1/10 | 额定拉力 |
| | 5 | 1 | 立式内拉床 | 1/10 | 额定拉力 |
| | 6 | 1 | 卧式内拉床 | 1/10 | 额定拉力 |
| | 7 | 1 | 立式外拉床 | 1/10 | 额定拉力 |
| | 9 | 1 | 气缸体平面拉床 | 1/10 | 额定拉力 |
| 锯床 | 5 | 1 | 立式带锯床 | 1/10 | 最大锯削厚度 |
| | 6 | 0 | 卧式圆锯床 | 1/100 | 最大圆锯片直径 |
| | 7 | 1 | 夹板卧式弓锯床 | 1/10 | 最大锯削直径 |
| 其他机床 | 1 | 6 | 管接头螺纹车床 | 1/10 | 最大加工直径 |
| | 2 | 1 | 木螺钉螺纹加工机 | 1 | 最大工件直径 |
| | 4 | 0 | 圆刻线机 | 1/100 | 最大加工长度 |
| | 4 | 1 | 长刻线机 | 1/100 | 最大加工长度 |

# 附录 B   机构运动简图符号
## （摘自 GB/T 4460—2013）

| 名　　称 | 基 本 符 号 | 可 用 符 号 | 附　　注 |
|---|---|---|---|
| 齿轮机构<br>　齿轮（不指明齿线）<br>　a. 圆柱齿轮 | | | |
| 　b. 锥齿轮 | | | |
| 　c. 挠性齿轮 | | | |
| 齿线符号<br>　a. 圆柱齿轮<br>　（i）直齿 | | | |
| 　（ii）斜齿 | | | |
| 　（iii）人字齿 | | | |
| 　b. 锥齿轮<br>　（i）直齿 | | | |
| 　（ii）斜齿 | | | |
| 　（iii）弧齿 | | | |
| 齿轮传动（不指明齿线）<br>　a. 圆柱齿轮 | | | |
| 　b. 锥齿轮 | | | |

（续）

| 名 称 | 基 本 符 号 | 可 用 符 号 | 附 注 |
|---|---|---|---|
| c. 蜗轮与圆柱蜗杆 | | | |
| d. 交错轴斜齿轮 | | | |
| 齿条传动<br>　a. 一般表示 | | | |
| 　b. 蜗线齿条与蜗杆 | | | |
| 　c. 齿条与蜗杆 | | | |
| 扇形齿轮传动 | | | |

（续）

| 名　　称 | 基 本 符 号 | 可 用 符 号 | 附　　注 |
|---|---|---|---|
| 圆柱凸轮 | | | |
| 外啮合槽轮机构 | | | |
| 联轴器<br>　a. 一般符号（不指明<br>类型） | | | |
| 　b. 固定联轴器 | | | |
| 　c. 弹性联轴器 | | | |

（续）

| 名　　称 | 基　本　符　号 | 可　用　符　号 | 附　　注 |
|---|---|---|---|
| 啮合式离合器<br>　a. 单向式 | | | |
| 　b. 双向式 | | | 对于啮合式离合器、摩擦离合器、液压离合器、电磁离合器、离心摩擦离合器、超越离合器、安全离合器和制作器，当需要表明操纵方式时，可使用下列符号：<br>　M—机动的<br>　H—液动的<br>　P—气动的<br>　E—电动的（如电磁） |
| 摩擦离合器<br>　a. 单向式 | | | |
| 　b. 双向式 | | | |
| 液压离合器（一般符号） | | | |
| 电磁离合器 | | | |
| 离心摩擦离合器 | | | |
| 超越离合器 | | | |

（续）

| 名　称 | 基本符号 | 可用符号 | 附　注 |
|---|---|---|---|
| 安全离合器<br>　a. 带有易损元件 | | | |
| 　b. 无易损元件 | | | |
| 制动器（一般符号） | | | 不规定制动器外观 |
| 螺杆传动<br>　a. 整体螺母 | | | |
| 　b. 开合螺母 | | | |
| 　c. 滚珠螺母 | | | |

（续）

| 名　称 | 基本符号 | 可用符号 | 附　注 |
|---|---|---|---|
| 带传动——一般符号<br>（不指明类型） | | | 若需指明带类型可采用下列<br>符号：<br><br>V 带<br>▽<br><br>圆带<br>○<br><br>同步带<br><br>平带<br><br>例：V 带传动 |
| 链传动——一般符号<br>（不指明类型） | | | 若需指明链条类型，可采用下列<br>符号：<br><br>环形链<br><br>滚子链<br><br>无声链<br><br>例：无声链传动 |
| 向心轴承<br>　a. 滑动轴承 | | | |
| 　b. 滚动轴承 | | | |

（续）

| 名　称 | 基本符号 | 可用符号 | 附　注 |
|---|---|---|---|
| 推力轴承<br>　a. 单向 | | | |
| 　b. 双向 | | | |
| 　c. 推力滚动轴承 | | | |
| 向心推力轴承<br>　a. 单向 | | | |
| 　b. 双向 | | | |
| 　c. 向心推力滚动轴承 | | | |

# 参考文献

［1］ 吴圣庄. 金属切削机床概论 ［M］. 北京：机械工业出版社，1985.

［2］ 戴曙. 金属切削机床 ［M］. 北京：机械工业出版社，1994.

［3］ ACHERKAN N. Machine Tool Design ［M］. Moscow：Mir Publishers，1982.

［4］ YOUSSEF A，ELHOFY H. Machining Technology：Machine Tools and Operations ［M］. New York：CRC Press，2008.

［5］ LACALLE L，LAMIKIZ A. Machine Tools for High Performance Machining ［M］. London：Springer，2009.

［6］ JOSHI P. Machine Tools Handbook：Design and Operation ［M］. New Delhi：Tata McGraw-Hill，2007.

［7］ ПУЩ В. Металлорежущие Станки ［M］. Москва：Машиностроение，1986.

［8］ CHERNOV N. Machine Tools ［M］. Moscow：Mir Publishers，1989.

［9］ 普罗尼柯夫. 金属切削机床 ［M］. 贾亚洲，译. 北京：北京科学技术出版社，1990.

［10］ 韦彦成. 金属切削机床构造与设计 ［M］. 北京：国防工业出版社，1991.

［11］ 杜君文. 机械制造技术装备及设计 ［M］. 天津：天津大学出版社，2007.

［12］ 夏广岚，冯凭. 金属切削机床 ［M］. 北京：北京大学出版社，2008.

［13］ 王爱玲. 现代数控机床 ［M］. 北京：国防工业出版社，2003.

［14］ 周兰，常晓俊. 现代数控加工设备 ［M］. 北京：机械工业出版社，2005.

［15］ 王平. 数控机床与编程实用教程 ［M］. 北京：机械工业出版社，2004.

［16］ 吴祖育，秦鹏飞. 数控机床 ［M］. 2 版. 上海：上海科学技术出版社，1990.

［17］ 张曙，等. 中国机床工业的过去、现在与将来 ［J］. 制造技术与机床，2011（11）：61-67.

［18］ 戴曙. 机床设计分析：第 1、2 集 ［M］. 北京：国家机械工业委员会北京机床研究所，1987.

［19］ 顾维邦. 金属切削机床概论 ［M］. 北京：机械工业出版社，1992.

［20］ 大连组合机床研究所. 组合机床设计：第 1 册 ［M］. 北京：机械工业出版社，1975.

［21］ 机床设计手册编写组. 机床设计手册：1 ［M］. 北京：机械工业出版社，1978.

［22］ 机床设计手册编写组. 机床设计手册：2 ［M］. 北京：机械工业出版社，1980.

［23］ 机床设计手册编写组. 机床设计手册：3 ［M］. 北京：机械工业出版社，1986.

［24］ 曹建德，薛保文，施康乐. 金属切削机床概论 ［M］. 上海：上海科学技术文献出版社，1987.